高等学校应用型特色规划教材

# 先进制造技术

裴未迟　龙海洋　李耀刚　纪宏超　编　著

清华大学出版社
北　京

# 内 容 简 介

制造业是国民经济的支柱产业，是经济增长、社会发展的基石，制造技术不断汲取计算机、信息、自动化、材料、生物及现代管理等学科的研究成果，在传统制造技术的基础上形成了先进制造技术的新体系。

本书从科学、集成的角度，系统地介绍了各种先进制造技术的理念、基本内容、关键技术和最新成果，在力求保持先进制造技术系统性和完整性的基础上，介绍了部分先进、成熟的制造技术。全书共 6 章，内容包括先进制造技术概论、现代设计技术、先进制造工艺技术、制造自动化技术、现代企业管理技术及先进制造模式。

本书可作为高等院校机械、车辆、工管等与制造业相关专业的本、硕教材，也可作为高等职业专科学校、成人高校相关专业的教材或参考用书。

**图书在版编目(CIP)数据**

先进制造技术/裴未迟等编著. —北京：清华大学出版社，2019.11（2020.8重印）
高等学校应用型特色规划教材
ISBN 978-7-302-53748-9

Ⅰ. ①先… Ⅱ. ①裴… Ⅲ. ①机械制造工艺—高等学校—教材 Ⅳ. ①TH16

中国版本图书馆 CIP 数据核字(2019)第 195769 号

责任编辑：陈冬梅 陈立静
封面设计：杨玉兰
责任校对：周剑云
责任印制：宋 林
出版发行：清华大学出版社
　　　　　网　　址：http://www.tup.com.cn, http://www.wqbook.com
　　　　　地　　址：北京清华大学学研大厦 A 座　　　　邮　　编：100084
　　　　　社 总 机：010-62770175　　　　　　　　　　邮　　购：010-62786544
　　　　　投稿与读者服务：010-62776969, c-service@tup.tsinghua.edu.cn
　　　　　质量反馈：010-62772015, zhiliang@tup.tsinghua.edu.cn
　　　　　课件下载：http://www.tup.com.cn, 010-62791865
印 刷 者：北京富博印刷有限公司
装 订 者：北京市密云县京文制本装订厂
经　　销：全国新华书店
开　　本：185mm×260mm　　印　　张：14.5　　　　字　　数：351 千字
版　　次：2019 年 12 月第 1 版　　　　　　　　印　　次：2020 年 8 月第 2 次印刷
印　　数：1201～2400
定　　价：45.00 元

产品编号：078267-01

# 前　言

　　制造业是国民经济的支柱产业，是经济增长、社会发展的基石。在经济发展全球化的大背景下，制造技术不断汲取计算机、信息、自动化、材料、生物及现代管理等学科的研究成果，在传统制造技术的基础上质变，形成了先进制造技术新体系，众多工科院校开设了先进制造技术必修或选修课程。

**本书特点**

　　本书追踪先进制造技术最新技术动态，着重介绍先进、成熟的制造技术，能使读者由浅入深地掌握先进制造技术的理念和内涵，了解制造业的理念和方法，积累行业经验，培养读者的创新意识和工程实践能力。

**本书内容**

　　全书分为 6 章，第 1 章先进制造技术概论，概述了制造业与制造技术的发展，介绍了先进制造技术的内涵、特征、体系结构及分类；第 2 章现代设计技术，主要介绍了模块化设计、可靠性设计、逆向工程等先进设计方法；第 3 章先进制造工艺技术，主要介绍了高速加工技术、精密与超精密加工技术、仿生制造技术等；第 4 章制造自动化技术，在概述制造自动化技术发展历程与趋势的基础上，重点介绍了数控加工、工业机器人和柔性制造技术；第 5 章现代企业管理技术，主要介绍了先进生产管理信息系统、产品数据管理技术等概念；第 6 章先进制造模式，概述了制造模式的发展和先进制造模式的类型，重点介绍了精益生产、敏捷制造、智能制造和虚拟现实技术等先进制造理念和模式。

**读者对象**

　　本书专为制造业相关专业的初、中级读者编写，适合以下读者学习使用。

- 高等院校机械、车辆、工管等制造业相关专业师生。
- 高等职业专科学校、成人高校相关专业的学员。
- 其他对制造业感兴趣的人员。

　　本书由华北理工大学的裴未迟、龙海洋、李耀刚、纪宏超老师共同编写完成。具体分工如下：第 1、2 章由裴未迟老师编写，第 3、4 章由龙海洋老师编写，第 5 章由李耀刚老师编写，第 6 章由纪宏超老师编写。同时对参与了资料查阅和稿件校对的人员表示衷心的感谢！他们对本书的编写付出了大量的劳动。

　　由于编者水平有限，加之时间仓促，疏漏之处在所难免，敬请广大读者批评指正。

编　者

# 目　　录

# 第1章 先进制造技术概论

**【本章要点】**

本章在论述制造业地位和作用的基础上，讨论了制造业发展现状和面临的挑战；分析了先进制造技术提出的背景，阐述了先进制造技术的内涵、特征及其体系结构；介绍了先进制造技术的最新技术发展趋势以及主要工业国家的发展对策。

**【学习目标】**

- 初步认识制造业及制造系统。
- 掌握先进制造技术的内涵、特征。
- 认识中国制造2025。

社会对产品的需求日渐个性化、多样化，制造业为了适应现代生产环境及市场的动态变化，在传统制造技术上不断吸收机械、电子、信息、材料、能源及现代化管理领域的成果，形成了先进制造技术(Advanced Manufacturing Technology，AMT)。先进制造技术是制造业不断吸取信息技术和现代管理技术的成果，并将其综合应用于产品设计、加工、检验、管理、销售、使用、服务乃至回收的制造全过程，以实现优质、高效、低耗、清洁、灵活生产，提高对动态多变的市场的适应能力的制造技术的总称。

## 1.1 制造技术的发展概况

### 1.1.1 制造、制造系统和制造业

#### 1. 制造

制造是指人类按照市场需求，运用主观掌握的知识和技能，借助手工或客观物质工具，采用有效的工艺方法和必要的能源，将原材料转化为物质产品并投放市场的全过程。制造的概念有广义和狭义之分：狭义的制造，是指生产车间内与物流有关的加工和装配过程；而广义的制造，则包含市场分析、产品设计、工艺设计、生产准备、加工装配、质量保证、生产过程管理、市场营销、售前售后服务，以及报废后的回收处理等整个产品生命周期内的一系列相互联系的生产活动。

#### 2. 制造系统

制造系统是指由制造过程及其所涉及的硬件、软件和人员组成的一个具有特定功能的有机整体。制造过程即为产品的经营规划、开发研制、加工制造和控制管理的过程；硬件包括生产设备、工具和材料、能源以及各种辅助装置；软件包括制造理论、制造工艺和方

法及各种制造信息等。另外，根据研究问题的侧重点不同，制造系统还可以有以下三种特定的定义。

(1) 制造系统的结构定义：制造系统是制造过程所涉及的硬件(包括组织人员、设备、物料流等)及其相关软件所组成的一个统一整体。

(2) 制造系统的功能定义：制造系统是一个将制造资源(原材料、能源等)转变为产品或半成品的输入、输出系统。

(3) 制造系统的过程定义：制造系统是产品的生命周期全过程，包括市场分析、产品设计、工艺规划、制造实施、检验出厂、产品销售、回收处理等环节。

由上述定义可知，制造系统是一个工厂/企业所包含的生产资源和组织机构。而通常意义所指的制造系统只是一种加工系统，仅是上述定义系统的一个组成部分，例如：柔性制造系统，只应称之为柔性加工系统。

制造系统可以从不同的角度对其分类。从人在系统中的作用、零件品质和批量、零件及其工艺类型、系统的柔性、系统的自动化程度及系统的智能程度等方面对制造系统进行分类。各类型的不同组合，可以得到不同类型的制造系统。

### 3. 制造业

制造业是指将制造资源，包括物料、设备、工具、资金、技术、信息和人力等，通过制造过程转化为可供人们使用和消费的产业的行业，是所有与制造有关的生产和服务型企业群体的总称。制造业涉及国民经济的许多部门，包括一般机械、食品工业、化工、建材、冶金、纺织、电子电器、交通运输设备制造业等 31 个行业。根据《中国机械工业联合会大行业数据行业目录》，机械制造业被分为 13 个大行业 126 个小行业，如表 1-1 所示。

表 1-1 机械制造行业分类

| 序 号 | 行业名称 | 序 号 | 行业名称 |
|---|---|---|---|
| 1 | 农业机械工业行业 | 8 | 机床工具工业行业 |
| 2 | 内燃机工业行业 | 9 | 电工电器工业行业 |
| 3 | 工程机械工业行业 | 10 | 机械基础件工业行业 |
| 4 | 仪器仪表工业行业 | 11 | 食品包装机械工业行业 |
| 5 | 文化办公设备行业 | 12 | 汽车工业行业 |
| 6 | 石油化工通用机械工业行业 | 13 | 其他民用机械工业行业 |
| 7 | 重型矿山机械工业行业 | | |

## 1.1.2 制造业的地位

制造业是所有与制造活动有关的实体或企业机构的总称，是将可用资源与能源通过制造过程，转化为可供人和社会使用和利用的工业产品或生活消费品的行业。它涉及国民经济的各个领域，如机械、电子、轻工业、食品、石油、化工、能源、交通、军工和航空航天等。制造业是国民经济的基础行业，是创造社会财富的支柱产业。一个国家或地区的制造业水平反映了其经济实力、国防实力、科技水平和生活水准。制造业的先进水平是一个国家经济发展的重要标志。统计表明，制造业为工业化国家创造了 60%～80%的社会财富。一个没有足够强大制造业的国家不可能是一个先进、富强的国家，先进制造业是人们物质文化生活水平不断提高和综合能力不断增强的保证。世界强国无不把发展先进制造业作为长期国策。美国科学院早在 1991 年就将"制造"确定为国家经济增长和国家安全保证的三大主题之一。

据统计，工业化国家中约有 1/4 的人口从事各种形式的制造活动，非制造业部门中约有半数人的工作性质与制造业密切相关。目前我国制造业包括冶金、通用专用加工、食品加工、木材加工、纺织、医药、化纤、仪器仪表等 30 个行业。这些行业可以归为三类：轻工业、纺织制造业、材料及能源加工业和机械电子制造业，分别占整个制造业 30.54%、33.48%、35.98%。前两类是对种植、养殖和采掘业(如矿石、煤、石油等)进行直接加工的企业，后一类是对经过加工的采掘业产品进行间接加工的企业。从这些行业可以看出，随着生产力的发展，制造业的范畴也在不断拓展。

制造业的发展对一个国家的经济、社会以至于文化的影响是十分巨大和深刻的。据统计，2012 年我国工业产值约占国内生产总值的 38.5%，其中制造业产值又占工业产值的 87.5%。制造业的综合作用可从以下几个方面体现出来。

(1) 人们物质消费水平的提高，有赖于制造技术和制造业的发展。制造业的技术发展水平不仅决定一个企业现时的竞争力，而且决定全社会的长远效益和经济的持续增长。

(2) 制造业产品的出口在国际商品贸易中占有较大份额。据统计，国际商品贸易中，工业制成品出口总量近 30 年上涨超过 200 倍，发展制造业、提高制造技术有助于对外贸易获利。

(3) 制造业保障农业的基础地位，支持服务业快速发展。脱离制造业，农业的发展便是空中楼阁；没有农业和制造业的发展，商业和服务业的发展和繁荣则如沙滩高楼。

(4) 制造业加快信息产业的发展。制造业和信息产业相互依赖、相互推动，没有信息产业的快速发展，制造业就不可能较快地实现高技术化；反之，没有制造业的拉动和支持，也不可能有信息产业的发展和进步。

(5) 制造业促进农业劳动力转移和就业。在我国，制造业为劳动力提供了从业渠道并加快了农业劳动力的转移。据统计，我国的制造业从业人数 1987 年为 9805 万人，2012 年为 10565 万人，预计到 2050 年将增加至 1.7 亿人。

(6) 制造业是科技和教育事业发展的催化剂，是实现军事现代化、保障国家安全的基础条件。

下面以我国的两个大项目为例来证明制造业在国民经济、国家安全和科研领域的重大意义。大型飞机是指起飞总重量超过 100 吨的运输类飞机，国际航运体系习惯上把 300 座位以上的客机称作大型客机。我国在 20 世纪就研制出 H-6、Y-10 等军用大型飞机，但民用大型飞机的发展一波三折。波音公司于 2013 年预测，20 年内全球需要 35300 架新飞机，总价 48000 亿美元。其中我国新飞机需求 5600 架，总价值 7800 亿美元。目前，民机制造市场处于美国 Boeing 和欧洲 Airbus 双寡头的垄断之下，两家公司共占 80%以上的市场份额。我国自主研制的大飞机，将直接与 Boeing 和 Airbus 的产品竞争。航空制造产业是国家的战略产业，不仅关系到经济发展，还关系到国家关键领域技术能力的提升——大飞机项目能够带动新材料、现代制造、动力、电子信息、自动控制、计算机等领域关键技术的群体突破，能够拉动众多高技术产业发展，带动流体力学、固体力学等基础学科全面进步，大幅提高我国科技水平，坚持大飞机项目具备战略意义。图 1-1 所示为 2017 年 5 月 5 日成功首飞的国产大飞机 C919。

图 1-1　C919 大飞机

与大飞机项目的市场潜力相比，我国的 FAST 工程在基础科学研究领域所具有的科研意义更为突出。FAST 工程全称 500m 直径球面射电望远镜工程(Five-hundred-meter Aperture Spherical Radio Telescope Project)，该工程依托贵州省平塘县天然喀斯特洼地为台址，建成总面积 25 万平方米的反射面，成为世界第一大直径射电望远镜。图 1-2 所示为建设中的射电望远镜。FAST 能够把近 30 个足球场大的接收面积里收集的信号聚集在厘米级别空间。与被评为人类 20 世纪十大工程之首的美国阿雷西博(Arecibo)的 305m 直径射电望远镜相比，综合性能提高了 10 倍。在未来 20～30 年内，FAST 将作为世界上最大的单口径望远镜，保持世界一流设备的地位。FAST 工程涉及众多高科技领域，如天线制造、高精度定位与测量、高品质无线电接收机、传感器网络及智能信息处理、超宽带信息传输、海量数据存储和处理等。关键技术成果可应用于大尺度结构工程、公里范围高黏度动态测量、大型工业机器人研制以及多波束雷达装置等方面。目前国际顶尖的制造技术正向信息化、极限化、绿色化方向发展，FAST 工程的建设经验在这前沿方向上恰好可以发挥出指导性作用，其设计制造不但能够综合体现我国高技术创新能力，而且加强众多领域的基础研究，如宇宙学、日地环境研究、物质深层次结构和规律等。如此庞大设备的制造，离不开先进的制造技术与加工装备的支持。在科研手段越来越依赖先进科研仪器的将来，科技的发展在很大程度上还要依赖先进制造业的发展。

综上所述，无论是宏观的制造业，还是专项制造技术的具体成果，均会对国民经济产生重大意义和举足轻重的影响。在 21 世纪，各个国家或地区在经济、外交乃至军事上的较量在很大程度上是先进制造技术和制造工业水平与实力的较量。

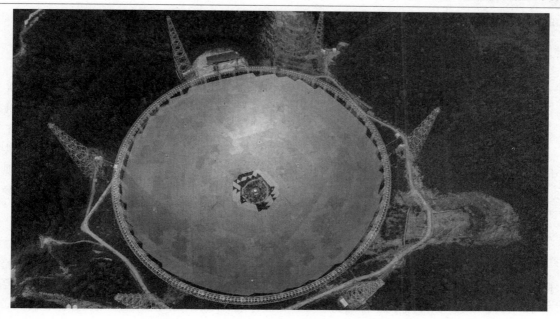

图 1-2　FAST 工程

## 1.1.3　制造技术的发展

随着计算机、电子信息、现代管理技术的高速发展,机械制造技术综合了机械、计算机、电子信息、材料、自动化、智能化、设计与工艺一体化等技术,现代机械加工设备逐渐向着高精、高速、多能、复合、控制智能化、安全环保等方向发展。现代制造技术是计算机技术、信息技术、管理等科学与制造科学的交叉融合,朝着精密化、柔性化、集成化、绿色化、全球化等方向发展。现代制造技术的形成和发展有以下特点。

(1) 现代制造技术的内涵更广泛,涵盖产品设计、加工制造到产品销售、使用、维修和回收的整个生命周期。

(2) 现代制造技术综合性更强,包括机械、计算机、信息、材料、自动化等学科有机结合而发展起来的跨学科的综合科学。

(3) 现代制造技术更环保,讲究优质、高效、低耗、无污染或少污染的加工工艺。

(4) 现代制造技术的目标更广泛。它强调优化制造系统的产品上市时间、质量、成本、服务、环保等要素,以满足日益激烈的市场竞争的要求。

(5) 现代制造技术要求设计与工艺一体化。传统的制造工程设计和工艺是分步实施的,产品受加工精度、表面粗糙度、尺寸等限制。而设计与工艺一体化是以工艺为突破口,把设计与工艺密切结合在一起。

(6) 现代制造技术强调精密性。精密和超精密加工技术是衡量先进制造水平的重要指标之一,当前,纳米加工代表了制造技术的最高水平。

(7) 现代制造技术体现了人、组织和技术的结合。现代制造技术强调人的创造性和作用的永恒性,提出了由技术支撑转变为人、组织、技术的集成;强调了经营管理、战略决策的作用。在制造工业战略决策中,提出了市场驱动、需求牵引的概念,强调用户是核心,用户的需求是企业成功的关键，并且强调快速响应需求的重要性。

## 1.1.4　制造业面临的挑战与发展

目前，全球经济正处于一个根本性的变革时期，人类社会正逐渐由工业经济时代进入知识经济时代。知识经济是以知识为基础的经济，它直接依赖于知识和信息的产生、扩散和应用。知识经济是工业化演变的必然结果，是一种比工业经济更高级的经济形态。在工业经济时代，生产要素主要是资本和劳动力；而在知识经济时代，知识与资本和劳动力共同组成生产要素，而且知识在其中起着重要的核心作用，知识被认为是提高生产率和实现经济增长的驱动器。在知识经济条件下，制造业始终是国民经济的支柱产业，同时也是参与市场竞争的主体。不过，制造业也将面临更为严峻的挑战。

### 1. 制造业面临的挑战

有限的资源和日益严峻的环境压力的挑战。由于人口的增长以及现有技术开发水平的限制，全球生态系统将受到严重威胁。这一挑战迫使生产中产生的废弃物对环境的影响要力求"接近于零"；开发不影响环境、成本低且有竞争力的产品和工艺，尽可能回收材料，在能源、材料或人才等方面不造成浪费。

技术资源集成的挑战。面对全球竞争，制造企业必须具有敏捷性，以保持对时间和技术的控制；把时间和技术视为对生产率的挑战，制造企业向小型化、柔性化发展；具备强大竞争力的制造企业将需要集成系统和自动运转的功能。促使技术资源集成的因素有：①企业采用系统方法以适应生产要素的频繁重构；②企业快速响应具有高期望和多种选择的顾客需求；③企业具有快速学习的能力；④快速响应环境要求。

制造工艺技术的挑战。设计和制造产品的尺寸越来越小(分子/原子级)，智能化的深入，制造工艺将取得巨大进步：①多单元工艺技术集成将显著降低投资，减少检验、搬运和加工时间；②全部可编程工艺将迅速实现产品的制造；③自我导引工艺的创建将提供更大的加工柔性；④对分子或原子级的处理将导致新材料的产生，取消分散件连接与装配操作，允许材料成分在一个零件中产生变化。

市场反应速度的挑战。并行制造将显著缩短产品从概念到实现的时间。在合作企业中，将各外围企业不同区段的核心能力和知识进行动态的组合，通过精确估算、优化以及对产品成本利润的跟踪，减小投资风险。并行制造将使人们能够组织各层次研究与开发活动，从而使生产方式发生革命性变化。并行制造是一个重大挑战，不仅在通信和数据处理方面需要有新技术，而且也需要制造企业有新的社会与文化氛围。这对于全球性、多学科、多文化、高度瞬态变化的组织尤为重要。

制造全球化的挑战。随着世界自由贸易体制进一步的完善以及全球通信网络的建立，国际经济技术合作交往日趋紧密，全球产业界进入了结构大调整时期，正形成一个统一的大市场，在全球范围内基于柔性、临时合作模式的生产格局正逐步形成。

信息时代的挑战。制造业日益依赖于信息技术的发展，包括信息的收集、储存、分析、发布和应用。主要的两个挑战是：①"及时"捕获、储存数据和信息，并将其转化为有用知识；②在任何地点、任何时间，用户都能通过熟悉的语言和格式"及时"得到有用知识。

总结以上制造业面临的挑战，无论面对可持续发展、技术资源集成还是快速响应，增量制造都具有极大的优势。增量制造将成为现代制造的主流模式。

**2. 制造业的发展趋势**

企业生产方式面临重大变革。需求的个性化及制造的全球化、信息化，改变着制造业的传统观念和生产的组织方式，精益生产、敏捷制造、智能制造、虚拟制造、虚拟企业等新概念相继出现。

这种改变主要表现在：①从以技术为中心向以人为中心转变；②从金字塔式的多层次生产管理结构向扁平的网络结构转变；③从传统的顺序工作方式向并行工作方式转变；④从按功能划分部门的固定组织形式向动态的、自主管理的小组工作组织形式转变；⑤从质量第一的竞争策略向快速响应市场的竞争策略转变。

虚拟技术广泛应用。虚拟技术是以计算机支持的仿真技术为前提，对设计、加工、装配等工序统一建模，形成虚拟的环境、过程、产品及企业。虚拟技术主要包括：①虚拟环境技术；②虚拟设计技术；③虚拟制造技术；④虚拟研究开发中心，将异地的、各具优势的研究开发力量，通过网络和视像系统联系起来，进行异地开发、网上讨论；⑤虚拟企业，为了快速响应某一市场需求，通过信息高速公路，将产品涉及的不同公司，临时组建一个没有围墙、超越空间约束、靠计算机网络联系、统一指挥的合作经济实体。

面对新的格局、新的挑战，传统的封闭式的"小而全""大而全"的企业已越来越没有竞争力，各种开放式的合作开发、生产与销售与日俱增，从用户订货、产品创意、设计、零部件生产、总成装配、销售乃至售后服务全过程中的各个环节都可以分别由处在不同地域的企业，按照某种契约进行互利合作。通过国际互联网、局域网和企业内部网，可以实现对世界上任意位置的用户订货，进行异地设计、异地制造，然后在最接近用户的生产基地制造成产品。全球化、网络化、虚拟化已成为制造业发展的重要特征。

企业联合发展。为了适应制造业国际化的发展趋势，不少企业已摆脱了那种"不是鱼死，就是网破"的竞争思路，采取了"既有竞争，又有结盟""我赢你也赢"的策略。特别是同一国家的同行业企业，为了在国际上取得更大的竞争力和市场份额，在政府的支持下，围绕一些风险大、投入大的新产品开发或关键技术研究采取联合资助、联合行动，取得了良好的效果。

绿色制造将成为重要特征。绿色制造的"制造"涉及产品整个生命周期，是一个"大制造"概念，并且涉及多学科的交叉和集成，体现了现代制造科学的"大制造、大过程及学科交叉"的特色。绿色制造对未来制造业的可持续发展至关重要。绿色制造的发展趋势可简要概括为：全球化、社会化、集成化、并行化、智能化和产业化。

技术创新成为焦点。技术创新是企业发展的原动力和核心竞争力，企业是技术创新的主体和直接获益者。技术创新包括产品创新、过程创新、市场创新和管理创新。技术创新应该成为可学习和可管理的过程。培养员工的创新精神，营造有利于创新的文化和环境，制定符合企业发展要求的创新策略、建立鼓励创新的管理机制和创新能力评价体系是提高企业创新能力的关键。企业管理者还应该充分认识技术创新可能遇到的阻力，制定可操作的实施方案，才能达到技术创新的预期效益，技术创新及其管理已经发展成为系统科学，使创新不仅取决于个人的创造力，更成为可持续发展和可管理的过程。

文化氛围的形成。扬弃工业经济的一些传统概念，关注企业的变化过程，不断开发新产品、新工艺和培育、开拓新市场，不断调整核心竞争优势和组织结构，充分体现人的价值，将成为企业永恒的追求。企业文化氛围的建设还需服从人的多元化和个性需求。

新一代制造工厂的结构。现有的制造业工厂正逐渐消失，新一代的制造业工厂已初显端倪。这是一种以最终产品总装厂为中心，由若干只生产一种专门部件的、小规模的独立工厂，以功能强大的信息网络和快捷的运输系统连接组成的开放式的"虚拟工厂"。这些工厂精于某项技术，擅长制造加工某一产品，且专业水准高超，因而能使产品设计、生产工艺、质量保证、生产效率均达到最佳状态，一般为同行竞争中的佼佼者，其生产的部件组装成的整机，质量、性能、价格具有很强的竞争力。总装厂与各部件厂的关系不再是传统的子母公司或总厂与分厂的关系，而是以最终产品为纽带的合同和信誉关系，是一座"虚拟"的工厂。

适应于先进制造技术的物流模式。作为制造技术的支撑，物流应该适用于先进制造技术作用的生产运作方式。为了使物流的活动能够适用于先进制造技术发展的需求，物流系统也表现出新的特征(见图 1-3)。

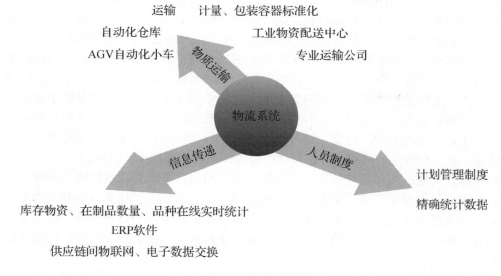

图 1-3　先进制造技术物流特征

# 1.2　先进制造技术的内涵及体系结构

## 1.2.1　先进制造技术的内涵和特点

目前对先进制造技术尚没有一个明确的、公认的定义，经过近年来对发展先进制造技术方面开展的工作，通过对其特征的分析研究，可以认为：先进制造技术是制造业不断吸收信息技术和现代管理技术的成果，并将其综合应用于产品设计、加工、检测、管理、销售、使用、服务乃至回收的制造全过程，以实现优质、高效、低耗、清洁、灵活生产，提高对动态多变的市场的适应能力和竞争能力的制造技术的总称。

先进制造技术的核心是优质、高效、低耗、清洁等基础制造技术，它是从传统的制造工艺发展起来的，并与新技术实现了局部或系统集成，其重要的特征是实现优质、高效、低耗、清洁、灵活的生产。这意味着先进制造技术除了通常追求的优质、高效外，还要针对有限资源与日益增长的环保压力的挑战，实现可持续发展，要求实现低耗、清洁。此外，先进制造技术也必须面临人类消费观念变革的挑战，满足对日益"挑剔"的市场的需求，实现灵活生产。

先进制造技术最终的目标是要提高对动态多变的产品市场的适应能力和竞争能力。确保生产和经济效益持续稳步的提高，能对市场变化做出更敏捷的反应，以及对最佳技术效益的追求，进而提高企业的竞争能力。先进制造技术比传统的制造技术更加重视技术与管理的结合，更加重视制造过程组织和管理体制的简化以及合理化，从而产生了一系列先进的制造模式。随着世界自由贸易体制的进一步完善，以及全球交通运输体系和通信网络的建立。制造业将形成全球化与一体化的格局，新的先进制造技术也必将是全球化的模式。

与传统制造技术比较，先进制造技术具有以下特点。

(1) 先进制造技术的系统性。传统制造技术一般只能驾驭生产过程中的物质流和能量流。随着微电子、信息技术的引入，先进制造技术还能驾驭信息生成、采集、传递、反馈、调整的信息流动过程。先进制造技术是可以驾驭生产过程的物质流、能量流和信息流的系统工程。一项先进制造技术的产生往往要系统地考虑制造的全过程，如并行工程就是集成地、并行地设计产品及其零部件和相关各种过程的一种系统方法。这种方法要求产品开发人员与其他人员一起共同工作，在设计的开始就考虑产品整个生命周期中从概念形成到产品报废处理等所有因素，包括质量、成本、进度计划和用户要求等。一种先进的制造模式除了考虑产品的设计、制造全过程外，还需要更好地考虑整个制造组织。

(2) 先进制造技术的实用性。先进制造技术最重要的特点在于，它首先是一项面向工业应用，具有很强实用性的新技术。从先进制造技术的发展过程，从其应用于制造全过程的范围，特别是达到的目标与效果，无不反映这是一项应用于制造业，对制造业、对国民经济的发展可以起重大作用的实用技术。先进制造技术的发展往往是针对某一具体的制造业(如汽车制造、电子工业)的需求而发展起来的先进的、适用的制造技术，有明确的需求导向的特征；先进制造技术不是以追求技术的高新为目的，而是注重产生最好的实践效果，以提高效益为中心，以提高企业的竞争力和促进国家经济增长和综合实力为目标。

(3) 先进制造技术应用的广泛性。先进制造技术相对传统制造技术在应用范围上的一个很大不同点在于，传统制造技术通常只是指各种将原材料变成成品的加工工艺，而先进制造技术虽然仍大量应用于加工和装配过程，但由于其组成中包括了设计技术、自动化技术、系统管理技术，将其综合应用于制造的全过程，覆盖了产品设计、生产准备、加工与装配、销售使用、维修服务甚至回收再生的整个过程。

(4) 先进制造技术的动态特征。由于先进制造技术本身是在针对一定的应用目标，不断地吸收各种高新技术逐渐形成、不断发展的新技术，因而其内涵不是绝对的和一成不变的。反映在不同的时期，先进制造技术有其自身的特点；反映在不同的国家和地区，先进制造技术有其本身重点发展的目标和内容，通过重点内容的发展以实现这个国家和地区制造技术的跨越式发展。

(5) 先进制造技术的集成性。传统制造技术的学科、专业单一独立，相互间的界限分

明；先进制造技术由于专业和学科间的不断渗透、交叉、融合，界线逐渐淡化甚至消失，技术趋于系统化、集成化，已发展成为集机械、电子、信息、材料和管理技术为一体的新型交叉学科，因此可以称其为"制造工程"。

## 1.2.2 先进制造技术的体系结构及关键技术

### 1. 先进制造技术的体系结构

对先进制造技术的体系结构认识很不统一，在此提供两种先进制造体系结构以供参考。

美国机械科学研究院提出的先进制造技术是由多层次技术群构成的体系图，强调先进制造技术从基础制造技术、新型制造单元技术到先进制造集成技术的发展过程，表明在新型产业及市场需求的带动之下，在各种高新技术(如能源技术、材料技术、微电子技术和计算机技术以及系统工程和管理科学)的推动下先进制造技术的发展过程。

先进制造技术是制造业为了提高竞争力以适应时代要求，对制造技术不断优化及推陈出新而形成的高新技术群。在不同的国家、不同的发展阶段，先进制造技术有不同的内容及组成。我国目前属于先进制造技术范畴的技术是一个三层次的技术群：第一个层次是现代设计、制造工艺基础技术，包括 CAD、CAPP、NCP、精密下料、精密塑性成形、精密铸造、精密加工、精密测量、毛坯强韧化、精密热处理、优质高效连接技术、功能性防护涂层等；第二个层次是制造单元技术，包括制造自动化单元技术、极限加工技术、质量与可靠性技术、系统管理技术、CAD/CAE/CAPP/CAM、清洁生产技术、新材料成形加工技术、激光与高密度能源加工技术、工艺模拟及工艺设计优化技术等；第三个层次是系统集成技术，包括网络与数据库、系统管理技术、FMS、CIMS、IMS 以及虚拟制造技术等。三个层次都是先进制造技术的组成部分，但其中每一个层次都不等于先进制造技术的全部。

美国联邦科学、工程和技术协调委员会下属的工业和技术委员会先进制造技术工作组提出了先进制造技术由主体技术群、支撑技术群、制造基础设施组成的三位一体的体系结构。这种体系不是从技术学科内涵的角度来描绘先进制造技术，而是着重从比较宏观组成的角度来描绘了先进制造技术的组成以及各个部分在制造技术发展过程中的作用。

主体技术群。设计技术对新产品的开发和生产费用、产品质量以及新产品上市时间都有很大的影响。为提高产品和工艺设计的效率及质量，必须采用一系列先进的工具(如 CAD 系统、CAE 软件等)。制造工艺技术群又称加工和装配技术群，是指用于物质产品生产的过程和设备。支撑技术群。支撑技术是指支持设计和制造工艺两方面取得进步的基础性核心技术，是保证和改善主体技术协调运行所需的技术、工具、手段和系统集成的基础技术。支撑技术群包括：①信息技术；②标准和框架；③机床和工具技术；④传感器和控制技术。

制造技术基础设施。使先进制造技术适用于具体企业应用环境，充分发挥其功能，取得最佳效益的一系列基础设施，是使先进制造技术与企业组织管理体制和使用技术的人员协调工作的系统过程，是先进制造技术生长和壮大的机制和土壤。

### 2. 先进制造的关键技术

成组技术(Group Technology，GT)。通过揭示和利用事物间的相似性，按照一定的准则分类成组，同组事物采用同一方法进行处理，以便提高效益的技术，称为成组技术。在机械制造工程中，成组技术是计算机辅助制造的基础，将成组哲理用于设计、制造和管理等整个生产系统，改变多品种小批量生产方式，获得最大的经济效益。成组技术的核心是成组工艺，它是将结构、材料、工艺相近似的零件组成一个零件组，按零件组制定工艺进行加工，扩大批量、减少品种，便于采用高效方法、提高劳动生产率。零件的相似性是广义的，在几何形状、尺寸、功能要素、精度、材料等方面的相似性为基本相似性，以基本相似性为基础，在制造、装配等生产、经营、管理等方面所导出的相似性，称为二次相似性或派生相似性。

敏捷制造(Agile Manufacturing，AM)。敏捷制造是指企业实现敏捷生产经营的一种制造哲理和生产模式。敏捷制造包括产品制造机械系统的柔性、员工授权、制造商和供应商关系、总体品质管理及企业重构。敏捷制造是借助于计算机网络和信息集成基础结构，构造有多个企业参加的"VM"环境，以竞争合作的原则，在虚拟制造环境下动态选择合作伙伴，组成面向任务的虚拟公司，进行快速和最佳生产。

并行工程(Concurrent Engineering，CE)。对产品及其相关过程(包括制造过程和支持过程)进行并行、一体化设计的一种系统化的工作模式。在传统的串行开发过程中，设计中的问题或不足，要分别在加工、装配或售后服务中才能被发现，然后修改设计，改进加工、装配或售后服务(包括维修服务)。而并行工程就是将设计、工艺和制造结合在一起，利用计算机互联网并行作业，大大缩短生产周期。

快速成形技术(Rapid Prototyping Manufacturing，RPM)。集 CAD/CAM 技术、激光加工技术、数控技术和新材料等技术领域的最新成果于一体的零件原型制造技术。它不同于传统的用材料去除方式制造零件的方法，而是用材料一层一层积累的方式构造零件模型，它利用所要制造零件的三维 CAD 模型数据直接生成产品原型，并且可以方便地修改 CAD 模型后重新制造产品原型。由于该技术不像传统的零件制造方法需要制作木模、塑料模和陶瓷模等，可以把零件原型的制造时间减少为几天、几小时，大大缩短了产品开发周期，减少了开发成本。随着计算机技术的快速发展和三维 CAD 软件应用的不断推广，越来越多的产品基于三维 CAD 设计开发，使得快速成形技术的广泛应用成为可能。快速成形技术已广泛应用于宇航、航空、汽车、通信、医疗、电子、家电、玩具、军事装备、工业造型(雕刻)、建筑模型、机械行业等领域。

虚拟制造技术(Virtual Manufacturing Technology，VMT)。以计算机支持的建模、仿真技术为前提，对设计、加工制造、装配等全过程进行统一建模，在产品设计阶段，实时并行模拟出产品未来制造全过程及其对产品设计的影响，预测出产品的性能、产品的制造技术、产品的可制造性与可装配性，从而更有效、更经济地灵活组织生产，使工厂和车间的设计布局更合理、更有效，以达到产品开发周期和成本最小化、产品设计质量的最优化、生产效率的最高化。虚拟制造技术把产品的工艺设计、作业计划、生产调度、制造过程、库存管理、成本核算、零部件采购等企业生产经营活动在产品投入之前就在计算机上加以显示和评价，使设计人员和工程技术人员在产品真实制造之前，通过计算机虚拟产品来预见可能发生的问题和后果。虚拟制造系统的关键是建模，即将现实环境下的物理系统映射为计算机环境下的虚拟系统。虚拟制造系统生产的产品是虚拟产品，但具有真实产品所具有的一切特征。

智能制造(Intelligent Manufacturing，IM)。制造技术、自动化技术、系统工程与人工智能等学科互相渗透、互相交织形成的一门综合技术。其具体表现为：智能设计、智能加工、机器人操作、智能控制、智能工艺规划、智能调度与管理、智能装配、智能测量与诊断等。它强调通过"智能设备"和"自治控制"来构造新一代的智能制造系统模式。智能制造系统具有自律能力、自组织能力、自学习与自我优化能力、自修复能力，因而适应性极强，而且由于采用 VR 技术，使人机界面更加友好。因此，智能制造技术的研究开发对于提高生产效率与产品品质，降低成本，提高制造业市场应变能力、国家经济实力和国民生活水准具有重要意义。

# 1.3　先进制造技术的发展

## 1.3.1　先进制造技术的发展趋势

### 1. 集成化

集成化趋势是先进制造系统的一个显著特征，并向着深度和广度方向发展。目前已从企业内部的信息集成和功能集成发展到实现产品整个生命周期的过程集成，并将发展到企业间的动态集成。信息集成是通过网络和数据库把各自动化系统和设备，包括已形成的自动化孤岛和异种设备互连起来，实现制造系统中数据的交换和信息共享；功能集成实现企业要素，即人、技术、管理组织的集成，并在优化企业运营模式的基础上实现企业生产经营各功能部分的整体集成；过程集成通过产品开发过程的并行和多功能项目组为核心的企业扁平化组织，实现产品开发过程、企业经营过程的集成，对企业过程进行重组与优化，使企业的生产与经营产生质的飞跃；企业间的动态集成面对市场机遇，高速、优质、低成本地开发某一新产品，具有不同知识特点、技术特点和资源优势的一批企业围绕新产品对知识技术和资源的需求，通过敏捷化企业组织形式、并行工程环境、全球计算机网络或国家信息基础设施，实现跨地区甚至跨国家的企业间的动态联盟，使新产品所需的知识、技术和资源能迅速集结和运筹。

### 2. 全球化

制造全球化有利于生产要素在全球范围内的快速流动，最大规模地合理配置资源，追求最佳经济效益。制造全球化包括以下几个方面：①市场的国际化，产品销售的全球网络正在形成；②产品设计和开发的国际合作；③制造企业在世界范围内的重组与集成，如动态联盟公司；④制造资源的跨地区、跨国家的协调、共享和优化利用；⑤全球制造的体系结构将要形成。同时信息技术、现代通信网络以及交通运输的高速发展也为制造全球化奠定了物质基础和技术基础，从而使得制造全球化的趋势正在迅速发展。

### 3. 敏捷化

企业将面对日益激烈的国际化竞争的挑战，同时，企业也可以利用制造全球化的机遇，专注发展自己有优势的核心能力及业务，而将其他任务外包和外协。企业将变得更加敏捷，对市场的变化将有更快的反应能力。但这些需要新的信息技术的支持，如供应链管理系统，促进企业供应链反应敏捷、运行高效，因为企业间的竞争将变成企业供应链间的竞争；又如客户关系管理系统，使企业为客户提供更好的服务，对客户的需求做出更快的响应。

### 4. 虚拟化

虚拟制造可以简单地理解为"在计算机内制造"，通过应用集成的、用户友好的软件系统生成"软样机"，对产品、工艺和整个企业的性能进行仿真、建模和分析。虚拟制造包括虚拟设计、虚拟装配和虚拟加工过程。新产品的开发需要考虑很多因素。例如在开发新车型时，美学的创造性要受到安全性、人机工程学、可制造性及可维护性等多方面的制约。在虚拟设计中，利用虚拟原型在可视化方面的强大优势以及可交互地探索虚拟物体的功能，对产品进行几何、制造和功能等方面的交互建模与分析，快速评价不同的设计方案，可以从人机工程学的角度检查设计效果，设计师可直接参与操作模拟，移动部件和进行各种试验，以确保设计的准确性。这种技术的特点是：①可及早看到新产品的外形，以便从多方面观察和评审所设计的产品；②可及早发现产品结构空间布局中的干涉和运动机构的碰撞等问题；③可及早对产品的制造性有清楚的了解。美国波音飞机公司在设计波音 777 飞机中采用了虚拟制造技术，采用飞行仿真器及虚拟原型技术在各种模拟的条件下，对飞机进行飞行试验。

### 5. 智能化

随着对 CAD 系统中知识的积累，CAD 系统的智能化程度将大幅度提高。这种智能化具体表现为：①智能地支持设计者的工作，而且人机接口也是智能的。系统能领会设计人员的意图，能够检测失误，回答问题，提出建议方案等；②具有推理能力，使不熟练的设计者也能做出好的设计。

### 6. 绿色化

绿色化包括绿色产品和绿色制造。它要求产品的零部件易回收、可重复使用、尽量少用污染材料、在整个产品的制造和使用过程中排废少、对环境的污染要尽可能的小、所消耗的能量也尽可能的少，要求制造和使用具有洁净性。产品和制造过程的绿色化，不仅要求企业把环境保护当作自己的重要使命，同时也是企业未来生存和发展的战略。因为不注意环境保护的企业将被市场所淘汰。

## 1.3.2　3D 打印技术

3D 打印(3DP)即快速成形技术的一种，它是一种以数字模型文件为基础，运用粉末状金属或塑料等可黏合材料，通过逐层打印的方式来构造物体的技术。3D 打印技术又名增材制造，属于一种快速成形技术，是一个使任何形状的三维固体物品通过数字模型得以快速实现的过程。3D 打印的实质是通过计算机辅助设计软件，将某种特定的加工样式进行一系列的数字切片编辑，从而生成一个数字化的模型文件，然后按照模型图的尺寸以某些特定的添加剂作为黏合材料，运用特定的成形设备，即打印机，用液态、粉末态、丝状等的固体金属粉或可塑性高的物质进行分层加工、叠加成形，使原料将这些薄型层面逐层熔融增加，从而最终"打印"出真实而立体的固态物体。在工业制造领域，这个过程也被称为快速成形过程，故 3D 打印机也被称之为快速成形机。

3D 打印技术中最核心的技术就是快速成形技术，依据所用材料的性质及片层结构生成方式的不同，大致可分为光敏树脂选择性固化工艺(SLA)、粉末材料选择性烧结工艺(SLS)，以及丝状材料选择性熔覆工艺(FDM)。

### 1. 光敏树脂选择性固化工艺(SLA)

利用了立体雕刻的原理对固体部件进行光固化成形操作，是最早出现并运用最为广泛的一种快速成形技术。其工作原理是：将液态光敏树脂材料放进加工模具中，保持工作台与液面相差一个截面层的高度差，然后聚焦的激光按照计算机预定的程序对光敏树脂表面进行扫描、液体固化，将这个过程循环往复，就可以形成最终的固体工件了。

SLA 工艺适合于加工形状或内部结构特别复杂(如镂空部件)及体积小，造型精细(如珠宝首饰、艺术品等)的产品或零部件。其成形过程自动化程度高，成品表面精度高，尺寸误差小，对概念产品的模型制作，或加工生产流水线上的产品检验和规划流程起到了推进作用。但同时该工艺对精密设备的工作环境及自身的保养也有苛刻的要求，因此制作成本也比较高，且成形工件多为树脂类材料，刚度、强度及耐热性有限，长时间处于自然环境中，容易吸收空气中的水分，造成较严重的形变，故不易长久保存。同时，光敏材料是一种对环境较有害的材料。

### 2. 粉末材料选择性烧结工艺(SLS)

SLS 是利用激光器对黏结剂和塑料的混合型粉末进行烧结，形成离散点，再逐层堆叠，从而形成三维实体产品。其具体工作原理是：开始加工前，需要先将工作台温度升至粉末的熔点温度，然后将粉末材料逐层按照横截面的轮廓进行激光烧结，使固态粉末溶化后再凝结，形成预定的工件。烧结完成后需要数小时的冷却处理。

SLS 工艺适合于中小型部件的生产，可对零件的功能进行测试性生产。由于其制造工艺简单，材料选择范围广、成形周期短等特点，使得工艺广泛应用于许多工业领域，汽车行业则是其中最有代表性的领域之一。这种工艺可以直接用于对金属、陶瓷或者塑料等材料的加工，加工精度更高。此外，将不同的金属粉末混合烧结，得到不同金属性能的新工件，对工业制造的发展有重要作用。但由于受到材料颗粒大小及激光束强度的限制，加工后的部件表面有可能会出现很多小孔，因此工件的后期处理工艺比较复杂。

### 3. 丝状材料选择性熔覆工艺(FDM)

FDM 是一种将丝状材料(如工程塑料、聚碳酸酯、尼龙等)进行加热熔融再合成产品的工艺。其工作原理是：热塑性丝状材料被热熔喷头加热并熔化成半液态，再通过喷头挤压出工件的横截面轮廓，通过喷头在工作台上的往复运动，逐层形成薄片。重复这个过程，便可生产出最终产品。

相较于其他种打印的加工工艺，FDM 工艺不需要昂贵的激光仪器，因此成本较低，十分适合生产有空隙的结构，可以节约原材料和制造时间。同时，这个方法更加环保，加工过程中工件一次成形，不产生多余的加工废料，也不会产生有毒气体或有害化学物质，且易于操作，对加工环境要求不高，因此是办公室环境的理想选择。但相比工艺，这个方法对工件加工的精度相对较低，且工件表面比较粗糙。

# 1.4　各国先进制造技术的发展概况

## 1.4.1　美国的先进制造技术计划和制造技术中心计划

为加强本国制造业竞争力，重树制造业在工业界的领导地位，美国政府在 20 世纪 90 年代初提出了一系列制造业的振兴计划，其中包括"先进制造技术计划"和"制造技术中心计划"。

### 1. 先进制造技术计划

该计划是美国联邦政府科学、工程和技术协调委员会于 1993 年制定的六大科学和开发计划之一，年度预算为 14 亿美元，围绕三个重点领域开展研究：①下一代的"智能"制造系统，为产品、工艺过程和整个企业的设计提供集成的工具；②基础设施建设，包括扩大和联合已有的各种推广应用机构、建立地域性的技术联盟(技术联合体)、制定相关国家制造技术发展趋势的监督和分析机制、制定评测准则和评测指标体系等；③其他先进制造技术专项计划。如美国国家科学基金会(NSF)工程部的设计、制造和工业创新、战略性制造倡议计划、工程研究中心计划、管理和技术创新计划、面向小企业创新研究计划和新技术推广计划、促进产业和学术界结合计划等。

### 2. 制造技术中心计划

政府与企业在共同发展制造技术上进行密切合作，针对美国 35 万家中小企业，政府的职责不是让这些企业生产什么产品，而是要帮助它们掌握先进技术，使其具有识别、选择适合己方的技术的能力。该计划要求在每个地区设立一个制造技术中心，为中小企业展示新的制造技术和装备，组织不同类型的培训，帮助企业了解和选用最新的或最适合于它们使用的技术和装备。

## 1.4.2　日本的政策和智能制造技术计划

第二次世界大战之后，日本在数控机床、机器人、精密制造、微电子工艺领域取得了领先的进展，在产业技术政策上逐步从重视应用研究转向加强基础研究，以便彻底摆脱"美国出创新概念，日本出产品"的局面，走出了一条"技术引进—自主开发—基础研究"的发展道路。

日本通产省提出了智能制造系统(IMS)计划并邀请美国、欧共体各国、加拿大、澳大利亚等参加研究，形成了一个大型国际共同研究项目。日本投资 10 亿美元保证计划的实施。该计划旨在全面展望 21 世纪制造技术的发展趋势，先行开发未来的主导技术，同时致力于全球信息、制造技术的体系化、标准化。

IMS 计划研究内容是：通过各发达国家之间的国际共同研究，使制造业在接受订货、开发、设计、生产、物流直至经营管理的全过程中，做到使各个装备和生产线的自律化，自律化的装备和生产线在系统整体上能够做到协调和集成，由此来迎接和适应当今世界制造全球化的发展趋势，减少庞大的重复投资，并通过先进、灵活的制造过程的实现来解决制

造系统中的人为因素。这里所谓的"自律化",是指能够根据周围环境以及生产作业状况自主地进行判断并进行及时决策变更作业,也就是说给予装备和生产线一定的决策智能。

### 1.4.3 欧共体的 EREKA 计划、ESPRIT 计划、BRITE 计划和工业 4.0

欧洲各国的制造业强烈地感受到来自美国和日本的压力,为此,欧共体各国政府与企业界共同掀起了一场旨在通过"欧共体统一市场法案"的运动,制定了"尤里卡计划(EKEKA)""欧洲信息技术研究发展战略计划(ESPRIT)"和"欧洲工业技术基础研究(BRITE)"等一系列发展计划。

EREKA 计划涉及 16 个欧洲 600 家公司的 165 个合作性高科技研究开发项目。ESPRIT 计划的 13 个成员向 5500 名研究人员提供资助。把计算机集成制造(CIM)中信息集成技术的研究列为五大重点项目之一,明确要向 CIM 投资 620 万欧元作为研究开发费用,抓好 CIM 的设计原理、工厂自动化所需的先进微电子系统以及实时显示系统进行生产过程管理的三大课题。BRITE 计划则重点资助材料、制造加工、设计以及工厂系统运作方式等方面的研究。

工业 4.0 是由德国政府《德国 2020 高技术战略》中所提出的十大未来项目之一。该项目由德国联邦教育局及研究部和联邦经济技术部联合资助,投资预计达 2 亿欧元,旨在提升制造业的智能化水平,建立具有适应性、资源效率及基因工程学的智慧工厂,在商业流程及价值流程中整合客户及商业伙伴。其技术基础是网络实体系统及物联网。

### 1.4.4 韩国的先进制造系统计划

韩国提出了"高级先进技术国家计划",目标是将韩国的技术实力提高到世界一流工业发达国家的水平。该计划包括七项先进技术和立项基础技术。其中的"先进制造系统"是一个将市场需求、设计、车间制造和营销集成在一起的系统,旨在改善产品质量和提高生产率,最终建立起全球竞争能力。该项目由三部分组成:①共性的基础研究,包括集成的开放系统、标准化及性能评价;②下一代加工系统,包括加工设备、加工技术、操作过程技术;③电子产品的装配和检验系统,包括下一代印刷电路板装配和检验系统、高性能装配机构和制造系统、先进装配基础技术、系统操作集成技术、智能技术。

### 1.4.5 我国的先进制造技术

#### 1. 我国制造业的现状

我国工业化进程起步较晚,与国际先进水平相比,我国的制造业和制造技术还存在着阶段性差距。

产品创新能力差,开发周期长。我国大中型企业生产的 2000 多种主导产品的平均生命周期为 10.5 年,是美国同类产品生命周期的 3.5 倍。我国有 80%以上的企业生产能力利用不足或严重不足,但同时每年还要进口数以千亿美元国内短缺的产品。

制造工艺装备落后,高端设备严重依赖进口。我国大多数企业目前还采用较落后的制造工艺与技术装备进行生产,优质高效低耗工艺的普及率不足 10%,数控机床、精密设备不足 5%，配有国产数控系统的中档数控机床不超过 25%，高档数控机床的 90% 以上依赖进口；我国在大型成套装备技术方面严重落后，100% 的光纤制造装备、85% 的集成电路制造装备、80% 的石化装备、60% 的轿车工业装备都依赖进口。

生产自动化和优化水平不高，资源综合利用率低。我国平均劳动生产率为 0.263 万美元，而美国、日本和印度分别为 9.37 万美元、10.47 万美元和 0.34 万美元；我国的能源综合利用率仅为 32% 左右，比国外的先进水平低十多个百分点；我国每万元国民生产总值的能耗比发达国家高四倍多，主要产品单位能耗比发达国家高 30%～90%，工业排放的污染物超过发达国家十倍以上。

企业管理粗放，协作能力较差，国际市场开拓能力弱。我国多数企业缺少现代化管理的概念、方法和手段，众多的企业尚处于经验管理阶段，企业机构臃肿，富余人员一般多达 30%～40%。我国机械工业的专业化水平仅为 15%～30%，而美国、西欧诸国、日本企业的专业化水平已经达到 75%～90%，小而全、大而全的"庄园式企业"缺乏快速响应市场需求的能力。经过 20 多年的努力，我国出口商品占世界市场的份额从 0.5% 提高到目前的 3.5%。但是分析近 3 年的统计数据，高附加值和高技术含量的出口商品仅占我国出口商品总量的 10% 左右。

战略装备和核心技术的开发相对薄弱。战略装备涉及国家安全和经济命脉，对国民经济有重大影响。核心技术在未来的国际竞争中有可能开拓新的广阔市场或成为新的重大关键技术。例如，用于海洋资源开发的水下作业装备，用于高精尖设备制造的超精密加工装备，面向 IT 等产业的集成电路制造关键装备，对未来许多行业将产生重大影响的微机电系统(MEMS)以及集高技术于一身的仿人形机器人等。由于国外的技术封锁，这些装备和技术是花钱也很难买到的，必须靠自己的力量加以解决。

### 2. 中国制造 2025

中国制造 2025，是中国政府实施制造强国战略第一个十年的行动纲领。中国制造 2025 提出，坚持"创新驱动、质量为先、绿色发展、结构优化、人才为本"的基本方针，坚持"市场主导、政府引导，立足当前、着眼长远，整体推进、重点突破，自主发展、开放合作"的基本原则，通过"三步走"实现制造强国的战略目标：第一步，到 2025 年迈入制造强国行列；第二步，到 2035 年中国制造业整体达到世界制造强国阵营中等水平；第三步，到中华人民共和国成立一百年时，综合实力进入世界制造强国前列。围绕实现制造强国的战略目标，《中国制造 2025》明确了九项战略任务和重点，提出了八个方面的战略支撑和保障。

中国制造 2025 五大工程如下。

1) 制造业创新中心建设工程

围绕重点行业转型升级和新一代信息技术、智能制造、增材制造、新材料、生物医药等领域创新发展的重大共性需求，形成一批制造业创新中心(工业技术研究基地)，重点开展行业基础和共性关键技术研发、成果产业化、人才培训等工作。制定完善制造业创新中心遴选、考核、管理的标准和程序。到 2020 年，重点形成 15 家左右制造业创新中心(工业技术研究基地)，力争到 2025 年形成 40 家左右制造业创新中心(工业技术研究基地)。

2) 智能制造工程

紧密围绕重点制造领域关键环节，开展新一代信息技术与制造装备融合的集成创新和

工程应用。支持政产学研用联合攻关，开发智能产品和自主可控的智能装置并实现产业化。依托优势企业，紧扣关键工序智能化、关键岗位机器人替代、生产过程智能优化控制、供应链优化，建设重点领域智能工厂/数字化车间。在基础条件好、需求迫切的重点地区、行业和企业中，分类实施流程制造、离散制造、智能装备和产品、新业态新模式、智能化管理、智能化服务等试点示范及应用推广。建立智能制造标准体系和信息安全保障系统，搭建智能制造网络系统平台。到2020年，制造业重点领域智能化水平显著提升，试点示范项目运营成本降低30%，产品生产周期缩短30%，不良产品率降低30%。到2025年，制造业重点领域全面实现智能化，试点示范项目运营成本降低50%，产品生产周期缩短50%，不良产品率降低50%。

3) 工业强基工程

开展示范应用，建立奖励和风险补偿机制，支持核心基础零部件(元器件)、先进基础工艺、关键基础材料的首批次或跨领域应用。组织重点突破，针对重大工程和重点装备的关键技术和产品急需，支持优势企业开展政产学研用联合攻关，突破关键基础材料、核心基础零部件的工程化、产业化瓶颈。强化平台支撑，布局和组建一批"四基"研究中心，创建一批公共服务平台，完善重点产业技术基础体系。到2020年，40%的核心基础零部件、关键基础材料实现自主保障，受制于人的局面将逐步缓解，航天装备、通信装备、发电与输变电设备、工程机械、轨道交通装备、家用电器等产业急需的核心基础零部件(元器件)和关键基础材料的先进制造工艺得到推广应用。到2025年，70%的核心基础零部件、关键基础材料实现自主保障，80种标志性先进工艺得到推广应用，部分达到国际领先水平，建成较为完善的产业技术基础服务体系，逐步形成整机牵引和基础支撑协调互动的产业创新发展格局。

4) 绿色制造工程

组织实施传统制造业能效提升、清洁生产、节水治污、循环利用等专项技术改造。开展重大节能环保、资源综合利用、再制造、低碳技术产业化示范。实施重点区域、流域、行业清洁生产水平提升计划，扎实推进大气、水、土壤污染源头防治专项。制定绿色产品、绿色工厂、绿色园区、绿色企业标准体系，开展绿色评价。到2020年，建成千家绿色示范工厂和百家绿色示范园区，部分重化工行业能源资源消耗出现拐点，重点行业主要污染物排放强度下降20%。到2025年，制造业绿色发展和主要产品单耗达到世界先进水平，绿色制造体系基本建立。

5) 高端装备创新工程

组织实施大型飞机、航空发动机及燃气轮机、民用航天、智能绿色列车、节能与新能源汽车、海洋工程装备及高技术船舶、智能电网成套装备、高档数控机床、核电装备、高端诊疗设备等一批创新和产业化专项、重大工程。开发一批标志性、带动性强的重点产品和重大装备，提升自主设计水平和系统集成能力，突破共性关键技术与工程化、产业化瓶颈，组织开展应用试点和示范，提高创新发展能力和国际竞争力，抢占竞争制高点。到2020年，上述领域实现自主研制及应用。到2025年，自主知识产权高端装备市场占有率大幅提升，核心技术对外依存度明显下降，基础配套能力显著增强，重要领域装备达到国际领先水平。

中国制造2025针对的十大领域如下。

1) 新一代信息技术产业

集成电路及专用装备。着力提升集成电路设计水平，不断丰富知识产权和设计工具，突破关系国家信息与网络安全及电子整机产业发展的核心通用芯片，提升国产芯片的应用适配能力。掌握高密度封装及三维(3D)微组装技术，提升封装产业和测试的自主发展能力。形成关键制造装备供货能力。掌握新型计算、高速互联、先进存储、体系化安全保障等核心技术，全面突破第五代移动通信(5G)技术、核心路由交换技术、超高速大容量智能光传输技术、"未来网络"核心技术和体系架构，积极推动量子计算、神经网络等发展。研发高端服务器、大容量存储、新型路由交换、新型智能终端、新一代基站、网络安全等设备，推动核心信息通信设备体系化发展与规模化应用。开发安全领域操作系统等工业基础软件。突破智能设计与仿真及其工具、制造物联与服务、工业大数据处理等高端工业软件核心技术，开发自主可控的高端工业平台软件和重点领域应用软件，建立完善工业软件集成标准与安全测评体系。推进自主工业软件体系化发展和产业化应用。

2) 高档数控机床和机器人

开发一批精密、高速、高效、柔性数控机床与基础制造装备及集成制造系统。加快高档数控机床、增材制造等前沿技术和装备的研发。以提升可靠性、精度保持性为重点，开发高档数控系统、伺服电机、轴承、光栅等主要功能部件及关键应用软件，加快实现产业化。加强用户工艺验证能力建设。围绕汽车、机械、电子、危险品制造、国防军工、化工、轻工等工业机器人、特种机器人，以及医疗健康、家庭服务、教育娱乐等服务机器人应用需求，积极研发新产品，促进机器人标准化、模块化发展，扩大市场应用。突破机器人本体、减速器、伺服电机、控制器、传感器与驱动器等关键零部件及系统集成设计制造等技术瓶颈。

3) 航空航天装备

加快大型飞机研制，适时启动宽体客机研制，鼓励国际合作研制重型直升机；推进干支线飞机、直升机、无人机和通用飞机产业化。突破高推重比、先进涡桨(轴)发动机及大涵道比涡扇发动机技术，建立发动机自主发展工业体系。开发先进机载设备及系统，形成自主完整的航空产业链。发展新一代运载火箭、重型运载器，提升进入空间能力。加快推进国家民用空间基础设施建设，发展新型卫星等空间平台与有效载荷、空天地宽带互联网系统，形成长期持续稳定的卫星遥感、通信、导航等空间信息服务能力。推动载人航天、月球探测工程，适度发展深空探测。推进航天技术转化与空间技术应用。

4) 海洋工程装备及高技术船舶

大力发展深海探测、资源开发利用、海上作业保障装备及其关键系统和专用设备。推动深海空间站、大型浮式结构物的开发和工程化。形成海洋工程装备综合试验、检测与鉴定能力，提高海洋开发利用水平。突破豪华邮轮设计建造技术，全面提升液化天然气船等高技术船舶国际竞争力，掌握重点配套设备集成化、智能化、模块化设计制造核心技术。

5) 先进轨道交通装备

加快新材料、新技术和新工艺的应用，重点突破体系化安全保障、节能环保、数字化智能化网络化技术，研制先进可靠适用的产品和轻量化、模块化、谱系化产品。研发新一代绿色智能、高速重载轨道交通装备系统，围绕系统全寿命周期，向用户提供整体解决方案，建立世界领先的现代轨道交通产业体系。

6) 节能与新能源汽车

继续支持电动汽车、燃料电池汽车发展，掌握汽车低碳化、信息化、智能化核心技术，提升动力电池、驱动电机、高效内燃机、先进变速器、轻量化材料、智能控制等核心技术的工程化和产业化能力，形成从关键零部件到整车的完整工业体系和创新体系，推动自主品牌节能与新能源汽车同国际先进水平接轨。

7) 电力装备

推动大型高效超净排放煤电机组产业化和示范应用，进一步提高超大容量水电机组、核电机组、重型燃气轮机制造水平。推进新能源和可再生能源装备、先进储能装置、智能电网用输变电及用户端设备发展。突破大功率电力电子器件、高温超导材料等关键元器件和材料的制造及应用技术，形成产业化能力。

8) 农机装备

重点发展粮、棉、油、糖等大宗粮食和战略性经济作物育、耕、种、管、收、运、贮等主要生产过程使用的先进农机装备，加快发展大型拖拉机及其复式作业机具、大型高效联合收割机等高端农业装备及关键核心零部件。提高农机装备信息收集、智能决策和精准作业能力，推进形成面向农业生产的信息化整体解决方案。

9) 新材料

以特种金属功能材料、高性能结构材料、功能性高分子材料、特种无机非金属材料和先进复合材料为发展重点，加快研发先进熔炼、凝固成形、气相沉积、型材加工、高效合成等新材料制备关键技术和装备，加强基础研究和体系建设，突破产业化制备瓶颈。积极发展军民共用特种新材料，加快技术双向转移转化，促进新材料产业军民融合发展。高度关注颠覆性新材料对传统材料的影响，做好超导材料、纳米材料、石墨烯、生物基材料等战略前沿材料提前布局和研制。加快基础材料升级换代。

10) 生物医药及高性能医疗器械

发展针对重大疾病的化学药、中药、生物技术药物新产品，重点包括新机制和新靶点化学药物、抗体药物、抗体偶联药物、全新结构蛋白及多肽药物、新型疫苗、临床优势突出的创新中药及个性化治疗药物。提高医疗器械的创新能力和产业化水平，重点发展影像设备、医用机器人等高性能诊疗设备，全降解血管支架等高值医用耗材，可穿戴、远程诊疗等移动医疗产品。实现生物 3D 打印、诱导多能干细胞等新技术的突破和应用。

# 本 章 小 结

本章主要论述了制造业发展的现状和面临的挑战；阐明了先进制造技术的内涵、特征及其体系结构；介绍了先进制造技术的最新技术发展趋势，重点介绍了中国制造 2025。

# 复习与思考题

1. 叙述制造、制造系统的概念，说明制造系统的分类。
2. 分析制造业所面临的挑战与发展。
3. 简述先进制造技术的特点和体系结构。
4. 简述我国先进制造技术的发展战略。

# 第2章　现代设计技术

【本章要点】

本章主要讨论现代设计技术的内涵、特征及体系结构，侧重介绍优化设计、可靠性设计、价值工程、面向 X 的设计、逆向工程、绿色设计等最常用的现代设计方法的相关概念、主要内容、实施步骤以及所涉及的关键技术，并以具体实例说明。

【学习目标】

- 掌握优化设计的关键技术。
- 掌握可靠性预测和分配。
- 了解面向 X 的设计。
- 了解逆向工程的基本国策。

现代设计技术是先进制造技术中的首要的关键的技术，它是现代科技发展和全球市场竞争的产物。产品设计是以社会需求为目标，在一定设计原则的约束下，利用设计方法和手段创造出产品结构的过程。市场竞争的需要和各种新方法、新技术、新工艺、新材料不断涌现，推动了设计方法和技术的进步，使产品设计从传统的经验设计进入现代设计。

## 2.1　现代设计的内涵和特征

产品设计是以社会需求为目标，在一定设计原则的约束下，利用设计方法和手段创造出产品结构的过程。产品设计不合理引起产品技术性和经济性的先天不足，难以通过生产过程中的质量控制和成本控制措施挽回。据统计，失败产品中 85%的原因是设计失误造成的。

设计技术是指在设计过程中解决具体设计问题的方法和手段。人类的设计活动经历了"直觉设计阶段"——"经验设计阶段"——"半理论半经验设计阶段"。随着科学技术的发展和各种新材料、新工艺、新技术的出现，产品的功能与结构日趋复杂，市场竞争日益激烈，传统的产品开发方法和手段已难以满足市场需求和产品设计的要求。计算机科学及应用技术的发展促使工程设计领域涌现出一系列先进的设计技术。

现代设计技术是先进制造技术的基础。它是以满足产品的质量、性能、时间、成本、价格综合效益最优为目的，以计算机辅助设计技术为主体，以多种科学方法及技术为手段，研究、改进、创造产品活动过程所使用的技术群的总称。它的内涵就是以市场为驱动，以知识获取为中心，以产品全寿命周期为对象，人、机、环境相容的设计理念。

### 2.1.1　现代设计的特征

现代设计是传统设计的深入、丰富和完善，而非独立于传统设计的全新设计具有如下特征。

### 1. 以计算机技术为核心

计算机技术的飞速发展对设计产生了巨大影响。设计手段的更新使计算机技术推动了设计手段从"手工"向"自动"的转变。传统设计以图板、直尺、铅笔等作为工具，效率低、工作强度大。CAD 技术的出现和发展，使"无纸化设计"成为主流，使得设计效率大大提高。

计算机技术推动了产品表现形式从"二维"向"三维"的转变。传统设计利用投影原理表示产品结构，这种方法的数据量少，不利于产品的进一步分析和制造。随着 CAD 技术的发展，三维"产品模型(Product Model)"得到广泛应用。三维表现形式不仅包括反映产品形状和尺寸的几何信息，还包括分析、加工、材料、特性等数据，可直接用于分析和制造。

设计方法在计算机技术的发展中得到发展。高性能的计算机硬件和先进的软件技术促使一些新的设计方法出现。一些先进的设计方法如有限元分析、优化、模态分析等都涉及大量复杂计算，只有计算机技术的发展才能推动这些方法的进步和应用。新的设计方法有并行设计、虚拟设计、计算机仿真等。

计算机技术改变工作方式。传统设计过程采用串行方式进行，即设计任务按时序从一个环节传入下一环节。随着数据库技术和网络技术的发展，并行设计正得到广泛应用。它要求设计小组同时地、并行地参与设计，并最大限度地交流信息，以缩短设计周期及有助于将各种新思想、新技术、新方法融入产品设计中。

计算机技术促使设计与制造一体化。存在于计算机内的产品模型可直接进入 CAPP 系统进行工艺规划和 NC 编程，进而加工代码可直接传入 NC 机床、加工中心进行加工。产品模型加强了设计与制造两个环节的连接，提高了产品开发的效率。

计算机技术提高了管理水平。产品设计是一个复杂的系统工程，设计过程中涉及大量设计数据和设计行为的管理。数据库技术的发展改变了传统的手工管理模式，各种 MIS、PDM 系统的广泛应用大大提高了设计的管理水平，保证了设计过程的高效、协同和安全。

计算机技术使得组织模式进一步开放。网络技术的发展加快了数据通信速度，缩短了企业之间的距离。传统的局限于企业内部的封闭设计正在变为不受行政隶属关系约束的、多企业共同参与的异地设计。为完成一种设计任务形成的虚拟企业或动态联盟将实现优势互补和资源共享，可极大地提高设计效率和水平。

### 2. 以设计理论为指导

受科学技术发展水平的限制，传统设计是以生产经验为基础，运用力学和数学形成的计算公式、经验公式、图表、手册等作为依据进行。随着理论研究的深入，许多工程现象不断升华和总结为揭示事物内在规律和本质的理论，如摩擦学理论、模态分析理论、可靠性理论、疲劳理论、润滑理论等。现代设计方法是基于理论形成的方法，利用这种方法指导设计可减少经验设计的盲目性和随意性，提高设计的主动性、科学性和准确性。现代设计是以理论指导为主、经验为辅的一种设计。

## 2.1.2　现代设计的内涵

通过对其特征的分析，可以认为"现代设计"是以满足应市产品的质量、性能、时间、成本/价格综合效益最优为目的，以计算机辅助设计技术为主体，以知识为依托，以多种科学方法及技术为手段，研究、改进、创造产品活动过程所用到的技术群体的总称。即以市场需求为驱动，以知识获取为中心，以现代设计思想、方法为指导，以现代技术手段为工具，考虑产品完整生命周期以及人、机、环境相容性因素的设计。

现代设计作为一个研究领域，包含范围极其广泛，既包含指导设计进程及逻辑规律的设计方法学(属于思维方面)，也包含能用来提高设计效率和设计质量的各种单项技术(如CAD 技术、有限元分析、可靠性设计等)，同时还包含有高产品市场竞争优势的技术(如商品化设计、工业造型技术、市场预测与分析技术等)，贯穿其中的很重要一点就是并行工程的应用：产品设计开始就要同时考虑制造、使用及全生命周期的各个因素，另外，对于一个任务，可以以网络技术为基础，组织不同的制造商(网上动态联盟)来共同完成。因此，现代设计只能综合理解为：计算机为工具、专业设计技术为基础、网络为效率、市场为导向的一种综合设计理念，其实现没有固定的模式。

简单地说，现代设计的内涵就是以市场为驱动，以知识为依托，以知识获取为中心，以产品全生命周期为对象，人、机、环境相容的设计理念，如图 2-1 所示。

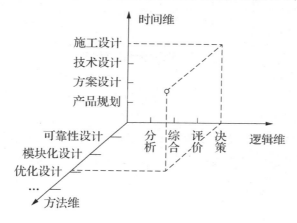

图 2-1　现代设计技术内涵

## 2.1.3　现代设计的技术体系

现代设计技术的整个体系好比一棵大树，由基础技术、主体技术、支撑技术和应用技术四个层次组成，与多学科相关，技术体系如图 2-2 所示。

### 1. 基础技术

基础技术是指传统的设计理论与方法，特别是运动学、静力学与动力学、材料力学、结构力学、热力学、电磁学、工程数学的基本原理与方法等。它不仅为现代设计技术提供了坚实的理论基础，也是现代设计技术发展的源泉。现代设计技术也可以说是在传统设计技术的基础上，以新的形式和更丰富的内涵发扬光大传统设计技术中的优秀内核与精华。

### 2. 主体技术

现代设计技术的诞生和发展与计算机技术的发展息息相关、相辅相成。可以毫不夸张地说，没有计算机科学与计算机辅助技术[如计算机辅助设计、智能 CAD(Intelligent CAD,

ICAD)、优化设计、有限元分析程序、模拟仿真、虚拟设计和工程数据库等],便没有现代设计技术；另一方面，没有其他现代设计技术的多种理论与方法，计算机技术的应用也会大大地受到限制，因为运用优化设计、可靠性设计、模糊设计等理论构造的数学模型，来编制计算机应用程序，可以更广泛、更深入地模拟人的推理与思维，从而提高计算机的"智力"。而计算机辅助设计技术正是以它对数值计算和对信息与知识的独特处理能力，成为现代设计技术群体的主干。

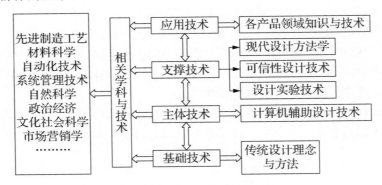

图 2-2　现代设计技术体系

### 3. 支撑技术

无论是设计对象的描述，还是设计信息的处理、加工、推理、映射及验证，都离不开设计方法学、产品的可信性、设计技术及设计试验技术所提供的多种理论与方法及手段的支撑。设计方法学、可信性设计技术及试验设计技术所包含的种种内容，可视为现代设计技术群体的支撑技术。

### 4. 应用技术

应用技术是针对实用目的解决各类具体产品设计领域的技术。如机床、汽车、工程机械、精密机械的现代设计内容，可以看作现代设计技术派生出来的丰富多彩的具体技术群。现代设计技术在各类产品设计领域的广泛应用，促进了产品质量与性能的提高。

现代设计已扩展到产品规划、制造、营销、运行、回收等各个方面，除了必要的传统设计理论与方法的基础知识外，相关的学科与技术，尤其是制造工艺、自动化技术、系统管理技术、材料知识与经验及广泛的自然科学知识等也是十分必要的。值得一提的是，现代设计技术体系框架的划分只是相对的，而不是绝对的；主体技术、支撑技术、应用技术、基础技术之间并不存在明显的界限。主体技术所包含的计算机辅助设计的有关技术本身往往就是应用技术。在特定情况下，某些支撑技术也可以成为主体技术，例如变载荷及随机干涉下零件的疲劳设计和稳定性设计，这时疲劳设计、健壮设计就是相应情况下的主体技术。有些设计支撑技术本来就是由传统的强度、变形及失效理论"繁衍"出来的多种设计理论，如疲劳设计、防断裂设计、可靠性设计等，所以，这些设计支撑技术，也可看作基础技术。

## 2.1.4　现代设计原则

设计原则是设计产品应满足的条件，也是对设计行为的约束。受到设计水平、观念、体制等的限制，传统设计所考虑的原则着眼于产品的功能和技术范畴，而设计的影响贯穿产品整个生命周期，所以设计原则必须面向生命周期内的各个阶段。现代设计原则是传统设计原则的扩充和完善，两者并无本质区别。

### 1. 功能满足原则

产品设计的目的是构造能够实现规定功能的产品。如果产品不具备要求的功能，设计就失去了价值。因此满足功能是各类产品设计的必要原则。

### 2. 质量保障原则

保证质量是产品设计的重要原则。产品质量主要由性能和可靠性决定，这类原则主要包括：①性能(产品的各类技术指标)如强度、刚度、稳定性、抗磨损性、抗腐蚀性、抗蠕变性、动态特性、平衡特性、热特性、机床加工精度、传动系统运动精度，电视机分辨率等；②可靠性(产品在规定的条件和规定时间内完成规定功能的能力)。产品只有可靠性能才有实用价值，因此性能的发挥依赖于可靠性。

### 3. 工艺优良原则

工艺优良指设计能够且容易通过生产过程实现，它包括：①可制造性，利用现有设备能够制造出满足精度等要求的零件，且制造成本低，效率高；②可装配性，指零件能够装配成符合装配精度要求的部件和整机，且装配成本低、效率高；③可测试性，指产品能够且容易通过适当方法进行有关测试，以评估设计、制造和装配。

### 4. 经济性原则

要求产品具有较低的开发成本和使用费用。

### 5. 使用性原则

考虑产品投放市场后的表现行为，包括：①环境友好性，保证产品产生尽可能少的废水、废气、噪声、射线等，符合环保法规，对生态环境破坏最小；②环境适应性，适应使用环境的湿度、温度、载荷、震动等特殊条件；③人机友好性，满足使用者生理、心理等方面要求，使产品外形美观，色彩宜人，操作简单、方便、舒适；④可维修性，使产品能够且易于维修，维修的停机时间、费用、复杂性、人员要求和差错尽可能最小；⑤安全性，保证不对人的生命财产造成破坏；⑥安装性，保证产品使用前安装容易、可靠，且安装费用最小；⑦可拆卸性，考虑产品的材料回收和零组件的重新使用；⑧可回收性，考虑产品的报废及回收方式。

# 2.2　优化设计

优化设计(Optimal Design)是20世纪60年代发展起来的一门新的科学，是现代设计方法的重要内容之一。它以数学规划为理论基础，以计算机和应用软件为工具，在充分考虑多种设计约束的前提下寻求满足某项预定目标的最优设计方案的技术。

优化是对问题寻优的过程。在日常的设计过程中，常常需要根据产品设计的要求，合理地确定各种参数，以达到最佳的设计目标。实际上，在任何一项设计工作中都包含寻优过程，但这种寻优在很大程度上带有经验性，多数是根据人们的直觉、经验、感悟及不断试验而实现。由于受到各种限制，往往难以得到最佳的结果。优化设计为工程设计提供了一种重要的科学设计方法，在解决复杂设计问题时，它能从众多的设计方案中找到尽可能完善、最适宜的设计方案。要实现问题的优化必须具备两个条件：一是存在一个优化目标；另一个是具有多个方案可供选择。

## 2.2.1　优化设计建模

优化设计的基本术语有：设计变量、约束条件及可行域、目标函数。

### 1. 设计变量

设计变量是表达设计方案的一组基本参数。如几何参数：零件外形尺寸、截面尺寸，机构的运动学尺寸等；物理参数：构件的材料、截面的惯性矩、固有频率等；性能：应力、应变、挠度等。设计变量是对设计性能指标好坏有影响的量，应在设计过程中选择，并且应是互相独立的参数。全体设计变量可以用向量来表示，包含 $n$ 个设计变量的优化问题称为 $n$ 维优化问题，这些变量可表示成一个 $n$ 维列向量。

$$x = \begin{bmatrix} x_1 \\ x_2 \\ \vdots \\ x_n \end{bmatrix} = [x_1, \ x_2, \cdots, \ x_n]^T$$

式中，$x_i(i=1,2,3,\cdots,n)$ 表示第 $i$ 个设计变量。当 $x_i$ 的值都确定后，向量 $x$ 就表示一个设计方案。

设计变量的个数 $n$ 也称为优化问题的维数，它表示设计的自由度。设计变量越多，设计的自由度越大，可供选择的方案也越多，设计也更灵活。但是维数越多，优化问题的求解也越复杂，难度也随之增加。因此，对于一个优化设计问题来说，应该适当地确定设计变量的数目，应尽量减少设计变量的个数，使优化设计的数学模型得以简化。

通常，将优化设计的维数 $n=2\sim10$ 的优化问题称为小型优化问题；$n=10\sim50$ 的称为中型优化问题；而维数 $n>50$ 称为大型优化问题。在设计变量的取值范围中，多取连续变化量。但有些设计变量只能选取规定的离散量，如齿轮的模数、齿数等。含有离散变量的优化问题，其求解的难度和复杂性要高于连续变量的优化问题。

由 $n$ 个设计变量所组成一个向量空间，称为设计空间。例如，当 $n=1$ 时，其设计空间是直线，为一维优化问题；$n=2$ 时，其设计空间为平面，为二维优化问题；当 $n=3$ 时，其设计空间为三维立体；$n>3$ 时，其设计空间称为超越空间。每个设计方案均由一组设计变量构成一个设计方案，相当于设计空间中的一个点，也称为设计点。因此，所谓的设计空间就是设计方案的集合，而优化问题即为在该设计空间中寻找的最优设计点。

## 2. 设计约束与可行域

优化设计不仅要使所选择方案的设计指标达到最佳值，同时还必须满足一些附加的设计条件，这些附加设计条件都构成对设计变量取值的限制，在优化设计中被称为设计约束，如图 2-3 所示)。

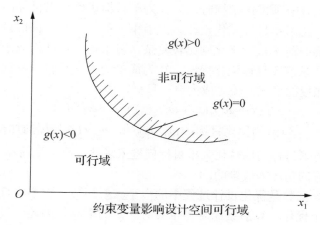

约束变量影响设计空间可行域

**图 2-3　设计约束的限制**

设计约束的表现形式有两种：不等式约束和等式约束。

不等式约束形式为

$$g_u(x) = g_u(x_1, x_2, \cdots, x_n) \leqslant 0 \quad (u = 1, 2, \cdots, m)$$

式中，$m$ 为不等式约束个数。

等式约束形式为

$$h_v(x) = h_v(x_1, x_2, \cdots, x_n) = 0 \quad (v = 1, 2, \cdots, p) \quad p < n$$

式中，$p$ 为等式约束个数。等式约束的个数必须小于设计变量的个数，否则该优化问题就成了没有优化余地的既定系统。

根据约束性质的不同，可将设计约束分为区域约束和性能约束。所谓区域约束，是指对设计变量取值范围的约束限制，如限制齿轮齿数和模数在给定的数值范围之中。而性能约束是由某些必须满足的设计性能要求推导出来的约束条件，如在机械产品设计中需根据对零件的强度、刚度和稳定性等提出一定的设计要求。

由于设计约束的存在，在整个设计空间范围内其被分为可行域和非可行域两个不同的区域。所谓可行域，是指设计变量所允许取值的设计空间，在该区域内满足设计约束条件；而非可行域是不允许设计变量取值的空间。

## 3. 目标函数

每一个设计问题，都有一个或多个设计中追求的目标，它们可以用设计变量的函数来表示，被称为目标函数。目标函数是评价工程设计优化性能的准则性函数，又称评价函数，可表示为

$$f(x) = f(x_1, x_2, \cdots, x_n)^T$$

式中，$x = (x_1, x_2, \cdots, x_n)$ 为设计变量。

优化设计的目的就是按要求选择所需的设计变量，使目标变量达到最佳值。目标函数的最优解可能是极大值，也可能是极小值。如求产值最大、效率最高等问题，优化设计便是目标函数求极值问题，记为

$$\max F(x) \quad \min F(x)$$

当目标函数只包含一项设计指标时，被称为单目标优化；当目标函数包含多项设计指标时，称为多目标优化。单目标优化设计，由于指标单一，易于评价设计方案的优劣，求解过程比较简单明确；而多目标优化则比较复杂，多个指标往往构成矛盾，很难或者不可能同时达到极小值。求解多目标优化问题，较为简单的方法是将一些优化目标转化为约束函数，或采用线性加权的形式，使之成为单一目标，即：

$$f(x) = \omega_1 f_1(x) + \omega_2 f_2(x) + \cdots + \omega_q f_q(x)$$

式中，$f_1(x)$，$f_2(x)$，$\cdots$，$f_q(x)$ 为优化目标；$\omega_1$，$\omega_2$，$\cdots$，$\omega_q$ 为各目标的加权系数。

这样的处理可将多目标问题转化为单目标问题来求解，简化了计算求解的难度。当然，这是以牺牲优化求解的精度为代价的。

正确地建立目标函数是优化设计过程中的一个重要环节，它不仅直接影响到优化设计的质量。而且对整个优化计算的繁简难易也会有一定的影响。因此，设计人员在建立目标函数时应认真分析设计对象，深入理解设计意图，且精通相关的专业知识，不断总结设计经验，并与相关人员及时沟通，使目标函数真正反映所设计的要求。

优化问题的数学模型。优化问题的数学模型是实际优化设计问题的数学抽象。在明确设计变量、约束条件、目标函数后，优化设计问题就可以表示成一般数学形式。

目标函数：

$$\max F(x) \quad \text{or} \quad \min F(x)$$

设计变量：

$$f(x) = f(x_1, x_2, \cdots, x_n)$$

设计约束：

$$g_u(x) = g_u(x_1, x_2, \cdots, x_n) \leqslant 0 \quad u = 1, 2, \cdots, m$$
$$h_v(x) = h_v(x_1, x_2, \cdots, x_n) = 0 \quad v = 1, 2, \cdots, p \quad p < n$$

工程设计中的优化方法有多种类型。有不同的分类方法。按设计变量数量的不同，可将优化设计分为单变量(一维)优化和多变量优化；按约束条件的不同，可将优化设计分为无约束优化和有约束优化；按目标函数数量不同，又有单目标优化和多目标优化之分；按求解方法的特点，可将优化方法分为准则法和数学规划法两大类。

准则法是根据力学或其他原则，构造达到最优的准则，如应力准则、优化准则等，然后根据这些准则寻求最优解。数学规划法是从解极值问题的数学原理出发，运用数学规划的方法来求最优解。其又可以按设计问题优化求解的特点，分为线性规划、非线性规划和动态规划几大类。

当目标函数与约束函数均为线性函数时，称为线性规划。线性规划多用于生产组织和管理问题的优化求解。若在目标函数和约束方程中，至少有一个与设计变量存在非线性的关系时，即非线性规划。在非线性规划中，若目标函数为设计变量的二次函数，而约束条件与设计变量呈线性函数的关系时，称为二次规划。当目标函数为一广义多项式时，称为几何规划。若设计变量的取值为部分或全部为整形量时，称为整数规划；若为随机值时，

称为随机规划。对上述不同类型的规划问题，都有一些专门算法进行求解。

　　所谓的动态规划，是指当设计变量的取值随时间或位置变化时，则将问题分为若干个阶段，利用递推关系或一个接一个地做出最优决策，即用多级判断方法使整个设计取得最优结果。机械优化设计问题多属于多维、有约束的非线性规划。

## 2.2.2　优化设计的步骤

　　优化设计过程可概括为设计对象分析、设计变量和设计约束的确定、优化设计数学模型的建立、优选优化计算方法以及优化结果分析等步骤。图 2-4 所示介绍了优化设计的详细步骤。

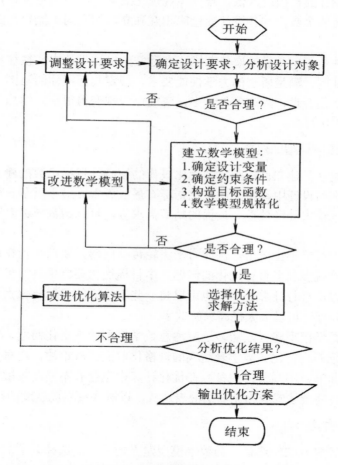

图 2-4　优化设计的步骤

### 1. 设计对象的分析

　　在优化设计作业前，要全面细致地分析优化对象，明确优化设计要求。合理确定优化的范围和目标，以保证所提出的问题能够通过优化设计来实现。对众多的设计要求，要分清主次，抓住主要矛盾，可忽略一些对设计目标影响不大的因素，以免模型过于复杂、求解困难，不能达到优化的目的。

应注意优化设计与传统设计在求解思路、计算工具和计算方法上的差别，根据优化设计的特点和规律，认真分析设计对象和要求，使之适应优化设计的特点。例如，传统设计广泛使用的数表和线图，在优化设计时首先需要将它们转化为计算机能够识别和处理的计算机程序或文件，以便优化作业时进行调用。

### 2. 设计变量和设计约束条件的确定

设计变量是优化设计时可供选择的变量，直接影响设计结果和设计指标。选择设计变量应考虑如下问题：①设计变量必须是对优化设计指标有直接影响的参数，能充分反映优化问题的要求；②合理选择设计变量的数目，设计变量过多，将使问题的求解难度加大，设计变量过小，设计的自由度太低，难以体现优化效果，应在满足优化设计要求的前提下尽量减少设计变量的个数；③各设计变量应相互独立，相互间不能存在隐含或包容的函数关系。

设计约束条件是规定变量的取值范围。在通常的机械设计中，往往要求设计变量必须满足一定的设计准则，满足所需的力学性能要求，规定几何尺寸的范围，在优化设计中所确定的约束条件必须合理，约束条件过多，将使可行域变得很小，增加了求解的难度，有时甚至难以达到优化目标。

### 3. 优化设计数学模型的建立

目标函数的建立。建立目标函数是优化设计的核心，目标函数的建立首先应选择优化的指标。在机械产品设计中，常见的优化指标有最低成本、最小质量、最小尺寸、最小误差、最大生产率、最大经济效益、最优的功率需求等。目标函数应针对影响设计要求最显著的指标来建立。

若优化的目标可能不止一个，例如对于齿轮传动问题，要求齿轮在重量最小的前提下实现功率最大，这就涉及多目标优化的问题。多目标优化要比单目标优化复杂得多，可以采用多目标优化方法进行计算处理，也可以将一些不重要的目标转化为约束条件，使之成为单目标优化来处理，可以大大提高求解效率。

当优化设计数学模型建立之后，还应注意数学模型的规格化问题，包括数学表达式的规格化和参数变量的规格化。数学表达式的规格化前面已有论述，这里简要叙述一点参数变量的规格化。此外，不同量纲的参数在优化计算中也会有不同的灵敏性，对此可对变量进行无量纲处理，使表达式成为无量纲的表达式，以解决量纲灵敏度的问题。

### 4. 优化计算方法

合适的优化计算方法的选择。当数字模型建立之后，应选择合适的优化方法进行计算求解。目前，优化设计已经较为成熟，有很多现成的优化算法，如表 2-1 所示归纳了常用的各种优化方法。

表 2-1　常用优化方法

| 优化方法名称 | | 特　点 |
| --- | --- | --- |
| 一维搜索法 | 黄金分割法 | 简单、有效、成熟的一维直接搜索方法，应用广泛 |
| | 多项式逼近法 | 收敛速度较黄金分割法快，初始点的选择影响收敛效果 |

续表

| 优化方法名称 | | | 特　点 |
|---|---|---|---|
| 无约束非线性规划算法 | 间接法 | 梯度法 | 对初始点的要求较低，初始迭代效果较好，在极值点附近收敛很慢 |
| | | 牛顿法 | 具有二次收敛性，在极值点附近收敛速度快，但用到一阶、二阶导数矩阵，计算量大，所需存储空间大 |
| | | DFP 变尺度法 | 收敛速度快，可靠性较高，需计算一阶偏导数，所需的存储空间较大 |
| | 直接法 | Powell 方向加速法 | 具有二次收敛性，收敛速度快，适用于中小型问题，但程序复杂 |
| | | 单纯形法 | 适合于中小型问题的求解，不必对目标函数求导，方法简单，使用方便 |
| 有约束非线性规划算法 | 直接法 | 网格法 | 计算量大，针对小型问题，对目标函数要求不高，易于求解近似局部最优解，也可用于求解离散变量问题 |
| | | 随机方向法 | 对目标函数的要求不高，收敛速度快，但只能求得局部最优解 |
| | | 复合形法 | 适合求解中小型的规划问题，不适用于有等式约束的问题 |
| | 间接法 | 拉格朗日乘子法 | 适合求解只有等式约束的非线性规划问题 |
| | | 罚函数法 | 将有约束问题转化为无约束问题，对大中型问题的求解均较合适，计算效果较好 |
| | | 可变容差性 | 可用来求解有约束的规划问题，适合问题的规模与其采用的基本算法有关 |

从表 2-1 中可以看出，各种优化方法有着不同的特点及适用范围，其选用原则为：①根据优化问题规模的大小；②根据目标函数的性质和复杂程度；③考虑算法的可靠性、精确性、程序的简便性以及方法的经济性；④考虑计算机的内存、计算速度及计算时间；⑤根据设计变量数目和约束特点等。

**5. 优化结果分析**

优化计算结束后，还需对求解的结果进行综合分析，以确认是否符合原先设想的设计要求，并从实际出发在优化结果中选择满意的方案。有时优化设计所求取的结果并非是可行的，这时需要对优化设计的变量和目标函数进行修正和调整，直到求得满意的结果。例如，齿轮模数的优化结果往往不符合标准模数要求，此时还需对其进行调整。

# 2.3　计算机辅助设计技术

## 2.3.1　计算机辅助设计的内涵与发展

计算机辅助设计(Computer Aided Design，CAD)是 20 世纪 50 年代末发展起来的综合性计算机应用技术，是以计算机为工具，处理产品设计过程中的图像和数据信息，辅助完成产品设计过程的技术。当前，CAD 技术包含的内容有：①利用计算机进行产品的造型、装配、工程图绘制以及相关文档的设计；②通过软件环境中的产品渲染、动态显示等技术进行产品设计结果的展示和体验；③对产品进行工程分析，以便对设计结果进行改进和优化，如有限元分析、运动学及动力学仿真、优化设计、可靠性设计等。

当设计者完成产品的方案设计，构造了产品的概念模型后，CAD 系统可以根据设计者的思想去构造产品初步的几何模型，并以该模型为基础构建反映产品性能的虚拟样机，采用如优化算法、有限元法、模拟仿真等各种现代化计算分析方法以及对虚拟样机的操作试验，对设计产品的结构和性能进行分析、评价和优化，并根据分析和评价结果对产品的初始模型进行反复修改，并获得最终的产品结构数据模型。依据设计结果，可利用 CAD 系统绘制产品的工程图样，编制物料清单(BOM)等相关设计文档，也可借助 CAM 系统对设计结果进行数控加工编程。

CAD 技术的核心是几何模型的建立。为了方便设计者进行产品几何建模作业，CAD 系统为用户提供了颜色、网格等辅助功能，提供了缩放、平移、旋转等各种图形变换工具，提供了各种渲染、动画等可视化操作。此外，CAD 软件系统还具有尺寸和公差的标注、物料清单的生成、图框和标题栏绘制等基本功能。

## 2.3.2  CAD 技术的特征

CAD 技术是充分利用人与计算机各自的特长而提供的新型产品设计方法和手段。和传统的设计过程相比，CAD 技术充分利用了计算机强大的信息存储能力、逻辑推理能力、长时间重复工作能力、快速精确的计算能力以及方便快捷的修改编辑等特长，极大地提高了产品设计的效率和质量，缩短产品开发周期。某造船厂采用 CAD 技术，使生产技术的准备周期缩短了 1/3 以上，设计开发能力提高了近一倍；美国波音 777 飞机的设计制造，应用了CAD/CAM 技术，开发周期由原来的 9～10 年缩短为 4～5 年。同时，CAD 技术简化了产品开发环节，减少了废品率和次品率，能有效地降低生产成本，增强企业的竞争能力。

尽管计算机具有众多的优越性，但设计者在整个设计过程中始终起着主导和控制作用，计算机的现在和将来均不会完全取代人进行设计作业。计算机系统内存储了各种综合性设计知识和设计数据，为产品的设计提供了科学基础；计算机与设计者的交互作用，有利于发挥人、机的各自特长，使设计更加合理。CAD 系统采用的优化设计软件，有助于产品结构和工艺参数的优化。

## 2.3.3  计算机辅助设计的关键技术

### 1. 产品的造型建模技术

CAD 的造型建模过程也就是对被设计对象进行描述，并用合适的数据结构存储在计算机内，以建立计算机内部模型的过程。被设计对象的造型建模技术的发展，经历了线框模型、表面/曲面模型、实体建模、特征造型、特征参数模型、产品数据模型的演变过程。

线框模型、表面/曲面模型和实体建模均属于实体模型。实体模型能够较好地反映被设计对象的几何信息和拓扑信息，但缺少产品后续制造过程所需的工艺信息和管理信息。为了便于 CAD 技术与其他 CAX 系统的集成，后来相继出现了特征造型、特征参数模型等建模技术。其特征是描述产品结构和工艺信息的集合，也是构成零部件设计与制造的基本几何体，它既能反映零件的几何信息，又能反映零件的加工工艺信息。常用的零件特征包括：形状特征、精度特征、技术特征、材料特征、装配特征等。与实体模型相比，特征造型能更好地表达统一完整的产品信息；体现设计意图，使产品模型便于理解和组织生产；加强产品设计、分析、加工制造、检验等各个部门之间的联系。

### 2. 单一数据库与相关性设计

单一数据库就是与设计相关的全部数据信息来自同一个数据库，而相关性设计就是任何设计改动都将及时地反映到设计过程的其他相关环节。例如，修改零件二维图样中的左视图的某个尺寸，其主视图、俯视图以及与该零件图样相关联的产品装配图、二维实体模型相应尺寸和形状、加工该零件的数控程序等也将会自动跟随更新。建立在单一数据库基础上的产品开发，可以实现产品的相关性设计。单一数据库和相关性设计技术的应用，有利于减少设计中的差错，提高设计质量和设计效率，实现设计过程的协同作业。

### 3. NURBS 曲面造型技术

非均匀有理 B 样条(Non-Uniform Rational B Splines，NURBS)用来定义 CAD 模型中复杂曲线、曲面。运用 NURBS 造型技术可以采用统一的数学模型，精确地表示自由曲线、曲面，以及如直线、圆、抛物线、双曲线等这类规则的曲线和曲面，简化系统结构和数据的管理，有利于对曲线、曲面进行局部操作和修改，提高了对曲线和曲面的构造能力和编辑修改能力。

### 4. 有限元分析及动态仿真技术

有限元分析(Finite Element Analysis，FEA)是工程分析的一种数值计算方法，它基于“离散逼近”的原理，将求解域看成是由数量有限的互联小区域单元构成，对每一小区域单元假定一个合适近似解，然后推导出满足条件要求的求解域的整体解。有限元分析可应用于任意形状的复杂几何体，在复合载荷作用下可准确获取其内部各种物理结构状态。在产品设计时，借助于所设计对象的三维几何模型，进行有限单元的划分，建立负载、约束等有限元分析模型；应用该分析模型便可对设计对象进行负载作用下的结构位移、应变、应力等结构状态的分析，进行温升作用下的结构热传递、热分布以及结构热变形的分析等；根据有限元分析结果对设计对象进行设计强度、刚度、热平衡等方面的评判，对不合理的设计结构和设计参数进行修改，最终得到满足设计要求的优化设计方案。据有关资料表明，有限元分析可发现、纠正或消除 60%以上的新产品设计问题。在机械产品或机械系统的设计分析过程中，系统动力学分析越来越受重视。例如，对所设计的机械产品或机械系统进行动力学仿真分析，可获得系统的运动学和动力学工作状态，发现或解决所设计系统中存在的运动学、正向动力学、逆向动力学和动静态平衡等不同类型的力学问题。要进行系统动态仿真分析，首先需要对所设计的机械系统进行抽象和简化，按分析系统给定的标准运动副、驱动、约束和力等要素建立系统分析模型；然后根据多体动力学计算分析方法，调用数学求解器，对分析模型进行动态仿真试验，从而得到系统分析结果；根据分析结果，对设计系统做进一步的修改和完善。图 2-5 所示为某公司在气缸盖设计中运用有限元分析的方法。

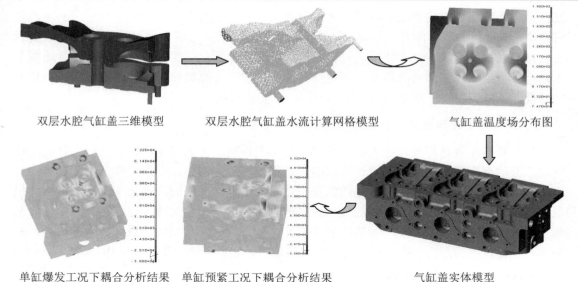

双层水腔气缸盖三维模型　　　双层水腔气缸盖水流计算网格模型　　　气缸盖温度场分布图

单缸爆发工况下耦合分析结果　　单缸预紧工况下耦合分析结果　　　　气缸盖实体模型

图 2-5　多物理场耦合在气缸盖设计中的运用

### 5. CAD 与其他 CAX 系统的集成技术

CAD 设计结果建立了所设计对象的基本三维数字化模型。然而，这仅仅是计算机参与的产品生产过程的一个环节。为了使产品生产的后续环节也能有效地利用 CAD 设计结果，充分利用已有的信息资源，提高综合生产效率，必须将 CAD 技术与其他 CAX 技术进行有效的集成，包括 CAD/CAM 技术的集成、CAD 与 CIMS 等其他功能系统的集成。CAD 所建立的三维数据模型为其他功能系统提供了共享的产品数据，成为与其他功能系统集成的关键和基础。目前，CAD 与其他系统的集成有：①CAD/CAE/CAPP/CAM 集成、CAD 与 PDM 集成、CAD 与 ERP 集成等，这些系统模块的集成为企业提供了产品生产制造一体化解决方案，推动了企业信息化进程；②将 CAD 算法、CAD 功能模块乃至 CAD 整个系统，以专用芯片的形式加以固化，一方面可提高 CAD 系统的运行效率，另一方面可供其他系统直接调用；③在网络计算环境下实现 CAD 异地、异构系统的企业间集成，如全球化设计、虚拟设计、虚拟制造以及虚拟企业就是该集成层次的具体体现。

### 6. 标准化技术

由于 CAD 软件产品众多，为实现信息共享，相关软件必须支持异构、跨平台的工作环境，该问题的解决主要依靠 CAD 技术的标准化。国际标准化组织(ISO)制定了"产品数据模型交换标准"(Standard for the Exchange of Product Model Data，STEP)。STEP 采用统一的数字化定义方法，涵盖了产品的整个生命周期，是 CAD 技术依托的国际化标准。

## 2.3.4　计算机辅助设计的研究热点

虽然 CAD 基础技术已经成熟，在工业界得到了广泛的应用，然而该技术仍在进步和继续发展。目前，CAD 技术的主要研究热点有以下几方面。

### 1. 计算机辅助产品的概念设计

概念设计是产品设计过程中非常重要的阶段。概念设计的结果在很大程度上决定了产品的成本、性能及其价值，也决定了产品的创新性及所具有的竞争能力。因此，产品的概念设计已成为企业竞争的制高点。产品概念设计涉及产品的基本功能、工作原理和结构要素，需要考虑产品的价格、性能、可靠性、安全性等设计目标；所涉及的产品设计需求和各种约束往往是不精确的、近似的或未知的。概念设计的这些特征给 CAD 技术在该领域的应用带来了很大难度和挑战。为了使 CAD 技术有效地支持概念设计，需要解决建模和推理两大技术难题。这里所说的建模技术，是需要对产品的功能、动作和结构等要素及其相互间的关系进行完整、清晰的描述。现有的建模方法往往仅支持概念设计过程中的某个方面或特定的条件，而缺少一种能够对概念设计的各种要素进行完整一致的描述方法。概念设计过程中的推理，就是根据用户的需求和给定的条件进行产品的功能设计，生成和选择合适的产品设计方案。推理过程的关键是如何实现所要求的功能向实际的产品结构映射，即将产品的功能映射为合适的产品结构。目前已有的很多推理方法支持概念设计过程，如神经网络的演绎、基于实例的推理、基于知识的推理、定性推理等，但这些推理方法都还局限于特定的领域和条件，离实际应用还有较大的距离。

### 2. 计算机支持的协同设计

产品设计是典型的群体工作，群体成员既有分工又有合作。传统 CAD 系统只支持分工后各自应完成的具体任务，成员之间的合作不是直接在计算机的支持下完成，而是依靠面谈或借助于其他通信工具进行交流，导致各设计成员间的协调和沟通困难，产品设计难以一次成功，常常出现多次的反复。计算机支持的协同设计，便于设计成员间的思想交流，能及时发现各设计组成员任务之间的矛盾和冲突，并能及时地加以协调和解决。协同设计有利于避免或减少设计工作的反复，提高产品设计的效率和质量。计算机支持的产品协同设计必须解决以下难题：群体成员之间有关产品设计的图形、文字、多媒体信息如何进行实时、可靠、廉价的交换？设计成员地域分散和软硬件资源各异，如何保证协同设计系统在异构环境下可靠地运行？群体成员之间如何进行通信？

目前，广为应用的是以黑板、语音、视频等为媒体的电子会议，主要适合于设计思想的交流，而关于设计方案的讨论主要通过"共享"数据库的方式实现，尚缺乏有效的、可自动发现并能协同解决设计冲突的技术。

### 3. 智能 CAD 技术

产品设计是人类的一种创造性活动，智能化是 CAD 技术发展的必然选择。当前的 CAD 系统也体现了一些智能的特点，例如，图形系统中的自动捕捉关键点(端点、中点、切点等)功能、尺寸与公差的自动标注功能、材料清单(BOM)自动生成功能等，然而其智能化水平依旧远低于人们的期望。智能化 CAD 系统是通过引用专家系统、人工智能等技术，使 CAD 作业过程具有某种智能程度的系统。这样的系统能够模拟人类专家的思维方式，模拟领域专家如何运用他们的知识与经验来解决实际问题的方法与步骤，能在设计过程中适时地给出智能化提示，告诉设计人员下一步该做什么、当前设计存在的问题、建议解决问题的途径及方案等。智能 CAD 是将人工智能技术与 CAD 技术融为一体而建立的系统，而人类思维模型的建立和表达还有待继续予以研究和完善。

**4. 基于工程图样的三维形体的重建**

从 2D 工程图样中获取 3D 形体信息，通过对这些信息的分类、综合等一系列处理，在三维空间中重新构造出 2D 信息所对应的 3D 形体，恢复形体的点、线、面以及其拓扑关系，从而实现 3D 形体的重建。目前，从 2D 信息进行 3D 形体重建的算法主要针对多面体和轴线方向有严格限制的二次曲面体，对于任意曲面体的 3D 形体的重建，至今仍是一个尚未解决的世界难题。

**5. CAD 与虚拟现实技术的集成**

虚拟现实(Virtual Reality，VR)技术是利用计算机生成的一种模拟现实环境的技术，通过数据头盔、数据手套等多种传感设备构造虚拟环境，向设计者提供诸如视觉、听觉、触觉等直观而又自然的实时感知。CAD 技术与 VR 技术的有机结合，能够快速地显示设计内容、显示设计对象性能特征，以及设计对象与周围环境的关系，设计者可与虚拟设计系统进行自然的交互，灵活方便地修改设计，大大提高设计的效果与质量。目前，VR 技术所需的软硬件价格还相当昂贵，技术开发的复杂性和难度还较大，VR 技术与 CAD 技术的集成还有待进行进一步研究和完善。

**6. 基于图像的建模技术**

生成一幅具有真实感的图像，通常是以三维几何信息为基础，先建立场景中所有物体三维几何模型和光照模型，指定视点，利用透视投影原理将三维几何模型变换到二维平面图形，再经剪裁、消隐和明暗处理，最终产生具有真实感的图像。然而，真实世界的三维建模非常困难，有时超出人或计算机的描述能力，且图形生成速度慢，实时性较差。基于图像的建模技术是一种不依赖三维几何造型的建模技术，它是利用照相机采集的离散图像或摄像机采集的连续视频作为基础数据，经过图像处理生成真实的全景图像，然后通过合适的空间模型把全景图像转换为虚拟实景空间，用户在该空间内可实现前、后、近、远、俯、仰、环视等全方位观察三维场景。基于图像的建模技术具有快捷、简单、逼真的优点，能较好地实现实物的虚拟化，尤其适用于那些难以用几何造型技术所建立的具有真实感自然环境的模型，可用于产品展示、飞机模型、交互式游戏、虚拟场馆以及远空间再现等方面，是目前国际上的研究热点之一。

# 2.4 系统设计

系统是指具有特定功能的、相互间具有有机联系的若干要素构成的、达到规定目的的一个整体。一般认为，由两个或两个以上的要素组成的、具有一定结构和特定功能的整体都可看作一个系统。

## 2.4.1 系统的特点

**1. 整体性**

系统是由若干要素构成的有机整体，对内呈现各要素之间的最优组合，使信息流畅、反馈敏捷，对外则呈现出整体特性，要研究系统内各要素发生变化对整体特性的影响。

### 2. 关联性

构成系统的各要素之间有机联系，它们之间相互作用、相互影响而形成特定的关系。这意味着其中的一个要素发生变化，都将对其他要素产生影响，因此，应研究影响范围、影响方式和影响程度。

### 3. 目的性

系统的价值体现在其功能上，完成特定的功能是系统存在的目的。一个系统可以是单一目的，也可以是多个目的。这些目的往往是相互矛盾的，因此就必须应用运筹学中的多目标优化设计法，求出各目标的折中最优解。

### 4. 环境适应性

任何一个系统都存在于一定的物质环境中，外部环境的变化，会使系统的输入发生变化，甚至产生干扰，引起系统功能的变化。一般情况下，系统与外部环境总是有能量交换、物质交换和信息交换。一个好的系统，其工作特性不应受环境的影响、能在环境对系统的输入发生变化时，自动调节自己的参数，始终使自己处于最佳运行状态。这样的系统具有"学习"功能，称为自适应系统。

### 5. 分解性

一个大的系统可由若干小的系统组成，这些小的系统常称为子系统。子系统又可由它所属的更小的子系统组成。系统本身也可以是别的更大系统的组成部分。

## 2.4.2　系统设计的方法和步骤

系统设计一般包括讨论规划，外部系统设计，内部系统设计，制造销售，系统运行，维修及报废阶段。传统的设计方法只注重内部系统的设计，以改善零部件的特性为重点，至于各零部件之间、外部系统与内部系统之间的相互作用和影响则考虑得较少。因此，虽然对零部件的设计考虑得很仔细，但是设计的系统仍然不够理想。零部件的设计固然应该给予足够的重视，但全部用好的零部件未必能组成好的系统，其技术和经济未必能实现良好的统一。系统一般来说是比较复杂的，为便于分析和设计，常采用系统分解法把复杂的系统分解为若干个相互联系的、相对简单的子系统，这样可以使系统的分析和设计简单化。根据需要，各子系统还可再分解为更小的子系统，依次逐级分解。

系统分解时，分解数和层次应适宜。分解数太少，子系统仍很复杂，不便于模型化和优化等工作；分解数和层次太多，又会给总体系统的综合设计造成困难。要尽量避免过于复杂的分界面。分界面应尽可能选择在要素间结合作用较弱的地方。分解要考虑能量流、物料流和信息流的合理流动途径。系统工作时能量、物料和信息进行转换，它们从系统输入到系统输出的过程中，按一定的方向和途径流动，既不能中断阻塞，也不能紊流，即使分解的各个子系统的流动途径仍应明确和畅通。系统分解时，每个子系统仍是一个系统，它把具有比较密切结合关系的要素集合在一起，其结构组成虽稍微简单，但其功能往往还有多项。而功能分解时，则是按功能体系进行逐级分解，直至能看清的分功能或不能再分解的功能单元为止。

系统分析是系统设计中的一项重要工作。系统分析不同于一般的技术经济分析，它是从系统的整体优化出发，采用各种工具和方法，对系统进行定性和定量分析的过程。系统分析时不仅分析技术经济方面的有关问题，还要分析内部系统、外部系统之间及系统内部各子系统之间的联系因素，并进行评价，为决策者选择最优系统方案提供主要依据。

系统设计的过程如图 2-6 所示。首先要明确在外部系统设计阶段设计系统应具备的特性和条件。在此阶段，由于能掌握系统的主要因素和概略结构，所以称为系统探讨。然后，对满足要求的系统草案进行分析，并将其分解为子系统，研究其特性，进行综合设计。最后，对已设计的系统的功能和可靠性进行审查，确定最初预想的性能是否得到满足。审查不通过则需逐段向上追究。

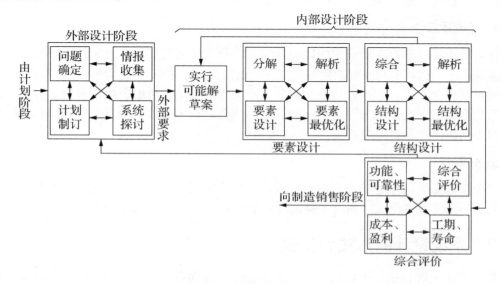

图 2-6　系统设计过程

通过以上讨论，我们把系统设计的一般步骤大致归纳如下。

(1) 明确求解问题。系统设计的第一步是明确求解的问题和范围，明确设计目的和要求。

(2) 因素分析。对与被描述问题有关的因素进行分析，确定因素的类型。

(3) 建立模型。用适当的(一般是数学的)方式来描述问题与因素的关系，忽略次要因素，突出主要因素。模型可以是下面方式的任一种或它们的组合：物理模型(用来进行模拟试验)、图解模型(如流程图、工序图、决策树等)，数学模型(用数学的形式来表示，可用来求出最佳解)和计算机模型(用程序语言表示，可以进行仿真求解)。

(4) 决策。运用适当的手段求解模型，确定实现系统目标的系统结构及其运用方法。当所建的是数学模型时，则可运用运筹学中的数学规划法去求解。在求解数学模型时，恰当地选择优化准则是很重要的，优化准则不同，其所确定的系统的结构和对外表现大不相同。

(5) 运用与管理。运用与管理包含：①验证——根据实际情况确定决策过程中的各种参数是否符合实际；②预测——预测系统各部分变化时对输出的影响；③评价——从可靠性、响应性、稳定性、适应性、可维修性、经济性和对环境的影响等方面评价系统是否达到预期的目的；④修正——根据评价结果确定是否需要进行修正，对于修正亦无法改善的系统，考虑重新进行系统设计。大系统的设计重新设计很不现实，其模型复杂，约束条件众多，寻求最优解难度很大，可采用模块化方式和多层次系统理论。

(6) 模块化。将大系统分割为若干独立子系统，使子系统局部最优化，将各子系统协调统一，得到整个系统的近似最优解。

(7) 多层次系统。采用这种理论时，首先将构成整体系统的子系统按垂直方向排列，高层次的子系统行动最优，并对低层次子系统发生作用。这样，低层次子系统的行为成果取决于高层次子系统。

## 2.4.3　机械系统设计

机械系统中机械本身构成的系统是内部系统，而任何环境构成的系统是外部系统。机械系统种类繁多，结构日趋复杂，但从系统功能的角度看，可分为动力系统、传动系统、执行系统、操作及控制系统等子系统，如图 2-7 所示。

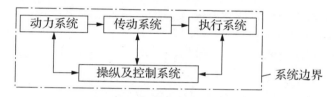

图 2-7　机械系统组成

机械系统设计的最终目的是为市场提供优质高效、价廉物美的机械产品，在市场竞争中取得优势、赢得用户，并取得较好的经济效益。产品质量和经济效益取决于设计、制造和管理的综合水平，其中，产品设计是关键。机械系统设计时，特别强调和重视从系统的观点出发，合理确定系统功能，增强可靠性，提高经济性，保证安全性。

### 1. 确定系统功能

产品的推出是以社会需求为前提的，没有需求就没有市场。设计师必须具备市场的观念，以社会需求作为设计的出发点，掌握市场动态，查清市场当前的需求和预测今后的需求，了解市场对现有产品或同类产品的反应，掌握现有竞争对手和潜在竞争对手的动向，确定自己的方针和策略，力求使设计的产品达到尽善尽美的境地。

### 2. 增强可靠性

可靠性是衡量系统质量的重要指标，提高系统的可靠性的最有效的方法是进行可靠性设计。

### 3. 提高经济性

设计和制造的经济性主要通过降低产品成本、减少物质消耗、缩短生产周期、高使用和维修的经济性等措施来实现，可采用：①合理确定可靠性要求和安全系数。②在设计中贯彻标准化。③运用新技术(包括新产品、新方法、新工艺、新材料等)。④改善工艺等方法。

#### 4. 保证安全性

安全性包括机械系统执行预期功能的安全性和人-机-环境系统的安全性。机械系统执行预期功能的安全性是指机械运行时系统本身的安全性，如满足必要的强度、刚度、稳定性、耐磨性等要求。人-机-环境系统的安全性是指劳动安全和环境保护，即机械工作时，不仅机械本身应具有良好的安全性，而且对使用机械的人员及周围的环境也应有良好的安全性。

机械系统的方案设计一般从系统的功能出发，通过分析机械作业过程的工艺原理，确定内部系统的边界、技术过程中各作业的顺序，找出实现预定设计目标的原理方案；确定各部件或子系统的基本结构；进行初步计算和运动分析，使整个机械系统与其他相关的外部系统相适应；对整机进行必要的工作能力计算和性能预测；分析候选方案的薄弱环节并进行改进；全面地分析比较，确定最佳设计方案，必要时需对方案中的关键技术进行试验研究；最后完整地描述所设计的机械系统的结构。

机械系统的总体布置不仅要考虑机械本身的内部因素，还要考虑人-机-环境条件等各种外部因素，按照简单、合理、经济的原则，妥善地确定机械中各零部件之间的相对位置和运动关系。总体布置时，一般按照执行系统、传动系统、操纵系统、结构系统等的方式进行。总体设计优劣的技术考核项目有：工艺过程是否连续，精度、刚度及振动指标是否满足，结构是否紧凑、层次分明，操作、维修、调整是否简便，外形是否美观等。

## 2.5　模块化设计

### 2.5.1　模块化设计的基本概念和方法

开发具有多种功能的不同产品，一般不采用单独设计每种产品的方法，而是通过设计多种模块，以不同的方式组合模块来形成产品，以解决产品品种、规格与设计制造周期、成本之间的矛盾，这就是模块化设计的含义。模块化设计与产品标准化设计、系列化设计密切相关，即所谓的"三化"。"三化"互相影响、互相制约，是评定产品质量优劣的重要指标。机械产品的模块化设计始于 20 世纪初。20 世纪 60 年代，欧美国家正式提出"模块化设计"概念，把模块化设计提高到理论的高度来研究。目前，模块化设计的思想已渗透到许多领域，例如机床、减速器、家电、计算机等。在每个领域，模块及模块化设计都有其特定的含义，模块和接口是模块化设计的关键概念。

#### 1. 模块

模块是指一组具有同一功能和结合要素(如连接部位的形状、尺寸、连接件间的配合方式等)性能、规格或结构不同却能互换的单元。机床卡具、联轴器可称为模块，有些零部件如插头、插座也可称为模块。

#### 2. 接口

系统各组成部分之间传递功能的共享界面称为接口。物质、能量、信息通过接口进行传递。模块通过接口组成系统。系统中能有效地实现模块间功能传递所必需的一套独立于模块功能而不随模块而异的接口要素称为接口系统。接口在产品中无处不在，构成产品的每一个元素的输入、输出口就是它的接口界面。把产品看作一个多元素的链状系统，则每一个元素可看作为其前后两个元素的接口。常用的接口有机械接口、电气接口和机电接口。

机械接口是机械各零部件间的连接界面，通过接口结构实现静态结合或动态结合(传递力，运动)。接口结构包括接口形式和接口尺寸及精度，除满足功能外，还应具有互换性和兼容性，例如采用标准的结构要素(燕尾槽、锥度、螺纹、齿轮模数等)；对于不能互换与兼容的界面间，应设计接口零部件。机械接口还包括流体动力与机械本体的接口，如各种泵、控制阀、液压缸、液压(气动)马达等。对电子设备机械结构，其外形及连接尺寸应具有互换性及兼容性，要求符合某一模数系列。

电气接口是传递各种电气信息的界面，其功能除传递信息外，还要求被连接的两个电路阻抗匹配。仅传递信息可用电缆(带接头)、开关及连接器，为在多个模块间传输一组统一信息和数据，则可采用标准的总线(BUS)结构。对于模块间无兼容性的接口，则需采用具有接收、处理和发送功能的接口电路(板)或接口设备。例如，模拟信号与数字信号间的 A/D 转换；高、低电压间的变压器；电路与所提供的电源间的整流、逆变、变频等。

机电接口是间接型接口，也可以认为其间有机械量与电量转换的变换器，在机电接口中有能量转换和传输的效率问题、阻抗匹配问题、信息的传输和变换问题等。数控机床伺服系统中的步进电机及电液伺服阀是将电量转化为机械量的接口元件，而感应同步器、光栅、磁栅等位移测量装置及行程开关等则是将机械量转化为电量的接口元件。

在机电一体化产品中还常用到许多物理量，这些物理量都需转换成电量才能为信息处理系统所接受。例如，接收电线是将电磁波转换成电量，而发射天线则是将电量转换成电磁波；光电管将光能转换成电能，而各种显示设备则是将电能转换成光能；话筒将声能转换成电能，扬声器则反之；而语音识别的接口关键则是一块语言识别插件板。广义地说，各种热敏、力敏和压敏、气敏、湿敏、化学敏、光敏、磁敏传感器都是接口元件，而由传感器与相应 A/D 转换器构成的设备，则构成一种将物理量变换为电量的接口设备。

除了计算机程序模块间的接口程序外，诸如信号线描述、时序与控制规约、数据传输协议、字符与图像传送及识别规范等均属于软件接口。

机电一体化产品需由人进行操作和控制方能运行，从系统工程着眼，人与机处于一个系统之中，把人看作系统的一个环节，而任何人机系统又必定处在特定的环境之中，构成所谓人-机-环的广义系统。为使大系统中的这三个环节能协调匹配，应妥善解决人-机-环的接口问题。人-机接口包括人机对话(通信)接口与人机匹配。人机对话接口主要是解决人与计算机间的通信，其手段有穿孔带输入、磁盘输入、键盘输入、图形输入、手写方式输入、语音输入及人脑生物电信号输入等。人机匹配是寻求人的特性和机器特性之间的最佳匹配，以提高整个系统的效率，应使显示器及控制器的设计及布局符合人的心理及生理特点，以有利于提高信息传递的效率和准确性。机-环接口是指机器对其所处环境的协调性。机器总是处于某一特定的气候环境(温度、湿度、大气压力)、机械环境(振动、冲击、噪声)、电磁环境(电场、磁场、电磁场、静电)、化学环境(盐雾、二氧化硫、臭氧)、生物环境 (霉菌和真菌、动物)之中，这些环境因素会对产品的正常运行产生影响。因此，需进行设备的冷却、防振动冲击、屏蔽接地、"三防"等机-环接口设计。人-环接口是指人在监视、控制机器时对环境因素的协调性，如物理因素(温度、照明、色彩、噪声、振动、辐射)、化学因素(如有毒、有害气体)、社会因素(如人际关系)对人的生理机能及心理状态的影响和干扰。因此需要进行环境控制，如在控制室设计时应考虑空气调节、控制光环境、协调环境色彩、控制噪声等。

## 2.5.2 模块化设计主要方式

在对产品进行市场预测、功能分析的基础上，划分并设计出一系列通用的功能模块。根据用户的要求，对这些模块进行选择和组合等，就可以构成不同功能或功能相同但性能不同、规格不同的产品，这种设计方法称为模块化设计。

模块化设计的主要方式有以下几种。

### 1. 横系列模块化设计

不改变产品主参数，利用模块发展变形产品。这种方式最易实现，应用最广，常是在基型品种上更换或添加模块，形成新的变形品种。例如，更换端面铣床的铣头，可以加装立铣头、卧铣头、转塔铣头等，形成立式铣床、卧式铣床或转塔铣床等。

### 2. 纵系列模块化设计

在同一类型中对不同规格的基型产品进行设计。主参数不同，动力参数也往往不同，导致结构形式和尺寸不同，因此它要比横系列模块化设计复杂。若把与动力参数有关的零部件设计成相同的通用模块，势必造成强度或刚度的欠缺和冗余，欠缺影响功能发挥，冗余则造成结构庞大、材料浪费。因而，在与动力参数有关的模块设计时，先划分区段，只在同一区段内模块通用；而对于与动力或尺寸无关的模块，则可在更大范围内通用。

### 3. 横系列和跨系列模块化设计

除发展横系列产品之外，改变某些模块还能得到其他系列产品，便属于横系列和跨系列模块化设计了。德国沙曼机床厂生产的模块化镗铣床，除可发展横系列的数控及各型镗铣加工中心外，更换立柱、滑座及工作台，即可将镗铣床变为跨系列的落地镗床。

### 4. 全系列模块化设计

全系列包括纵系列和横系列。例如，德国某厂生产的工具，除可改变为立铣头、卧铣头、转塔铣头等形式成横系列产品外，还可以改变车身、横梁的高度和长度，得到三种纵系列的产品。

### 5. 全系列和跨系列模块化设计

全系列和跨系列模块化设计主要是在全系列基础上用于结构比较类似的跨系列产品的模块化设计。例如，全系列的龙门铣床结构与龙门刨、龙门刨铣床和龙门导轨磨床相似，可以发展跨系列模块化设计。

## 2.5.3 模块化系统的分类

按产品中模块使用多少，模块化系统可分为纯模块化系统和混合系统。

纯模块化系统是指一个完全由模块组合成的模块化系统。混合系统是指一个由模块和非模块组成的模块化系统，机械模块化系统多是这种类型。按模块组合可能性多少，模块化系统可分为：①闭式系统，有限种模块组合成有限种结构形式。设计这种系统时须考虑到所有可能的方案。②开式系统，有限种模块能组合成相当多种结构形式。设计这种系统时主要考虑模块组合变化规则。

经常重复的、不可缺少的功能，在系统中基本不变，如车床中主轴的旋转功能。其相应模块称为基本模块。辅助功能主要是指实现安装和连接所需的功能。例如一些用于连接的压板、特制连接件，其相应模块称为辅助模块。

特殊功能是表征系统中某种或某几种产品特殊的、使之更完善或有所扩展的功能。如仪表车床中的球面切削装置模块，便扩展了它的功能。其相应模块称为特殊模块。适应功能是为了和其他系统或边界条件相适应所需要的可临时改变的功能，相应模块被称为适应模块。它的尺寸基本确定，只是由于上述未能预知的条件，某个(些)尺寸须根据当时情况予以改变，以满足预定的要求。用户专用功能是指某些不能预知的、由用户特别定制的功能，该功能有预期不确定性和极少重复，由非模块化单元实现。

## 2.5.4　模块化设计的步骤

传统设计的对象是产品，但模块化设计的产物既可是产品，也可是模块。实际上常形成两个专业化的设计、制造体系，一部分工厂以设计、制造模块为主，另一部分工厂则是以设计制造产品(常称为整机厂)为主。

模块化设计也可分为两个不同的层次，将模块化系统总体设计和模块系统设计合并为第一个层次，即为系列模块化产品研制过程，需要根据市场调研结果对整个系列进行模块化设计，本质上是系列产品研制过程。第二个层次为单个产品的模块化设计，需要根据用户的具体要求对模块进行选择和组合，并加以必要的设计计算和校核计算，本质上是选择及组合过程。

模块化设计遵循一般技术系统的设计步骤，但比后者更复杂，花费更高，要求每个零部件都能实现更多的部分功能。

### 1. 市场调研与分析

这是模块化设计成功的前提。必须注意市场对同类产品的需求量、市场对同类产品基型和各种变型的需求比例，分析来自用户的要求，分析模块化设计的可行性等。对市场需求量很少而又需要付出很大的设计与制造花费的产品，不应在模块化系统设计的总体功能之中。

### 2. 产品功能分析

拟定产品系列型谱、合理确定模块化设计所覆盖的产品品种和规格。一旦种类和规格过多，虽对市场应变能力强，有利于占领市场，但设计难度大，工作量大；反之，则对市场应变能力减弱，但设计容易，易于提高成品的性能和针对性。

### 3. 参数范围和主参数的确定

产品参数有主参数、运动参数和动力参数(功率、转矩、电压等)，须合理确定，过高过宽会造成浪费，过低过窄又不能满足要求。另外，参数数值大小和数值在参数范围内的分布也很重要，最大值、最小值应以使用要求而决定。主参数是表示产品主要性能、规格大小的参数，参数数值的分布一般用等比数列或等差数列。

### 4. 模块化设计类型选取

划分模块只有少数方案用到的特殊功能，可由非模块实现；若干部分功能相结合，可由一个模块实现(对于调整功能尤其如此)。由于模块要具有多种可能的组合方式，因此设计时要考虑到一个模块的较多接合部位，应做到加工合理、装配合理；应尽量采用标准化的结构；尽量用多工位组合机床同时加工，否则模块的加工成本将非常高；还应保证模块寿命相当，且维修及更换方便。

### 5. 技术文件的编写

由于模块化设计建立的模块常不直接与产品联系，因此必须注意其技术文件的编制，才能将不同功能的模块有机联系起来，指导制造、检查和使用。技术文件主要包括以下内容：①编制模块组合与配置各产品的关系表，其中应包括全系列的模块种类及各产品使用的模块种类和数目；②编制所有产品的模块组合模块目录表，标明各产品和模块组的组成；③编制系列通用的制造与验收条件、合格证明书及装箱单；④编制模块式的使用说明，以适应不同产品、不同模块的需要。

# 2.6 逆 向 工 程

## 2.6.1 逆向工程的概念

随着市场竞争的加剧，产品生命周期越来越短，企业界对新产品的开发力度也不断得到加强。从总体上说，新产品的开发有两种不同的模式：一是从市场需求出发，历经产品的概念设计、结构设计、加工制造、装配检验等产品开发过程，被称为产品的正向工程；另一种是以已有产品为基础，进行消化、吸收并进行创新改进，使之成为新产品，这种开发模式即逆向工程(Reverse Engineering，RE)。

世界各国在其经济技术发展过程中，都非常重视应用逆向工程对国外的先进技术进行引进和研究的工作，并都取得较显著的效果。在这方面，日本是一个最成功的范例。第二次世界大战后，日本制定了"吸收性战略"的基本国策，应用逆向工程对其引进的技术进行消化、吸收和创新，给日本国民经济注入了新的活力，推动了日本经济的高速发展，使日本国民经济从20世纪50年代落后先进国家20～30年的状态，到20世纪70～80年代成为世界第二经济强国。

逆向工程是一项涉及多学科、多种技术交叉的综合工程。在进行逆向工程设计时不可避免地要应用计算机辅助设计技术、有限元分析等现代设计和分析技术。随着计算机应用技术、数据检测技术、数控技术的广泛应用，逆向工程受到人们日益广泛的重视，已成为新产品快速开发的有效工具。

逆向工程的实现存在多种途径和手段，涉及各种影像因素。其主要影像因素有：①信息源的形式；②逆向对象的形状、结构和精度要求；③制造企业的软、硬件条件及工程技术人员的自身素质。

随着计算机辅助设计技术的成熟和广泛应用，以 CAD/CAM 软件为基础的逆向工程应用越来越广泛，其基本过程是：采用某种测量设备和测量方法对实物模型进行测量，以获取实物模型的特征参数，将所获取的特征数据借助于计算机重构反求对象模型，对重建模型进行必要的创新改进、分析，进行数控编程并快速地加工出创新的新产品。

逆向工程技术不同于一般常规的产品仿制，采用逆向工程技术开发的产品往往比较复杂，通常由一些复杂曲面构成，精度要求比较高，若采用常规仿制方法难以实现，必须借助于如 CAD/CAE/CAM/CAT 等计算机辅助(CAX)技术手段。可以说，逆向工程是计算机辅助技术的一种典型应用。

## 2.6.2　逆向工程的研究内容

逆向工程的研究对象多种多样，所包含的内容也比较多，主要可以分为以下三大类：①实物类，主要是指先进产品设备的实物本身；②软件类，包括先进产品设备的图样、程序、技术文件等；③影像类，包括先进产品设备的图片、照片或以影像形式出现的资料。

逆向工程技术的精髓是分析逆向对象的设计指导思想和功能原理。产品的设计指导思想确定了产品的设计方案，深入分析并掌握产品的设计指导思想是分析了解整个产品设计的前提。充分了解逆向对象的功能有助于对产品原理方案的分析、理解和掌握，才有可能得到基于原产品又高于原产品的原理方案。

逆向对象材料的分析包括了材料成分的分析、材料组织结构的分析和材料的性能检测等。常用的材料成分分析方法有钢种的火花鉴别法、钢种听音鉴别法、原子发射光谱分析法、红外光谱分析法和化学分析微探针分析技术等；材料的结构分析主要是分析研究材料的组织结构、晶体缺陷及相之间的位相关系，可分为宏观组织分析和微观组织分析；性能检测主要是检测其力学性能和电、磁、声、光、热等物理性能。在对逆向对象进行材料分析时，还要充分考虑到材料表面的改性处理技术。

逆向对象的工艺分析通常采用反判法编制工艺规程。以零件的技术要求如尺寸精度、形位公差、表面质量等为依据，查明设计基准，分析关键工艺，优选加工工艺方案，并依次由后向前递推加工工艺，编织工艺规程。在保证引进技术的设计要求和功能的前提条件下，局部改进某些实现较为困难的工艺方案。对逆向对象进行装配分析主要是考虑选用什么装配工艺来保证性能要求、能否将原产品的若干个零件组合成一个部件及如何提高装配速度等。现将需分析的产品的性能指标或工艺参数建立第一参照系，以实际条件建立第二参照系，根据已知点或某些特殊点把工艺参数及其有关的量与性能的关系拟合出一条曲线，并按曲线的规律适当拓宽，从曲线中找出相对于第一参照系性能指标的工艺参数，就是需求的工艺参数。同时，对材料进行国产化和局部改进原型结构以适应工艺水平。

对逆向分析的产品进行精度分析，是逆向分析的重要组成部分。逆向对象精度的分析包括对象形体尺寸的确定、精度的分配等内容。根据逆向对象为实物、影像或软件的不同，在形体尺寸的确定时，所选用的方法也有所不同。若是实物反求，则可通过常用的测量设备如万能量具、投影仪、坐标机等对产品直接进行测量，以确定形体尺寸；若是软件反求和影像反求，则可采用参照对比法，利用透视成像的原理和作图技术并结合人机工程学和相关的专业知识，通过分析计算来确定形体尺寸。在进行精度的分配时，根据产品的精度指标及总的技术条件、产品的工作原理图，并且综合考虑生产的技术水平、产品生产的经济性和国家技术标准等，按以下步骤进行：①明确产品的精度指标；②综合考虑理论误差和原理误差，进行产品工作原理设计和总体布局安排；③在完成草图设计后，找出全部的误差源，进行总的精度设计；④编写技术说明书，确定精度；⑤在产品的研制、生产的全过程中，根据实际的生产情况，对所做的精度分配进行调整、修改。

产品造型设计是产品设计与艺术设计相结合的综合性技术，其主要目的是运用工艺美学、产品造型原理、人机工程学原理等对产品的外形结构、色彩设计等进行分析，以提高产品的外观质量和舒适方便程度。

### 2.6.3　逆向工程的工作流程

逆向工程的工作流程如图 2-8 所示，可总结为分析、再设计和制造。

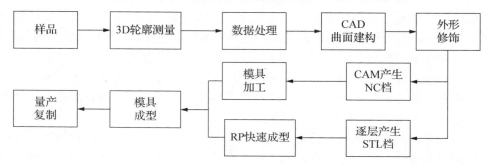

图 2-8　逆向工程工作流程

#### 1. 分析阶段

首先需对逆向对象的功能原理、结构形状、材料性能、加工工艺等方面有全面深入的了解，明确其关键功能及关键技术，对设计特点和不足之处做出评估。该阶段对逆向工程能否顺利进行及成功与否至关重要。通过对逆向对象相关信息的分析，可以确定样本零件的技术指标以及其中几何元素之间的拓扑关系。

#### 2. 再设计阶段

在逆向分析的基础上，对逆向对象进行再设计工作，包括对样本模型的测量规划、模型的重构、改进设计、仿制等过程。其具体任务有：①根据分析结果和实物模型的几何元素拓扑关系，制定零件的测量规划，确定实物模型测量的工具设备，确定测量的顺序和精度等；②对测量数据进行修正，因在测量过程中不可避免会有测量误差，修正的内容包括提出测量数据中的坏点，修正测量值中明显不合理的测量结果，按照拓扑关系的定义修正几何元素的空间位置与关系等；③按照修正后的测量数据以及逆向对象的几何元素拓扑关系，利用 CAD 系统，重构逆向对象的几何模型；④在充分分析逆向对象功能的基础上，对产品模型进行再设计，根据实际需要在结构和功能等方面进行必要的创新和改进。

### 3. 制造阶段

按照产品的通常制造方法，完成反求产品的制造。采用一定的检测手段，对逆向产品结构和功能进行检测。如果不满足设计要求，可以返回分析阶段或再设计阶段重新进行修改设计。

逆向工程的最终目的是完成对反求对象(样本零件)的仿制和改进，要求整个逆向工程的设计过程快捷、精确。因而，在实施逆向过程中应注意以下几点：①从应用角度出发，综合考虑样本零件的参数舍取及再设计过程，尽可能提高所获取参数的精度和处理效率；②综合考虑反求对象的结构、测量及制造工艺，有效控制制造过程引起的各种误差；③充分了解反求对象的工作环境及性能要求，合理确定仿制改进零件的规格和精度。

## 2.6.4　逆向工程的关键技术

### 1. 逆向对象的数字化方法与技术

逆向对象的数字化是逆向工程的一个关键环节。根据逆向对象信息源的不同，确定逆向对象形体尺寸的方法也不同。下面以实物零件反求中的形体尺寸确定为例加以说明。

实物零件的数字化是通过特定的测量设备和测量方法获取零件表面离散点的几何坐标数据。只有获得了样件的表面三维信息，才能实现复杂曲面的建模、评价、改进、制造。因而，如何高效、高精度地实现样件表面的数据采集，一直是逆向工程的主要研究内容之一。一般来说，三维表面数据采集方法可分为接触式数据采集和非接触式数据采集两大类。接触式有基于力-变形原理的触发式和连续扫描式数据采集及基于磁场、超声波的数据采集等。而非接触式主要有激光三角测量法、激光测距法、光干涉法、结构光学法、图像分析法等。另外，随着工业 CT 技术的发展，断层扫描技术也在逆向工程中获得了应用。

接触式数据采集方法包括使用基于力触法原理的触发式数据采集和连续式数据采集、磁场法等。触发式数据采集采用触发探头，探针接触到样件的表面时，由于探针尖受力变形触发采样中的开关，这样通过数据采集系统记下探针尖(测球中心点)的即时坐标，逐点移动，就能采集到样件表面轮廓的坐标数据。该方法数据采集速度低。连续式数据采集采用模拟量开关采样头，数据采集过程连续进行，采样速度比点接触触发式采样头快许多倍，采样精度也较高。该方法采样速度快，可用来采集大规模的数据。磁场法是将被测物体置于被磁场包围的工作台上，手持触针在物体表面上运动，通过触针上的传感器感知磁场的变化来检测触针位置，实现对样件表面的数字化，其优点是不需要像坐标测量机一类的设备，但不适宜于导磁的样件。

非接触式数据采集方法主要运用光学原理进行数据的采样，有激光三角测距法、距离法、结构光法、图像分析法及工业计算机断层扫描成像法等。激光三角测距法是逆向工程中曲面数据采集运用最广泛的方法。探针不与样件接触，因而能对松软材料的表面进行数据采集，并能很好地测量到表面尖角、凹位等复杂轮廓；数据采集速度很快，对大型表面可在 CMM 或数控机床上迅速完成数据采集，所采集的数据是表面上的实际数据；价格较贵，杂散反射，对于垂直壁等表面特征会影响采样精度。距离法是利用光束的飞行时间来测量被测点与参考平面的距离，主要有脉冲波、调幅连续波、调频连续波等工作方式。由于激光的单向性好，多采用激光为能量源，这种方法的精度也较高。结构光法是将一定模式的光照射到被测样件的表面，摄得反射光的图像，对比不同模式之间的差别来获取样件表面的点的位置(例如干涉条纹法)，它的特点是不需要坐标测量机等精密设备，造价比较低，但精度低，操作复杂。图像分析法与结构光法的区别在于它不采用投影模板，而是通过匹配确定物体同一点在两幅图像中的位置，由视差计算距离。由于匹配精度的影响，图像分析法对形状的描述主要是用形状上的特征点、边界线与特征描述物体的形状，故较难精确地描述复杂曲面的三维形状。工业计算机断层扫描成像是对产品实物经过 ICT 层析扫描后，获得一系列断面图像切片和数据。这些切片和数据提供了工件截面轮廓及其内部结构的完整信息，不仅可以进行工件的形状、结构和功能分析，还可以提取产品工件的内部截面，并由工件系列截面数据重建工件的三维几何模型。ICT 的最大优点在于它能测量工件内部断面的信息，因而适用于任意的形状结构，但测量精度低。

非接触式激光三角形法由于同时拥有采样精度高和采样速度快的特点，在逆向工程中应用最为广泛；接触式连续扫描测量方法由于具有高精度、较高速度，同时价格较合适等诸多优点，其应用潜力也相当大。除触发式数据采集外，其他各种方法都能对零件表面实现密集的数据采集，在逆向工程中，这种极为密集的测量数据被称为"点云"密集。散乱的"点云"数据是逆向工程数据采集的主要特点之一。当用测量设备获取零件形状数据时，为使得到的数据真实、完整，应重视并解决以下测量问题：标定、精度、可观性、阻碍、固定、多视图、噪声及不完整数据、零件的统计分布、表面粗糙度、数据通信、探头半径补偿等。

### 2. 模型重构技术

所谓模型重构，就是根据所采集的样本几何数据在计算机内重构样本模型的技术。坐标测量技术的发展使得对样本的细微测量成为可能。样本测量数据十分庞大，常达几十万甚至上百万个数据点，海量的数据给数据处理以及模型重构带来了一定的困难。

按照所处理的数据对象的不同，模型重构可分为有序数据的模型重构和散乱数据的模型重构。有序数据是指所测量的数据点集，不但包含了测量点的坐标位置，而且包含了测量点的数据组织形式，如按拓扑矩形点阵排列的数据点、按分层组织的轮廓数据点、按特征线和特征面测量的数据点等。散乱数据则是指除坐标位置以外，测量点集中，不隐含任何的数据组织形式，测量点之间没有任何的相互关系，而需要凭借模型重构算法来自动识别和建立。

有序数据的模型重构充分利用了模型间的相互关系，其算法具有针对性，可以简化计算方法，提高模型重构效率。然而，这类模型的重构往往只能处理某类数据，不具有通用性。通常测量机一次测得的数据往往仅具有一定的数据组织形式，而许多样本的测量都是靠多视点测量数据的拼合来完成，经坐标转换并拼合后的数据在整体上一般不再具有原来数据组织的规律。此外，海量数据在模型重构前往往需要进行数据简化，也会影响原有的数据组织形式。

散乱数据的模型重构不依赖于数据的特殊组织方式，可以对任意测量数据进行处理，扩大了所能解决的问题域，具有更强的通用性。因此，海量散乱数据的模型重构更为人们所关注。

测量机测得的原始数据点，彼此之间没有连接关系。按对测量数据重构后表面表示形式的不同，可将模型重构分为两种类型：一是由众多小三角片构成的网络曲面模型；二是由分片连续的样条曲面模型。其中由三角片构成的网格曲面模型应用更为普遍，其基本构建过程是采用适当的算法将集中的三个测量点连成小三角片，各个三角片之间不能有交叉、重叠、穿越或存在缝隙，从而使众多的小三角片连接成分片的曲面，它能最佳地拟合样本表面。

通常，样本模型重构的基本步骤为：①数据预处理。测量机输出的数据量极大，并包含一些噪声数据。数据预处理就是要对这些原始数据进行过滤、筛选、去噪、平滑和编辑等操作，使数据满足模型重构的要求。②网络模型生成。测量数据经过预处理后，就可以采用适当的方法生成三角网格模型。根据各种测量设备输出的数据点集合的特点，开发配套的专用模型重构软件；在可以采用通用的逆向工程模型重构软件，生成网格模型。③网格模型后处理。基于海量数据所构成的三角网格模型中的小三角片数量较大，常有几十万甚至更多的小三角片。因此，在精度允许的范围内，有必要对三角网格模型进行简化。此外，由于各种原因，模型重构所得到的三角网格面往往存在一些孔洞、缝隙和重叠等缺陷，还需对存在问题的三角网格面进行修补作业。

# 2.7 可靠性设计

可靠性是产品特性的重要内涵。按照国家标准 GB/T 317—1994 的定义，可靠性是描述可用性和它的影响因素(可靠性、维修性及维修保障性)的集合性术语。它一般用于非定量描述的场合。可靠性设计就是为了满足客户合同的或潜在的可信性设计、定量要求的设计法。产品的成功使用，用户对产品的满意，以及产品制造企业的成就都取决产品寿命周期内，特别是在产品的研制阶段对可信性及有关因素的控制。

## 2.7.1 可靠性的概念及其发展

可靠性(Reliability)是产品的一个重要的性能特征。人们总是希望自己所用的产品能够有效可靠地工作，因为任何故障和失效都有可能对使用者带来经济损失，甚至会造成灾难性的后果。

产品可靠性的定义为：在规定的条件和规定的时间内，完成规定功能的能力。所谓"规定的条件"包括环境条件、储存条件以及受力条件等；"规定时间"是指一定的时间规范，因产品的可靠性水平经过一个较长的稳定使用或储存阶段后，便会随着时间增长而降低，时间越长，故障、失效越多；"规定功能"是指产品若干功能的全部，而不是指其中的一部分。

产品的可靠性与产品的设计、制造、使用以及维修等环节相关。从本质上讲，产品的可靠性水平是在设计阶段决定的，它取决于所设计的产品构造、选材、安全保护措施以及维修措施适应性等因素；制造阶段保证产品可靠性指标的实现；运行使用是对产品可靠性的检验；产品的维修是对其可靠性的保持和恢复。

20 世纪 50 年代，由于军事、宇航及电子工业的迅速发展，在产品的复杂程度及功能水平提高的同时，故障率也急剧增加。因此，产品和系统的可靠性问题也引起了一些工业发达国家的高度重视。它们集中大量的人力、物力和财力对产品的可靠性问题进行了系统的理论研究和大量的实验验证，取得了显著的成就。随着电子产品可靠性的提高，机械产品的可靠性问题日趋突出。20世纪60年代末，人们对机械零件失效机理和失效规律等问题进行了探讨，建立了以强度-应力为基础的机械产品可靠性计算模型。机械产品计算模型的建立，为机械产品的强度、刚度等问题的可靠性设计提供了理论基础，标志着机械产品可靠性设计进入了使用阶段。目前，机械产品的可靠性设计已趋向成熟，许多机械标准件以及机械产品的设计都相继引入了可靠性指标。

## 2.7.2　可靠性设计的主要内容

可靠性作为产品质量的主要指标之一是随产品所使用时间的延续而不断变化的。可靠性设计的任务就是确定产品质量指标的变化规律，并在其基础上确定如何用最少的费用来保证产品应有的工作寿命和可靠度，建立最优的设计方案，实现所要求的产品可靠性水平。可靠性设计的主要内容包括以下几方面。

### 1. 故障机理和故障模型研究

研究产品在使用过程中元件材料的老化失效机理。产品在使用过程中受到各种随机因素的影响，如载荷、速度、温度、振动等致使材料逐渐丧失原有性能，从而发生故障或失效。因而，掌握材料老化规律，揭示影响老化的根本因素，找出引起故障的根本原因，用讨论分析方法建立故障或失效的机理模型，进而较确切地计算分析产品在使用条件下的状态和寿命，是解决可靠性问题的基础所在。

### 2. 可靠性试验技术

研究表征机械零件工作能力的功能参数总是设计变量和几何参数的随机函数，若从数学的角度推导这些功能参数的分布规律较为困难，往往需要通过可靠性试验来获取。可靠性试验是取得可靠性数据的主要来源之一，通过可靠性试验可以发现产品设计和研制阶段的问题，明确是否需要修改设计。可靠性试验是既费时又费钱的试验，因此采用正确而恰当的试验方法不仅有利于保证和提高产品的可靠性，而且能够节省人力和费用。

### 3. 可靠性水平的确定

可靠性设计的根本目的是使产品达到预期的可靠性水平。随着世界经济一体化的形成，产品的竞争日益成为国际市场之间的竞争，因此，根据国际标准和规范，制定相关产品的可靠性水平等级，对于提高企业的管理水平和市场竞争能力，具有十分重要的意义。此外，统一的可靠性指标可以为产品的可靠性设计提供依据，有利于产品的标准化和系列化。

## 2.7.3　可靠性设计的常用指标

早期的可靠性只是一个抽象的、定性的概念，没有定量的评价。例如人们常说某产品很可靠、比较可靠、不可靠等。可靠性设计将可靠性及相关指标定量化，使其具有可操作性，用以指导产品的开发过程。可靠性设计的常用指标有以下几个。

### 1. 产品的工作能力

在保证功能参数达到技术要求的同时，产品完成规定功能所处的状态，称为产品的工作能力。产品在使用过程中，工作能力将逐渐耗损、劣化。由于影响产品工作能力的随机因素很多，产品工作能力的耗损过程属于随机过程。产品在某一时刻 T 时的工作能力，就是产品在 T 时刻所处的状态。

### 2. 可靠度

可靠度是指产品在规定的工作条件下和规定的时间内完成规定功能的概率。可靠度越大，说明产品完成规定功能的可靠性越大。一般情况下，产品的可靠度是时间的函数，用 $R(t)$ 表示，称为可靠性函数。可靠度越大，工作越可靠。

可靠度是积累分布函数，它表示在规定的时间内完成工作的产品占全部产品的累积起来的百分数。设有 $N$ 个相同的产品在相同的条件下工作，到任一给定的工作时间 $t$ 时，积累有 $N$ 个产品失效，剩下 $t$ 个产品仍能正常工作。那么，该产品到时间 $t$ 的可靠度 $R(t)$ 为

$$R(t) = \frac{N_p(t)}{N} = \frac{N - N_f(t)}{N} = 1 - \frac{N_f(t)}{N}$$

### 3. 失效率

失效率又称故障率，它表示产品工作到某一时刻后，在单位时间内发生故障的概率，用 $\lambda(t)$ 表示。失效率越低，产品越可靠。其数字表达式为

$$\lambda(t) = \lim_{\Delta t \to 0} \frac{n(t + \Delta t) - n(t)}{[N - n(t)]\Delta t} = \frac{\mathrm{d}n(t)}{[N - n(t)]\Delta t}$$

式中，$N$ 为产品总数；$n(t)$ 为 $N$ 个产品工作到 $t$ 时刻的失效数；$n(t + \Delta t)$ 为 $N$ 个产品工作到 $(t + \Delta t)$ 时刻的失效数。

从定义可知，失效率是衡量产品在单位时间内的失效次数的数量指标。例如失效率 $\lambda(t) = \frac{0.0025}{1000 \mathrm{h}} = 0.25 \times 10^{-5} / \mathrm{h}$，表示每 10 万个产品中，每一小时只有 0.25 个产品失效。失效率为一个时间函数，若以二维图形进行描述，就可以得到一条二维曲线，称为失效率曲线。

电子产品的失效率呈现浴盆状，也称浴盆曲线，如图 2-9 所示。通过该曲线可以明显将产品失效率分为三个阶段：①早期失效阶段。在该阶段由于工艺过程造成的缺陷，一些元件很快失效，表现出高的失效率。②随机失效阶段，也称正常使用阶段。当有缺陷的元件被淘汰后，产品失效率明显降低并趋于稳定，这仅仅是由于工作过程中不可预测的因素而导致的失效。③耗损失效阶段。在该阶段，产品元件经过较长时间的稳定工作进入老化状态，失效率随着时间的延长而增大。维修可降低损耗失效阶段的失效率。电子产品出厂之前，通过严格的元件筛选试验，剔除有缺陷的元件，使早期失效率保持在允许的技术范围内。

机械产品与电子产品的失效率曲线存在较大的区别。机械产品的主要失效形式有疲劳磨损、腐蚀、蠕变等，属于经典的损伤累积失效，而且一些失效的随机因素也很复杂。因此随着时间的推移，失效率呈现递增趋势。在试验或使用的早期阶段，少数零件由于材料

存在缺陷或工艺过程造成的应力集中等，使得部分零件很快失效，出现较高的失效率，在进入正常使用期之后，由于损伤积累，失效率将不断升高。值得指出的是，同样的产品由于使用条件不同，其失效率曲线的形状也不尽相同。

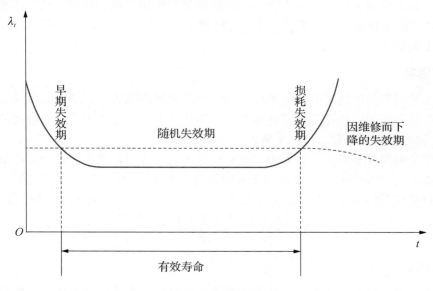

图 2-9　浴盆曲线

### 4. 平均寿命

对不可修复的产品，寿命是指发生失效之前的工作时间，平均寿命是指产品从工作到发生失效前的平均时间，称为失效前平均工作时间，记为 MTTF( Mean Time to Failure)。对于可修复的产品而言，寿命则是相邻两故障之间的工作时间，也称为无故障时间，平均寿命是指两次故障之间的平均工作时间，称为平均无故障工作时间，记为 MTBF (Mean Time Between Failure)。

将 MTTF 与 MTBF 统称为平均寿命，记为 $\theta$。其计算公式为

$$\theta = \frac{1}{N}\sum_{1}^{N} t_i$$

### 5. 可靠度的许用值

机械产品的故障后果多种多样，可能是灾难性的，可能造成一定程度的经济损失，也有可能不造成任何后果。在确定产品可靠度许用值时，应注意几点：①明确产品的工作时间，可靠度 $R(r)$ 是时间的函数，不同的工作时间具有不同的可靠度；②对于机械产品，不仅要规定总的可靠度许用值，还要区别产品中的关键件和非关键件，为了避免严重事故的发生，关键件的可靠性应特别予以重视，如飞机中的起落架就应给予较高的可靠度；③应严格规定产品许用工作范围(载荷、速度、稳定)、使用条件(湿度、含尘量、腐蚀性介质含量)以及维修条件(维护周期、修理内容)。设计人员应熟悉掌握产品的载荷信息，仔细研究产品的使用条件，规定必要的修理和防护措施，以保证预期可靠性指标的实现。

## 2.7.4　机械零件可靠性设计

机械零件是构成机械产品的基本单元。机械零件可靠性设计的基本任务是在研究故障现象的基础上，结合可靠性试验以及故障数据的统计，提出可供机械零件可靠性设计的数据模型及方法。

机械零件可靠性设计内容较多，在这里以机械零件应力和强度可靠性设计问题为例进行说明。广义上，可以将作用于零件上的应力、温度、湿度、冲击力等物理量统称为零件所受的应力，用 $y$ 表示；而将零件能够承受这类应力的程度统称零件的强度，用 $x$ 表示。如果零件强度小于应力，则零件将不能完成规定的功能，称为失效。因而，要使零件在规定的时间内进行可靠的工作，必须满足

$$z = x - y \geqslant 0$$

在机械零件中，可以认为强度 $x$ 和应力 $y$ 是相互对立的随机变量，并且两者都是一些变量的函数，即：

$$x = f_x(x_1, x_2, \cdots, x_n)$$
$$y = g_y(y_1, y_2, \cdots, y_m)$$

其中，影响强度的随机变量包括材料性能、结构尺寸、表面质量等；影响应力的随机变量有载荷分布、应力集中、润滑状态、环境温度等。两者具有相同的量纲。其概率密度曲线可以在同一坐标中表示。由图 2-10 反映的应力-强度概率密度分布曲线可知，两曲线有互相搭接的区域(阴影部分)，就是零件可能出现失效的区域，称为干涉区域。干涉区域的面积越小，零件的可靠性就越高；反之，其可靠性越低。

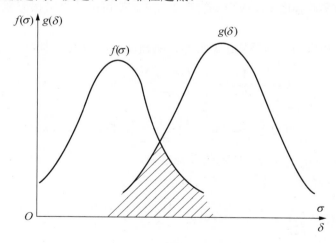

**图 2-10　应力-强度干涉模型**

零件应力-强度干涉模型是零件可靠性设计的基本模型，它可以清楚地揭示零件可靠性设计的本质。从概率设计论观点分析，任何设计都存在失效的可能性，即可靠度 $K < 1$。设计人员所能做到的是将失效概率限定在一个允许接受的限度之内。

传统设计方法是根据给定的安全系数进行设计的，不能体现产品失效的可能性；而可靠性设计客观地反映零件设计和运行的真实情况，可以定量地回答零件使用中的失效概率

及其可靠度，是机械设计思想的进步和深化。

若已知随机变量及 $y$ 的分布规律，利用零件应力-强度干涉模型，可以求得零件的可靠度及失效率。设零件的可靠度为 $R$，则

$$R = P(x - y \geq 0) = P(z \geq 0)$$

表示随机变量 $z = x - y \geq 0$ 的概率。累计失效率为

$$\lambda = 1 - R = P(z < 0)$$

设随机变量 $x, y$ 的概率密度函数分别为 $f(x)$ 和 $g(x)$；令 $z = x - y$ 为干涉随机变量，且 $x, y$ 的取值分布区域为 $(0, +\infty)$，即为正值。由概率论的卷积公式可得干涉随机变量 $z$ 的概率密度函数为

$$h(z) = \int_0^\infty f(z + y)g(y)\mathrm{d}y$$

若零件强度 $x$ 取得可能的最小值 $x = 0$ 时，上式积分下限为 $z = -y$；由于 $x, y$ 的上限均为 $\infty$，其积分上限为 $\infty$，于是可得

$$z \geq 0\text{时}, \quad h(z) = \int_0^\infty f(z + y)g(y)\mathrm{d}y$$

$$z < 0\text{时}, \quad h(z) = \int_{-y}^\infty f(z + y)g(y)\mathrm{d}y$$

实质上，干涉随机变量在 $z < 0$ 的概率就是零件失效概率。那么，零件的失效率 $\lambda$ 和可靠度 $R$ 分别为

$$\lambda = \int_{-\infty}^0 h(z)\mathrm{d}z = \int_{-\infty}^0 \int_{-y}^0 f(z + y)g(y)\mathrm{d}z\mathrm{d}y$$

$$R = \int_0^\infty h(z)\mathrm{d}z = \int_0^\infty \int_0^\infty f(z + y)g(y)\mathrm{d}z\mathrm{d}y$$

可见，若已知零件强度 $x$ 及应力 $y$ 的概率分布，就可以计算出相应零件的失效率 $\lambda$ 和可靠度 $R$。

设零件强度 $x$ 和应力 $y$ 均服从正态分布，其概率密度函数分别为

$$g(y) = \frac{1}{\sqrt{2\pi}} \exp\left[-\frac{(y - \mu_y)^2}{2\sigma_y^2}\right] \quad (-\infty < y < +\infty)$$

$$g(x) = \frac{1}{\sqrt{2\pi}} \exp\left[-\frac{(x - \mu_x)^2}{2\sigma_x^2}\right] \quad (-\infty < x < +\infty)$$

式中，$\mu_x$，$\mu_y$ 及 $\sigma_x$，$\sigma_y$ 为 $x$ 及 $y$ 的均值和标准差。

令 $z = x - y$，则随机变量 $z$ 的概率密度函数为

$$h(z) = \frac{1}{\sqrt{2\pi}\sqrt{(\sigma_x^2 + \sigma_y^2)}} \exp\left[-\frac{(z - (\mu_x - \mu_y))^2}{2(\sigma_x^2 + \sigma_y^2)}\right] \quad (-\infty < z < +\infty)$$

可见，随机变量 $z$ 也服从正态分布，其均值为 $\mu_z = \mu_x - \mu_y$，标准差 $\sigma_z = \sqrt{(\sigma_x^2 + \sigma_y^2)}$，零件的失效率为

$$\lambda = Pz < 0 = \int_{-\infty}^0 h(z)\mathrm{d}z = \int_{-\infty}^0 \frac{1}{\sqrt{2\pi}\sigma_z} \exp\left[-\frac{(z - \mu_z)^2}{2\sigma_x^2}\right]\mathrm{d}z$$

取 $\mu = \dfrac{z - \mu_z}{\sigma_z}$，对上式正则化，

$$\lambda = \frac{1}{\sqrt{2\pi}} \int_{-\infty}^{\frac{\mu_z}{\sigma_z}} e^{-\frac{\mu^2}{2}} d\mu$$

上式反映了强度随机变量、应力随机变量与失效概率之间的关系，也称为失效概率系数，它是可靠性设计的基本公式。同样，可求得零件的可靠度为

$$R = \frac{1}{\sqrt{2\pi}} \int_{\mu_p}^{\infty} e^{-\frac{\mu^2}{2}} d\mu$$

当零件应力和强度服从其他分布形式时，也可推导出相应的零件失效概率和可靠度计算公式。

应力-强度干涉模型(概率密度分布)仅是进行零件可靠性设计的一种设计方法。使用这种零件可靠度的求解方法，必须已知零件强度和作用应力的分布状态。若不能得知这些随机变量的分布状态，或分布函数形式较复杂，难以用干涉模型求解时，还可用其他方法，如蒙特卡洛法进行求解。蒙特卡洛法是求解工程技术问题的一种近似的求解方法。实质上它是通过随机变量的统计试验，从应力分布中随机抽取一个应力值，再从强度分布中随机抽取一个值，然后加以比较。如果强度大于应力，则说明零件可靠；反之，则认为零件失效。每次的随机抽样都是对零件的一次试验，通过大量的随机抽样比较，可以得到零件的总失效数，从而计算出零件的失效率及可靠度的近似值。

## 2.7.5　系统的可靠性预测

可靠性预测是一种预报方法。它可以协调设计参数及指标，提高产品的可靠性；对比设计方案，以选择最佳系统；预示薄弱环节，采取改进措施。任何一个能实现所需功能的产品都是由一定数量的独立单元组成的系统，因此，系统的可靠性取决于各个独立单元本身的可靠度和它们的组成形式。在各单元可靠度相同的前提下，由于它们的组成形式不同，系统可靠性预测，就是用已知组成系统的各个独立单元的可靠度计算系统的可靠性指标。系统的分类列举如图 2-11 所示，可分为串联系统和并联系统。

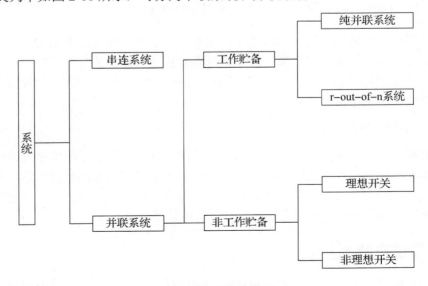

**图 2-11　系统分类**

### 1. 串联系统的可靠度计算

如图 2-12 所示，若在组成系统的 $n$ 个元件中，只要有一个元件失效，系统就不能完成规定的功能，则该系统为串联系统。例如，齿轮减速器是由齿轮、轴、键、轴承、箱体等组成。从功能关系上看，它们中任何一部分失效都将导致减速器不能正常工作。假设各个元件的失效事件是互相独立的，其可靠度分别为 $R_1, R_2, \cdots, R_n$，则由概率乘法定理可知，$n$ 个元件组成的串联系统的可靠度 $R_s$ 为

$$R_s = R_1 R_2 \cdots R_n = \prod_{i=1}^{n} R_i$$

由上式可知，串联系统的可靠度 $R_s$、与串联元件的数量 $n$，及各元件的可靠度 $R_i$ 有关。由于各个元件的可靠度均小于 1，所以串联系统的可靠度比系统中最不可靠的元件可靠度还低，并且随着元件可靠度的减小和元件数量的增加，串联系统的可靠度迅速降低。因而，为确保系统的可靠度不过低，应尽量减少串联元件数量，并尽可能提高各个元件的可靠度。

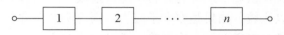

图 2-12  串联系统

### 2. 并联系统的可靠度计算

如图 2-13 所示，在构成一个系统的 $n$ 个元件中，只有在所有的元件全部失效的情况下整个系统才失效，该系统为并联系统，又称冗余系统。例如，为提高战斗机的可靠性，往往采用两台发动机，当一台发动机发生故障时另一台发动机继续工作，以保证飞机完成飞行任务，这种飞机的动力系统就是典型的并联系统。同样由概率乘法定理可知，并联系统的可靠度为

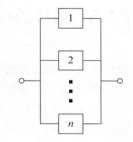

图 2-13  并联系统

$$R_s = 1 - (1 - R_1)(1 - R_2) \cdots (1 - R_n) = 1 - \prod_{i=1}^{n} (1 - R_i)$$

由上式可知，并联系统的单元数越多，系统的可靠度越高，但系统的体积、种类以及成本等也随之增加。在实际的机械系统中，只有极重要的部件才采用这种纯并联系统，采用冗余(或后备)元件使所设计的系统具有一定的可靠度储备或安全系数，以保证产品在极限条件下仍能可靠地工作。

### 3. 混合系统的可靠度计算

由串联系统及并联系统组合而成的系统称为混合系统。混合系统可靠度的计算方法是先将并联单元转化为一个等效的串联单元，然后再按照串联系统的可靠度进行计算。实际工程系统往往比较复杂，不能如上述简化的方法得到所需的数学公式进行可靠度计算，只能用分析其成功和失败的各种状态的布尔真值表计算系统可靠度。

## 2.7.6  系统可靠性分配

可靠性分配就是将系统设计所要求达到的可靠性，合理地分配给各组成单元的一种方

法。可靠性分配的目的是合理地确定每个单元的可靠性指标，并将它作为元件设计和选用的重要依据。下面主要介绍等分配法。

等分配法是将系统中的所有单元分配以相同的可靠度，是一种最简单的分配方法。

串联系统的等分配法：若串联系统由 $n$ 个单元组成，系统的可靠度为 $R_s$，假设各单元可靠度相互独立，可靠度为 $R_i$，则

$$R_i = R_s^{1/n}$$

并联系统的分配法：若并联系统由 $n$ 个单元组成，系统的可靠度为 $R_s$，单元可靠度相互独立可靠度为 $R_i$，则

$$R_i = 1 - (1 - R_s)^{1/n}$$

按相对失效率分配：该方法的基本出发点是使每个单元的允许失效率正比于预计失效率。其分配步骤为：①根据统计数据或现在的使用经验得到各个单元的预计失效率；②由单元预计失效率计算每一单元分配权系数；③按给定的系统可靠度指标及各单元的权系数，计算出各单元的允许失效率。相对失效率分配法考虑各单元原有失效率水平，和等分配法相比相对合理。此外，还有按单元的复杂程度及重要度分配方法、拉格朗日分配方法等，由于篇幅关系，这里就不再叙述。

不管采用何种可靠性分配方法，均应遵循以下分配原则：①单元越成熟，所能达到的可靠度水平越高，所分配的可靠度可以相应增大；②单元在系统中的重要性越高，所分配的可靠度也越高；③对具有相同重要性和相同工作周期的单元，所分配的可靠度也应相同；④应综合考虑各单元结构的复杂程度、可维修性、工作环境、技术成熟程度、生产成本等因素，合理分配各单元的可靠度指标。

## 2.7.7　系统的故障分析

系统可靠性预测侧重于分析系统正常运行的概率。而故障树分析讨论的则是从故障(即不满意运行)来估计系统的不可靠度(或不可利用率)。因此，故障树分析法实际上是研究系统的故障与组成该系统的零件(子系统)故障之间的逻辑关系，根据零件(子系统)故障发生的概率去估计系统故障发生概率的一种方法。

故障树也称为失效树，简称 FT。它指表示事件因果关系的树状逻辑图。它用事件符号、逻辑符号和转移符号描述系统中各种事件之间的因果关系。故障树分析(Fault Tree Analysis, FTA)则是以故障树为模型对系统进行可靠性分析的方法。

### 1. FTA 的发展背景

故障树分析法是 1961—1962 年间，由美国贝尔电话实验室的沃特森 H.A.Watson 在研究民兵火箭的控制系统时提出来的。1970 年，波音公司的哈斯尔(Hassl)、舒洛特(Schroder)与杰克逊(Jackson)等人研制出故障树分析法的计算机程序，使飞机设计有了重要的改进。

1974 年，美国原子能委员会发表了麻省理工学院(MIT)的以拉斯穆森(Rasmusson)为首的安全小组所写的"商用轻水核电站事故危险性评价"报告，使故障树分析法从宇航、核能逐步推广到电子、化工和机械等部门。

### 2. FTA 的作用

故障树分析包括研究引起系统故障的人、环境之间因果关系的定性分析，在对失败原因及发生概率统计的基础上，确定失效概率的定量分析。在此基础上，再去寻找改善系统可靠性的方法。它能指导人们去查找系统的故障；指出系统中一些关键零件的失效对于系统的重要度；在系统的管理中，提供一种能看得见的图解，以便帮助人们对系统进行故障分析，使人们对系统工况一目了然，从而对系统的设计有指导作用；为系统可靠度的定性与定量分析提供了一个基础。

### 3. FTA 分析过程

故障树分析一般可分三步完成。

第一步，明确规定"系统"和"系统故障"定义，即明确研究对象的组成，及各部分之间运行上的关系以及对系统而言最悲观的故障(即选定系统的顶事件)。

第二步，探讨引起故障的原因，并将原因分类归纳(如设计上的、制造上的、运行和其他环境因素等)。

第三步，根据故障之间的逻辑关系，建造故障树。

故障树由事件符号和逻辑符号构成。圆形事件(底事件，基本事件，Basic Event)用"○"表示，指基本失效事件，其故障机理及故障状态均为已知，无须再作进一步分析；矩形事件(顶事件或中间事件)用符号"□"表示，指故障树的起始事件，它也是系统中最不希望发生的事件；中间事件是指位于顶事件和底事件之间的结果事件，用符号矩形"□"表示；菱形事件用符号"◇"表示，表示发生概率较小，对此系统而言不需要进一步分析的事件。如果要求不是很精密，这些故障事件在定性、定量分析中可忽略不计。逻辑符号有与门、或门、异或门、禁门、表决门、顺序与门等。如图 2-14 所示为故障树示例图。

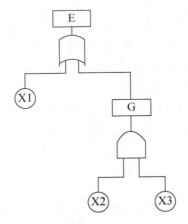

**图 2-14　故障树示例**

### 4. FTA 定性分析和定量分析

定性分析的目的是找出故障树中所有导致顶事件发生的最小割集。割集是指导致故障树顶事件发生的若干底事件的集合，当这些底事件同时发生时，顶事件必然发生。如果割集中任意一个底事件不发生，顶事件也就不发生，那么这样的割集就称为最小割集。

最小割集中所包含的底事件的个数称为最小割集的阶，越低越容易出故障。因此最低阶的最小割集常是系统的薄弱环节。对故障树进行定性分析的目的也就是通过分析系统的最小割集来洞察全系统的可能故障形式，从中预见系统的薄弱环节，从而提高改进措施。

故障树的定量分析是以故障树为模型，在已知全部的事件可靠性参数的情况下，计算顶事件发生的概率；求顶事件发生概率的方法有多种。直接概率法(结构函数法)：基本思路是把故障中的与门事件看作并联，把或门事件看作串联。

## 2.7.8　可靠性试验

可靠性试验是为了定量评价的可靠性指标而进行的各种试验的总称，可以获得产品的可靠性指标，如平均寿命、可靠度、失效概率等，以验证产品是否达到设计要求。通过对试验样品的失效分析可以揭示产品的薄弱环节及其原因，制定相应的措施，达到提高可靠性的目的。因此，可靠性试验是研究产品可靠性的基本手段，也是预测产品可靠性的基础。常用的可靠性试验有以下几种。

### 1. 环境可靠性试验

环境可靠性试验是在额定的应力状态下，试验温度、湿度、冲击、振动、含尘量、腐蚀介质等环境条件对产品可靠性的影响，确定产品可靠性指标。这种试验常用于一些作业条件十分苛刻的机械产品，如采挖机械、矿山机械、运输机械等。

### 2. 寿命试验

寿命试验是可靠性试验中常见的一种。通常是在试验条件下，模拟实际使用工况、确定产品的平均寿命、测定应力-寿命曲线等特征值。寿命试验不但可以用来推断、估计机械产品在实际使用条件下的寿命指标，而且还可以考核产品及结构的可靠性、制造工艺水平、分析失效机理。对机械产品而言，寿命试验是最主要的试验，是获得产品可靠性数据的主要来源，也是可靠性设计的一项基础工作。

### 3. 现场可靠性试验

一般可靠性试验都是在实验室条件下进行的，为了尽量使实验条件与实际使用状态相同，也常常在现场条件下对产品进行可靠性验证。验证产品的寿命数据，尽量创造最恶劣的使用条件来考验所有零部件和组成机构的工作能力。例如，批量投产前的汽车样机，要在专门挑选的道路甚至在特意修筑的恶劣道路上进行试验。通过试验可以查明产品的薄弱环节以及产品在实际使用条件下的生产能力。由于产品的使用寿命一般很长，若通过现场试验获取产品可靠性的全部信息，往往要花费很长时间，甚至不可能。因此，现场试验一般只能得到有限的可靠性指标。

由于可靠性试验时间长、费用高，必须重视试验的规划、组织管理和数据处理工作。不同的试验目的有不同的试验方案，如产品验证，主要是根据所验证的特征量如平均寿命、失效率、不合格率，来确定试验的条件、抽样方法、总试验时间、样本数和合格判断数等。可靠性试验以破坏试验为多，非破坏试验为少，常常是用较长时间，且使试件失效才取得一个数据，所以得到数据特别昂贵。在搜集数据时必须注意数据的质量，如准确性和精度，注意数据的可用性和完备性，同时注意数据产生的时间、地点和条件。

# 2.8　面向"X"的设计

　　传统的设计过程对如何满足产品的性能要求考虑较多，而对制造方法、维修、回收等却考虑得很少。这样的产品往往制造成本高，返修率高，制造周期长，很难满足用户需求，市场竞争力削弱。统计数据显示，只有约 65%的新产品提案能够制造出产品，其中能够商品化的比例不到 15%，产品进入市场后又有将近半数未能获得成功。

　　造成上述情况的重要原因，就是在产品设计时对影响产品的多种因素考虑不周全。为此，人们开始寻求新的设计理论和方法，旨在强调在设计阶段就开始考虑产品生命周期的各个阶段、各个方面的因素，力图设计出具有好造、好修、好用特点的产品。这种方法就是面向"X"的设计(Design For X，DFX)，即面向产品生命周期各/某环节的设计。其中，X可以代表产品生命周期或其中某一环节，如加工、装配、使用、维修、回收、报废等，也可以代表产品竞争力或决定产品竞争力的因素，如质量、营销、成本、时间等。而这里的设计不仅指产品的设计，也指产品开发过程和系统的设计。

## 2.8.1　面向制造的设计

　　DFX 最初是以面向制造的设计(Design For Manufacturing，DFM)的形式出现的。

　　DFM 强调在设计过程中考虑加工因素，即可加工性和加工的方便性，其出发点是整个制造系统，追求整个生产制造过程的优化。

　　产品的生产活动一般分为产品设计、材料选择、零部件加工、质量控制和装配成最终产品等若干阶段。它们共同影响着产品的质量、成本以及制造系统的生产率。它们之间的关系和相互作用相当复杂。设计是产品制造的开始。设计费用在制造系统中所占的比例虽然不大，但是它对产品制造成本的影响很大。DFM 抓住产品设计对产品及其总成本的影响，把产品设计放在整个制造系统中来考虑，并以能很好地满足制造要求为目标，从而得到一个全局最优化的产品设计。在 DFM 中要用到价值分析工程学，它是通过对所设计的产品进行价值分析，以便从中选出最优的设计方案，同时还要充分考虑产品的可加工性以及制造的经济性。由此可见，加强设计阶段和制造阶段的信息交流和信息反馈，在 DFM 中非常重要。

　　DFM 要求在产品的设计阶段就充分考虑到制造过程中将出现的问题，并通过优选的设计来避免。应当强调，DFM 的设计思想贯穿于整个设计过程中，从产品的概念设计、部件设计到零件设计。在 DFM 的理论研究中，人们提出两条适用于所有设计的公理：①在设计中必须保持功能要求的独立性；②在设计中必须使信息量最小。公理①表明过多不必要的功能要求或功能要求的不足都是不好的设计。功能要求的独立性并不是要求每个零件只满足一个功能要求，恰恰相反，如果一个零件能独立地满足所有必要的功能要求，那么它就是最好的设计。公理②说明信息量最少可以简化设计工作，同时还可以减少设计中各因素的相互影响，容易建立数学模型。

　　在应用 DFM 时，人们从上述公理出发结合具体生产实践，总结出了一系列具体的规则。尽管其中有些规则极普通和容易理解，如耦合设计的解耦、使构成产品的零件数量减少、使单个零件的功能最多、使装配方向最少、发展模块化的设计、使设计标准化、选择易装配的紧固件、尽量减少调整、使各零件易于定位等，但是在全局最优的设计理论中研究这些规则，就赋予了新的价值。同时，在具体的实施过程中应加以丰富和具体化。对设计原则的应用也应具体问题具体分析。此外，在应用 DFM 进行设计时，需要考虑如何适应企业现有的制造条件和限制。目前已有这方面的软件系统，它能根据存储在计算机中有关企业车间制造加工条件的数据库，自动对初步的产品设计进行可制造性检验，把检验结果反馈给设计人员，从而使他们能够不断地调整和修改设计，使其满足制造条件的要求。如汽车发动机连杆杆身截面，是不断变小的"工"字形结构，即由靠近小头端部的"H"逐渐变为靠近大头端部的"I"形，同时杆身采用大圆弧过渡，使得整体结构抗弯强度好、重量轻。该例就是通过在单一零件的设计阶段，集中地反映出了全局优化结果，尤其是在考虑 DFM 方面。同样，某些企业针对市场需求，采用模具工艺加工出胀断连杆，也是在考虑 DFM 和企业自身条件下，利用崭新的产品设计和先进的生产系统来满足成本和工艺性等的要求。

## 2.8.2　面向装配的设计

与 DFM 类似，面向装配的设计(Design For Assembly，DFA)主要考虑的是各零部件之间是否能够装配和易于装配，以及能否在现有技术及设备条件下进行装配。就机械产品的 DFA 来说，应该从以下几个方面进行分析评价：①机械结构应能划分成几个独立的装配单元。机械结构如能被划分成几个独立的装配单元，便于组织平行装配流水作业，缩短装配周期；便于组织厂际协作生产和组织专业化生产；机械有关部件可以预先进行调整和试车，可以减少总装配的工作量并保证总机装配质量；便于局部结构改进，有利于产品改进和更新换代；有利于维修和运输。②尽量减少装配过程中的修配劳动量和机械加工劳动量。③结构应便于装配和拆卸。

## 2.8.3　面向可操作性的设计

面向可操作性的设计(Design For Operability，DFO)主要目标是使所设计的产品不仅要满足其主要性能要求，还要做到可靠、舒适、经济、安全，最大限度地方便用户对产品的使用和操作。人机工程学和产品造型设计是面向操作设计需要着重考虑的问题，也是面向操作设计的重要工具。以常用工具呆扳手为例，手柄与开口支点夹角就是典型的 DFO 问题。将螺母的六边形去除两条边，在剩下的四条边中有两条边是平行的，最初的呆扳手杆体方向就是平行于这两条边。但假如螺母和扳手内角差 30°，则必须要改变手的位置才能继续拧紧，但有时由于操作空间狭小而发生手转不过去，或必须调整人体姿势才能使力，这样就会带来极大不便。改良后杆体方向偏移了 15°，可以利用扳手翻转效果，使-15°变成+15°，形成总共 30°的角度差，从而便于操作。

再如早期的双门冰箱，冷冻室设计在上面，冷藏室在下面，两个储藏室是互通的，利用冷气下沉的原理将冷冻室的冷气送入冷藏室进行降温。但后来随着冰箱的容积越来越大，冷冻食品增多，冷冻室容积达到了总容积的 1/2 甚至更大，这使得冰箱重心抬高而造成稳定性变差。因此，将重量相对更大的冷冻室设计在下面、使用率较高的冷藏室设计在上而更便于拿取食物，制冷问题则采用风冷将压缩机的冷气吹入冷藏室。随着人们生活水平的不断提高，家电市场为迎合消费者需求，目前已开发出双机双温冰箱、变频冰箱、真空冰箱、智能冰箱等系列产品。

总之，DFX 技术就是利用生命周期评估技术对从产品从材料选取到生产、使用、维修及报废的整个生命周期各阶段进行分析设计、全生命周期成本评估，并将评估结果用于指导设计和制造方案的决策，将面向不同设计阶段的现代设计方法统一为有机的整体。可以说，任何一个产品的设计，都是设计者将诸多因素进行全面考虑的结果，同时也是 DFX 综合作用并在实际中不断完善的过程。

# 2.9 绿 色 设 计

## 2.9.1 绿色设计的背景

自 20 世纪 70 年代以来，工业污染导致的全球性环境恶化达到了前所未有的严峻程度，迫使人们不得不重视环境污染的现实。日益严重的生态危机要求全世界工商企业采取共同行动来进行环境保护，以拯救人类生存的地球，确保人类的生活质量和经济持续健康的发展。

各国的环保战略开始经历一场新的转折，全球性的产业结构调整呈现出新的绿色战略趋势，这就是全球制造业在向资源利用合理化、废弃物产生少量化、对环境无污染或少污染的方向发展。在这种"绿色浪潮"的冲击下，绿色产品逐渐兴起，相应的绿色产品设计方法就成为全球的研究热点。

在工业发达国家，产品的绿色标志制度相继建立，凡标有"绿色标志"图案的产品(见图 2-15)，表明该产品从生产到使用、回收的整个过程符合环境保护要求，对生态环境无害或危害极少，可以实现资源的再生或回收，这种产品大大地提高了其在国际市场的竞争力。例如，德国水溶油漆产品被授予绿色标志后，销售额提高了 20%。

**图 2-15　中国绿色产品标志**

与经济发达国家相比，我国的工业技术水平还有较大差距，工业产品还存在着资源和原材料消耗大、环境污染严重、国际市场竞争能力相对较弱等问题。解决上述问题的可行途径就是通过绿色设计与绿色制造技术，大力开发绿色产品，尽可能地减少对环境污染和资源浪费，全面提高产品的市场竞争力。

## 2.9.2　绿色设计的定义

### 1. 绿色产品定义

在讨论绿色设计之前，首先要弄清什么是绿色产品，绿色产品有何特点，以便于采取一定的技术措施去设计绿色产品。

绿色产品通常是指产品自身及其生产过程具有节能、节水、低污染、低毒、可再生、可回收特点的产品。绿色产品从生产到使用乃至废弃回收处理的各个环节对环境无害或危害甚小，具有优良的环境友好性；尽量减少材料使用量，减少使用材料的种类，特别是稀有昂贵材料及有毒、有害材料，能够最大限度地利用材料资源；在产品生命周期的各个环节所消耗的能源最少，最大限度地节约能源。

根据绿色产品的定义，下列产品可视为绿色产品。

(1) 以环境和环境资源保护为核心概念而设计生产的、可以拆卸和分解的产品，其零部件经过翻新处理可以重新利用。

(2) 原材料使用合理化，尽可能减少零部件，并能进行回收处理的产品。

(3) 从生产到使用乃至回收的整个过程都符合特定的环境保护要求，对生态环境无害或危害小，以及可以再生或回收、循环、再利用的产品。

(4) 使用寿命完结时，零部件可以翻新和重新利用的产品。

### 2. 绿色设计定义

绿色设计是由绿色产品所引申的一种设计技术，也称为生态设计、环境设计等。

绿色设计是指在产品及其寿命周期全过程的设计中，要充分考虑对资源和环境的影响，在考虑产品的功能、质量、开发周期和成本的同时，更要优化各种相关因素，使产品及其制造过程中对环境的总体负面影响减到最小，使产品的各项指标符合绿色环保的要求。也就是说，绿色设计在设计阶段就将环境因素和预防污染的措施纳入产品设计之中，将环境性能作为产品的设计目标和出发点，力求使产品对环境的影响降到最小。

绿色设计的核心可以归纳为"3R1D(Reduce、Recycle、Reuse、Degradable)"，即低消耗、可回收、再利用、可降解，要求绿色设计不仅要减少物质和能源的消耗，减少有害物质的排放，而且要使产品及零部件能够方便地分类回收，并能够再生循环或重新利用。

### 3. 绿色设计与传统设计方法的比较

与传统设计比较，绿色设计在设计目的、设计依据、设计技术等方面均有较大的区别。

传统设计往往是以企业发展战略和企业获取自身最大经济效益为出发点，主要考虑的是产品的功能、质量和成本等产品要素。因而，传统的产品设计仅涉及产品生命周期中的市场分析、产品设计、工艺设计、制造和销售以及售后服务等环节。

绿色设计则是以保护环境资源为核心的设计过程，在产品全生命周期内优先考虑的是产品的环境属性，在满足环境目标的同时保证产品的基本性能和使用寿命。

因而，绿色设计是将产品全生命周期中的设计、制造、使用、回收及再生等各个环节作为一个有机整体。在保证产品功能、质量和成本等基本性能的前提下，充分考虑各个环节的资源、能源的合理利用，环境保护和劳动保护等问题。绿色设计不仅要求满足消费者的需要，更重要的是实现"预防为主、治理为辅"的环境战略，从根本上实现环境保护、劳动保护和资源能源的优化利用。

经与传统设计比较可见，绿色设计有如下特点。

(1) 延伸了产品的生命周期，使产品的生命周期从传统的设计、制造、使用、报废过程延伸为设计、制造、使用、回收/再生过程。

(2) 在产品设计阶段就考虑到在产品整个生命周期内资源和能源的保护，包括选用的零件材料对环境的影响，有毒材料可能的替代物，生产过程可能产生什么废弃物，怎样使用产品，如何进行产品拆卸、回收、再利用等。

(3) 有利于环境保护和生态系统平衡，绿色设计从设计开始就考虑资源和能源消耗的最少化以及产生的废弃物对人类健康和安全危害最小化。

(4) 绿色设计具有较强的多学科交叉性，其涉及机械制造学、材料学、管理学、社会学及环境学诸多学科。

## 2.9.3　绿色设计的主要内容

绿色设计从产品材料的选择、加工流程的确定、加工包装、运输销售等全生命周期都要考虑资源的消耗和对环境的影响，以寻找和采用尽可能合理和优化的结构和方案，使得资源消耗和对环境的负面影响降到最低。为此，绿色设计的主要内容包括以下几方面。

(1) 绿色产品的描述与建模全面准确地描述绿色产品，建立系统的绿色产品评价模型是绿色设计的关键。例如，家电产品已从环境属性、资源属性、能源属性、经济属性、技术性能等指标提出评价体系，以便对产品的绿色程度进行评价。

(2) 绿色设计的材料选择绿色设计，要求设计人员改变传统的选材程序和步骤，选材不仅要考虑产品的使用要求和性能，还应考虑环境约束准则，了解所选择的材料对环境的影响，选用无毒、无污染材料，选用易回收、可重用、易降解的材料。

(3) 面向可拆卸性设计传统的设计方法多考虑产品的装配性，很少考虑产品的可拆卸性。绿色设计要求将可拆卸性作为产品结构设计的一项评价准则，使产品在使用报废后其零部件能够高效、不加破坏地拆卸，有利于零部件的重新利用和材料的循环再生，达到节省资源、保护环境的目的。

产品类型千差万别，不同产品的可拆卸性设计不尽相同。总体上，可拆卸设计的原则包括简化产品结构，减少产品零件数目，减少拆卸工作量；避免有相互影响的材料组合，以免材料相互污损；易于拆卸，易于分离；实现零部件的标准化、系列化、模块化，以减少零件的多样性。

(4) 面向可回收性设计。可回收性设计是指在设计时要充分考虑产品的各零部件回收再用的可能性、回收处理方法、回收费用等问题，达到节省材料、节约能源，尽量减少环境污染的目的。

可回收性设计的原则有：避免使用有害于环境及人体健康的材料；减少产品所使用的材料种类；避免使用与循环利用过程不相兼容的材料或零件；使用便于重用的材料；使用可重用的零部件。可回收性设计的内容包括可回收材料的识别及标志，回收处理工艺方法，可回收性的结构设计，可回收性的经济分析与评价。

(5) 绿色产品的成本分析与传统成本分析不同，绿色产品成本分析应考虑污染物的处理成本、产品拆卸成本、重复利用成本、环境成本等，以达到经济效益与环境质量双赢的目的。

（6）绿色产品设计数据库。绿色产品设计数据库是一个庞大复杂的数据库，该数据库对产品设计过程起到举足轻重的作用，包括产品全生命周期中环境、经济等有关的一切数据，如材料成分、各种材料对环境的影响、材料自然降解周期、人工降解时间、费用，以及制造、装配、销售、使用过程中所产生的附加物数量及对环境的影响，环境评估准则所需的各种判断标准等。

## 2.9.4  绿色设计的基本原则

与传统设计相比，绿色设计应遵循如下设计原则。

### 1. 资源最优使用原则

在选用资源时，应从可持续发展的观念出发，考虑资源的再生能力和跨时段配置问题，才不致由于资源不合理使用而加剧有限资源的枯竭，尽可能使用可再生资源；在设计时，尽可能保证所选用的资源在产品整个生命周期中得到最大限度的利用。

### 2. 能量最少消耗原则

在选用能源类型时，应尽可能选用太阳能、风能等清洁、可再生的一次能源，而不是汽油等不可再生的二次能源，以有效缓解能源危机；在产品设计时，力求产品整个生命周期循环中能源消耗最少，减少能源的浪费。

### 3. "零污染"原则

应彻底摒弃"先污染、后治理"的传统环境治理理念，实施"预防为主、治理为辅"的环境保护策略。在设计时，必须充分考虑如何消除污染源，尽可能做到零污染。

### 4. "零损害"原则

确保产品在生命周期内对生产者及使用者具有良好的保护功能。产品设计时不仅要从产品的制造、使用、质量、可靠性等方面保护劳动者，而且还要从人机工程学和美学角度避免对人们身心健康造成危害，力求将损害降低到最低限度。

### 5. 技术先进原则

产品设计者应及时了解相关领域的最新发展，采用最先进的技术，发挥主观创造性，提高产品的绿色度，提高产品的市场竞争力。

### 6. 生态经济效益最佳原则

绿色设计不仅要考虑产品所创造的经济效益，而且还要从可持续发展的观点出发，考虑产品在全生命周期内的环境行为对生态环境和社会所造成的影响。产品生产不仅要取得好的经济效益，同时还要取得好的环境效益。

人类社会的发展，特别是工业化进程的推进和城市规模的扩大，造成环境污染、生态破坏、资源枯竭，已经严重危及人类的生存和可持续发展。在未来产品设计中，应着眼于设计出健康、保健、安全和易于操作的产品和设备，使这些产品和设备的零部件易于取代和重复使用，以尽量节约资源和能源，减少对环境的污染。

绿色设计顺应了历史的发展趋势，强调了资源的有效利用，减少废弃物的排放，追求产品生命周期中对环境污染的最小化，对生态环境的无害化。绿色设计将成为人类实现可持续发展的有效方法和手段。

# 本 章 小 结

现代设计技术是在传统设计方法基础上继承和发展起来的一门多学科交叉的综合性基础技术科学，主要包含基础技术、主体技术、支撑技术以及不同设计领域应用技术的技术集群。

计算机辅助设计作为现代设计技术的主体技术，是以计算机为工具，进行产品几何造型、工程分析、图形处理、文档管理等设计任务，辅助完成产品设计过程的技术。

优化设计过程是一个寻优的过程，是在设计对象分析的基础上，建立由设计变量、目标函数和设计约束三要素组成的优化设计数学模型，根据目标函数性质和约束特征选择合适的优化计算方法进行求解，对求解结果进行综合分析，最终确认满意的设计方案。

可靠性设计任务是确定产品质量指标的规律性，实现所要求产品的可靠性水平。机械零件可靠性设计通常是从建立"应力-强度干涉模型"入手，根据零件强度和作用应力的分布状态，计算零件的失效率和可靠度。根据零件的可靠度可预测系统的可靠度，根据系统的可靠度可对零件单元可靠度进行分配。

价值工程的基本思想是以最少的费用换取所需要的功能。价值工程涉及价值、功能和寿命周期成本三个基本要素。价值工程的实施是一个发现矛盾、分析矛盾和解决矛盾的创新过程。

逆向工程是一种对已有产品进行剖析、分析、重构和再创新的产品开发技术，其关键在于反求对象分析和反求对象模型的重构。

绿色设计的重点是将环境性能作为产品的设计目标和出发点，力求使产品对环境的影响为最小。绿色设计的核心是减少物质和能源的消耗，减少有害物质的排放，能够方便分类、回收、再生循环或重新利用。

# 复习与思考题

1. 试分析现代设计技术的内涵与特征。
2. 描述现代设计技术的体系结构。
3. 为什么说计算机辅助设计技术是现代设计技术的主体技术？
4. 描述优化设计的数学模型，何为设计变量、目标函数和设计约束？
5. 阐述可靠性设计的主要内容。
6. 为什么说串联系统的可靠度比系统中最不可靠元件的可靠度还低？而并联系统的单元数目越多，则系统的可靠度越高？如何合理地进行可靠性分配？
7. 简述逆向工程的内涵，分析逆向工程的步骤。
8. 绿色设计的实质内容是什么？举例说明绿色设计的基本原则。

# 第3章 先进制造工艺技术

**【本章要点】**

本章在分析机械制造工艺内涵及其发展的基础上，介绍了先进的铸、锻、冲等受迫成形工艺技术，超精密加工和高速加工的材料去除成形技术，增材制造技术，以及近年来发展并逐步成熟起来的微纳制造技术、表面工程技术和仿生制造技术等。

**【学习目标】**

- 了解制造工艺技术的内涵。
- 掌握材料受迫成形工艺技术。
- 掌握超精密加工技术。
- 掌握高速加工技术。
- 掌握增材制造技术。
- 掌握微纳制造技术。
- 了解表面工程技术。
- 了解仿生制造技术。

## 3.1 先进制造工艺概述

### 3.1.1 制造工艺的内涵

如图 3-1 所示，制造工艺是指产品从原材料经加工后获得预定的形状和组织性能的过程，由于成形过程的不同，可分为热加工和冷加工。热加工是采用物理、化学等方法使材料转移、去除、结合或改性，从而高效、低耗、少无余量地制造半成品或精密零部件的加工方法，包括铸造、锻压、焊接、热处理与表面处理等技术。冷加工是指原材料经去除加工获得预定形状与表面质量，传统的加工方法有切削、磨削等技术。

#### 1. 铸造

铸造是熔炼金属，制造铸型，并使熔融金属在重力、压力、离心力、电磁力等外力场的作用下充满铸型，凝固后获得一定形状与性能铸件的生产过程，是生产金属零件和毛坯的主要形式之一，其实质是液态金属逐步冷却凝固成形，也称金属液态成形。这种方法能够制得形状复杂，尤其是具有复杂内腔的毛坯；铸件的大小几乎不受限制，重量可从几克到数百吨，壁厚可为 0.3mm～1m。铸造的原材料来源广泛，价格低廉，在机器制造业中应用极为广泛。在一般机器中，铸件质量占总质量的 40%～80%，其制造成本却只占机器总成本的 25%～30%。铸造生产也存在一些缺点，如铸造组织疏松、晶粒粗大，铸件内部易产生缩孔、缩松、气孔等缺陷。

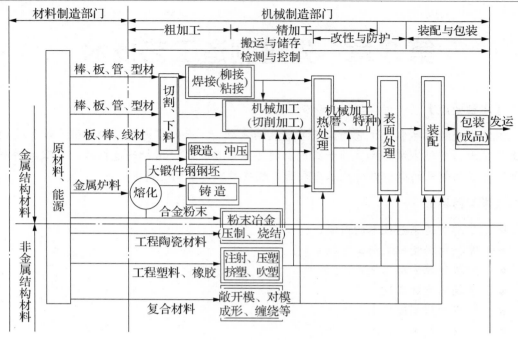

图 3-1 制造工艺流程

## 2. 锻压

锻压是利用外力使金属坯料产生塑性变形,以获得具有一定形状、尺寸和机械性能的原材料、毛坯或零件的加工方法,又称金属塑性加工。凡具有一定塑性的金属,如钢和大多数非铁合金材料,均可在热态或冷态下进行锻压加工。常用的锻压方法有锻造、冲压、挤压、轧制和拉拔等。锻造是指金属坯料在锻模模膛内受冲击力或压力而变形的加工方法。冲压是指金属板料在冲模间受压产生分离或变形的加工方法。挤压是指金属坯料从挤压模的模孔中挤出而变形的加工方法。轧制是指金属坯料通过一对回转轧辊间的空隙而受压变形的加工方法。拉拔是指金属坯料从拉拔模的模孔中拉出而变形的加工方法。

## 3. 焊接

焊接是一种在工业产品的制造过程中,将零件(或构件)永久连接的工艺方法。发展至今,焊接技术已经从一种传统的热加工技艺发展成一门集材料、冶金、结构、力学、电子等多门类科学为一体的工程工艺学科。焊接方法的种类很多,通常按焊接过程的特点可分为三大类:熔焊、压焊和钎焊。

熔焊是指在焊接过程中将焊件接头加热至熔化状态,不施加压力完成焊接的方法。熔焊的加热速度快,加热温度高,接头部位经历熔化和结晶过程,适用于各种金属和合金的焊接加工。压焊是指在焊接过程中,需对焊件施加压力的焊接方法。压焊适用于各种金属材料和部分非金属材料的焊接加工。钎焊是指采用熔点比母材低的金属材料作钎料,焊接时加热到高于钎料熔点、低于母材熔点的温度,利用液体钎料润湿母材,填充接头间隙并与母材相互扩散实现连接焊件的方法。由于在钎焊过程中,钎料的熔化和凝固会形成一个过渡连接层,因此钎焊不仅适合于同种材料的焊接加工,也适合于不同金属或异类材料的焊接加工。

### 4. 热处理与表面处理

热处理是充分发挥金属材料潜力以实现机械产品使用性能的重要途径，通过热处理可以使材料或零件获得设计所要求的理想强度、韧性、疲劳、耐磨等综合力学性能及使用性能，从而保证零件的质量和可靠性。表面改性是利用激光、电子束、离子注入、化学气相沉积、物理气相沉积和化学电化学转化等特种物理化学手段，通过改变构件表面化学成分及分布，达到改善构件力学性能或其他物理化学性能的材料加工工艺。热处理与表面改性技术为用户提供热处理工艺、表面改性、材料热处理、典型零件热处理、装备及工艺材料、标准等方面的基础理论及关键技术。

### 5. 切削和磨削

切削和磨削加工是利用切(磨)削工具和工件做相对运动，从毛坯上切去多余部分材料，获得所需几何形状、尺寸精度和表面粗糙度零件的加工过程。在现代机械制造中，除少数采用精密铸造、精密锻造以及粉末冶金和工程塑料压制等方法直接获得的精密零件外，绝大多数零件都要通过切(磨)削加工保证精度和表面粗糙度的要求。因此，切(磨)削加工在机械制造中占有十分重要的地位。切(磨)削加工在一般生产中占机械制造总工作量的 40%～60%，其先进程度直接影响产品的质量。

## 3.1.2　先进制造工艺的发展

制造业的经营战略随越来越激烈的市场竞争不断地发生变化。生产规模、生产成本、产品质量、市场响应速度相继成为企业的经营核心。制造技术为适应这种变化，逐渐形成高效灵活的制造工艺技术。

20 世纪末，美国政府批准了由联邦科学协会、工程与技术协调委员会(FCCSET)主持实施的先进制造技术(Advanced Manufacturing Technology，AMT)计划。先进制造技术计划根据美国制造业面临的挑战和机遇，为增强制造业的竞争力和促进国家经济增长，率先提出先进制造技术的概念。此后，欧洲、日本以及亚洲新兴工业化国家相继响应。在之后的二十余年里，制造业不断吸收机械工程技术、电子信息技术(包括微电子、光电子、计算机软硬件、现代通信技术)、自动化控制理论技术(自动化技术生产设备)、材料科学、能源技术、生命科学及现代管理科学等方面的成果，将其综合应用于制造业中产品设计、制造、管理、销售、使用、服务以及对报废产品的回收处理的制造全过程，逐渐形成完备的现代制造工艺体系。现代制造工艺技术已成为国民经济和科学技术赖以生存和发展的条件，为航空、航天、微电子、光电子、激光、分子生物学和核能等尖端技术的出现和发展奠定了基础。

20 世纪 60 年代，我国相应国家部委与地方制造单位开始先进制造技术的攻关研究。1995 年 4 月，北京召开先进制造技术发展战略研讨会，从战略高度探讨了我国发展先进制造工艺技术的路线和方法。此后多年，通过技术引进和人才培养等多方面的努力，目前，我国不少企业掌握了一批相对先进的制造技术，但和发达国家相比还是有很大差距。目前的主要任务为增强先进制造技术的基础条件，包括扩大数控机床、加工中心，建立完善的国产数控系统产业群，扩大其市场占有率；发展和推广国产 CAD/CAM 计算机辅助设计与制造系统；加大高校相关专业人才培养力度。

## 3.1.3　先进制造工艺的技术特点

与传统的制造技术相比，先进制造工艺技术的技术特征为优质、高效、低耗、清洁和灵活。

优质。先进制造工艺加工制造出的产品质量高、性能好、尺寸精确、表面光洁、组织致密、无缺陷杂质、使用性能好、使用寿命和可靠性高。

高效。与传统制造工艺相比，先进制造工艺可极大地提高劳动生产率，大大降低生产成本和操作者的劳动强度。

低耗。先进制造工艺可大大节省原材料消耗，降低能源的消耗，提高自然资源的利用率。

清洁。先进制造工艺可做到少排放乃至零排放，生产过程不污染环境。

灵活。先进制造工艺能快速地对市场和生产过程的变化及产品设计内容的更改做出反应，可进行多种的柔性生产，适应多变的产品消费市场需求。

## 3.1.4　先进制造工艺技术的发展方向

采用模拟技术，优化工艺设计。成形、改性与加工是机械制造工艺的主要工序。在将原材料(主要是金属材料)制造加工成毛坯或零部件的过程中，各种工艺过程尤其是热加工过程是极其复杂的高温、动态、瞬时过程，其间发生的一系列复杂的物理、化学、冶金变化，无法直接观察，甚至间接测试也很困难。多年来，热加工工艺设计全凭"经验"。近年来，应用计算机技术及现代测试技术形成的热加工工艺模拟及优化设计技术风靡全球，成为热加工各个学科的研究热点和技术前沿。应用模拟技术，可以虚拟显示材料热加工(铸造、锻压、焊接、热处理、注塑等)的工艺过程，预测工艺结果(组织、性能、质量)，并通过不同的参数比较优化工艺设计，确保大件一次成功：确保成批件一次试模成功。模拟技术同样已应用于机械加工、特种加工及装配过程，并已向拟实制造成形的方向发展，成为分散网络化制造、数字化制造及制造全球化的技术基础。

加工与设计之间的界限逐渐淡化，并趋向集成及一体化。CAD/CAM、FMS、CIMS、并行工程、快速原型等先进制造技术的出现，使加工与设计之间的界限逐渐淡化，逐步一体化。冷热加工之间，加工过程、检测过程、物流过程、装配过程之间的界限亦趋于淡，制造系统的统一正走向现实。

成形精度向近无余量方向发展。毛坯和零件的成形是机械制造的第一道工序。铸造、锻造、冲压、焊接和轧材下料是金属材料成形的主要方法。随着毛坯精密成形工艺的发展，零件成形的形状尺寸精度正从近净成形(Near Net Shape Forming)向净成形(Net Shape Forming)即近无余量成形方向发展。"毛坯"与"零件"的界限越来越小。某些由精铸、精锻、精冲、冷温挤压、精密焊接及切割成形的毛坯，已接近或达到零件的最终形状和尺寸，磨削后即可装配。"接近零余量的敏捷及精密冲压系统"及"智能电阻焊系统"正在研究开发中。

成形质量向近无"缺陷"方向发展。毛坯和零件成形质量高低的另一指标是缺陷的多少、大小和危害程度。由于热加工过程十分复杂，因素多变，很难避免缺陷的产生。近年来，热加工界提出了"向近无缺陷方向发展"的目标，这个"缺陷"是指不致引起早期失效的临界缺陷概念。其主要措施有：采用先进工艺，净化熔融金属薄板，增大合金组织的致密度，为得到健全的铸件、锻件奠定基础；采用模拟技术，优化工艺设计，实现一次成形及试模成功；加强工艺过程监控及无损检测，及时发现超标零件；通过零件安全可靠性能研究及评估，确定临界缺陷量值等。

工艺技术与信息技术、管理技术紧密结合，生产模式不断发展。先进制造技术系统是一个由技术、人和组织构成的集成体系，三者有效集成才能取得满意的效果。因而先进制造工艺只有通过和信息、管理技术紧密结合，不断探索适应需求的新型生产模式，才能提高先进制造工艺的使用效果。先进制造生产模式主要有柔性生产、准时生产、精益生产、敏捷制造、并行工程、分散网络化制造等。这些先进制造模式是制造工艺与信息、管理技术紧密结合的结果，反过来它也影响并促进制造工艺的不断革新与发展。

机械加工向超精密、超高速方向发展。超精密加工技术目前已进入纳米加工时代，加工精度达 $0.025\mu m$，表面粗糙度达 $0.0045\mu m$。精切削加工技术由目前的红外波段向加工可见光波段或不可见紫外线和 X 射线波段趋近；超精加工机床向多功能模块化方向发展；超精加工材料由金属扩大到非金属。目前高速切削铝合金的切削速度已超过 1600m/min。超高速切削已成为解决一些难以加工材料加工问题的重要途径。

采用新型能源及复合加工，解决新型材料的加工和表面改性难题。激光、电子束、离子束、分子束、等离子体、微波、超声波、电液、电磁、高压水射流等新型能源或能源载体的引入，形成了多种崭新的特种加工及高密度能切割、焊接、熔炼、锻压、热处理、表面保护等加工工艺或复合工艺。其中以多种形式的激光加工发展最为迅速。这些新工艺不仅提高了加工效率和质量，同时还解决了超硬材料、高分子材料、复合材料、工程陶瓷等新型材料的加工难题。

采用清洁能源及原材料、实现清洁生产。机械加工过程产生大量废水、废渣、废气、噪声、振动、热辐射等，劳动条件繁重危险，已不适应当代清洁生产的要求。近年来清洁生产成为加工过程的一个新的目标，除搞好"三废"治理外，重在从源头抓起，杜绝污染的产生。其途径有三种：一是采用清洁能源，如用电加热代替燃煤加热锻坯，用电熔化代替焦炭冲天炉熔化铁液；二是采用清洁的工艺材料开发新的工艺方法，如在锻造生产中采用非石墨型润滑材料，在砂型铸造中采用非煤粉型砂；三是采用新结构，减少设备的噪声和振动，如在铸造生产中，噪声极大的震击式造型机已被射压、静压造型机所取代。在模锻生产中，噪声大且耗能多的模锻锤，已逐渐被电机传动的曲柄热模锻压力机、高能螺旋压力机所取代。在清洁生产的基础上，满足产品从设计、生产到使用乃至回收和废弃处理的整个周期都符合特定的环境要求的"绿色制造"将成为 21 世纪制造业的重要特征。

# 3.2　材料受迫成形工艺技术

材料受迫成形是在特定边界和外力约束条件下的材料成形工艺方法，如铸造、锻压、粉末冶金和高分子材料注射成形等。

## 3.2.1 精密洁净铸造成形技术

### 1. 精密铸造成形技术的种类和特点

先进的铸造工艺以熔体洁净、组织细密、表面光洁、尺寸精密为特征，可减少原材料消耗，降低生产成本；便于实现工艺过程自动化，缩短生产周期；改善劳动环境，使铸造生产绿色化；保证铸件毛坯力学性能，达到少、无切削的目的。根据铸件的工艺特点，可分为熔模精密铸造、金属型铸造、消失模铸造、压力铸造、低压铸造、离心铸造、陶瓷型铸造和半固态铸造成形。

熔模精密铸造是在蜡模表面涂上数层耐火材料，待其硬化干燥后，将其中的蜡模熔去，制成形壳，再经过焙烧，最后进行浇注而获得铸件。熔模铸造使用易熔材料制成，铸型无分型面，可获得较高尺寸精度和表面粗糙度的各种形态复杂的零件，最小壁厚可达 0.7mm，最小孔径可达 1.5mm。它适用于尺寸要求高的铸件，尤其是无加工余量的铸件(如涡轮发动机叶片)；各种碳钢、合金钢及铜、铝等各种有色金属，尤其是机械加工困难的合金。熔模精密铸造的工艺过程如图 3-2 所示。

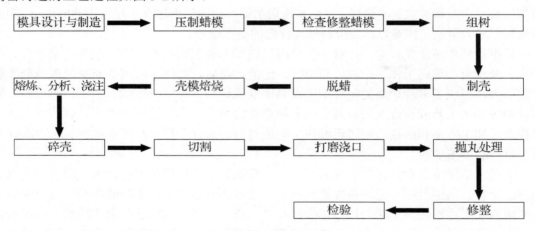

图 3-2 熔模铸造工艺流程图

金属型铸造是将液态金属浇入金属铸型以获得铸件的铸造方法。金属铸型可重复使用。由于金属型导热速度快，没有退让性和透气性，可采用预热金属型、铸型表面喷涂料、提高浇铸温度和及时开型的工艺措施来确保获得优质铸件和延长金属型的使用寿命。金属型生产的铸件，机械性能比砂型铸件高，铸件的精度和表面光洁度比砂型铸件高，质量和尺寸稳定，液体金属损耗量低，可实现"一型多铸"，易实现机械化和自动化。但是其制造成本高，易造成铸件浇不到、开裂和铸铁件白口等缺陷。金属型铸造主要用于铜合金、铝合金等非铁金属铸件的大批量生产，如活塞、连杆、汽缸盖等。

消失模铸造是利用泡沫塑料作为铸造模型，模型在浇注过程中被熔融的高温浇注液汽化，金属液取代原来泡沫塑料模样占据的空间位置，冷却凝固后即获得所需的铸件。消失模铸造过程包括制造模样、模样组合、涂料及其干燥、填砂及紧实、浇注、取出铸件等工序。消失模铸造铸型紧实后不用起模、分型，没有铸造斜度和活块，取消了型芯，因此可避免普通砂型铸造时因起模、组芯、合箱等引起的铸件尺寸误差和缺陷，铸件的尺寸精度较高；同时由于泡沫塑料模样的表面光洁、粗糙度值较低，消失模铸造铸件的表面粗糙度也较低。铸件的尺寸精度可达 CT5～CT6 级、表面粗糙度可达 6.3～12.5μm；应用范围广，几乎不受铸件结构、尺寸、重量、材料和批量的限制，特别适用于生产形状复杂的铸件。消失模铸造简化了铸件生产工序，提高了劳动生产率，容易实现清洁生产，被认为是 "21 世纪的新型铸造技术" 及 "铸造中的绿色工程"，目前它已被广泛用于航空、航天、能源行业等精密铸件的生产。如图 3-3 所示为消失模铸造的工艺过程。

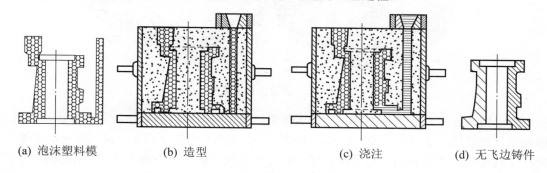

| (a) 泡沫塑料模 | (b) 造型 | (c) 浇注 | (d) 无飞边铸件 |

图 3-3　消失模铸造的工艺过程

陶瓷型铸造是在砂型铸造和熔模铸造的基础上发展起来的一种精密铸造方法。陶瓷型铸造的工艺过程如图 3-4 所示。由于陶瓷面层在具有弹性的状态下起模，面层耐高温且变形小，陶瓷型铸造铸件的尺寸精度和表面粗糙度与熔模铸造相近。陶瓷型铸件的大小几乎不受限制，可从几千克到数吨；在单件、小批量生产条件下，投资少，生产周期短；不过，它不适于生产批量大、质量轻或形状复杂的铸件，生产过程难以实现机械化和自动化。目前陶瓷型铸造主要用于生产厚大的精密铸件，广泛用于生产冲模、锻模、玻璃器皿模、压铸型模和模板等。

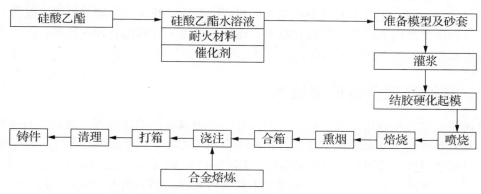

图 3-4　陶瓷型铸造工艺流程图

半固态铸造是在液态金属的凝固过程中强烈搅动，抑制树枝晶网络骨架的形成，制得形成分散的颗粒状组织金属液，而后压铸成坯料或铸件的铸造方法。它是由传统的铸造技术及锻压技术融合而成的新的成形技术，具有成形温度低、模具寿命长、节约能源、铸件性能好(气孔率大大减少、组织呈细颗粒状)、尺寸精度高(凝固收缩小)、成本低、对模具的要求低、可制复杂零件等优点(见图 3-5)，被认为是 21 世纪最具发展前途的近净成形技术之一。

图 3-5  压铸铝合金零件

其他铸造技术，包括压力铸造、低压铸造、真空铸造、离心铸造等。以金属模等其他模具取代砂型模，以非重力浇注取代重力浇注，在非重力作用下结晶，组织致密，无缩孔、缩松、气孔、夹渣等缺陷，力学性能好。可使铸件尺寸精确、表面光洁、组织致密，可得到少(无)切削加工铸件。但每种特种铸造工艺都有各自的特点，应用场合也有一定的局限性，一般仅适用于中小型铸件的生产。除熔模铸造适用于铸钢件外，大多数特种铸造工艺仅局限于有色合金铸件。

**2. 清洁铸造技术**

日趋严格的环境与资源约束，清洁铸造已成为 21 世纪铸造生产的重要特征，其主要内容包括：①洁净能源如以铸造焦炭代替冶金焦炭、以少粉尘少熔渣的感应炉代替冲天炉熔化，以减轻熔炼过程对空气的污染；②无砂或少砂铸造工艺如压力铸造、金属型铸造、挤压铸造等，以改善铸造作业环境；③使用清洁无毒的工艺材料如使用无毒无味的变质剂、精炼剂、乳结剂等；④高溃散性型砂工艺如树脂砂、改性醋硬化水玻璃砂等；⑤废弃物再生和综合利用如铸造旧砂的再生回收技术、熔炼炉渣的处理和综合利用技术；⑥自动化作业铸造机器人或机械手自动化作业，以代替工人在恶劣条件下工作。

## 3.2.2  精确高效塑性成形技术

金属塑性成形是利用金属的塑性，借助外力使金属发生塑性变形，成为具有所要求的形状、尺寸和性能的制品的加工方法，也称为金属压力加工或金属塑性加工。由于金属塑性加工是通过塑性变形得到所要求的制件，因而是一种少(无)切屑近净成形加工方法。金属塑性加工时，零件一般在设备的一个或几个行程内完成，因而生产率很高。对于一定质量的零件，从力学性能、冶金质量和使用可靠性看，一般说来，金属塑性加工比铸造或机械加工方法优越。

**1. 精密模锻**

精密模锻是在模锻设备上锻造出形状复杂、高精度锻件的锻造工艺。精密模锻件的公差和余量约为普通锻件的 1/3，表面粗糙度 $R_a$ 值为 3.2～0.8μm，接近半精加工。和传统模锻相比,精密模锻需精确计算原始坯料的尺寸,以避免大尺寸公差和低精度;需精细清理坯料表面,除净坯料表面的氧化皮、脱碳层及其他缺陷;需采用无氧或少氧化加热法,尽量减少坯料表面形成的氧化皮;精锻模膛的精度必须比锻件精度高两级;精锻模应有导柱导套结构,保证合模准确;精锻模上应开排气小孔,减小金属的变形阻力;模锻进行中要很好地冷却锻模和进行润滑。精密模锻一般都在刚度大、运动精度高的设备(如曲柄压力机、摩擦压力机、高速锤等见图 3-6)上进行,具有精度高、生产率高、成本低等优点。

图 3-6　水压机和曲柄压力机

### 2. 挤压成形

挤压成形是指对挤压模具中的金属坯锭施加强大的压力,使其发生塑性变形,从挤压模具的模口中流出,或充满凸、凹模型腔,从而获得所需形状与尺寸的精密塑性成形方法。挤压时坯料的变形温度高于金属材料的再结晶温度,称为热挤压。热挤压时,金属变形抗力较小,塑性较好,允许每次变形程度较大,但产品的尺寸精度较低,表面较粗糙,广泛应用于铜、铝、镁及其合金的型材和管材和强度较高、尺寸较大的中(高)碳钢、合金结构钢、不锈钢零件的生产。坯料变形温度低于材料再结晶温度(通常是室温)的挤压工艺为冷挤压。冷挤压时金属的变形抗力比热挤压时大得多,但产品尺寸精度较高,可达 IT8~IT9,表面粗糙度 $R_a$ 值可达 3.2~0.4μm,且冷变形强化组织,产品的强度得到提高。目前可对非铁金属及中、低碳钢的小型零件进行冷挤压成形。为了降低变形抗力,在冷挤压前要对坯料进行退火处理。冷挤压时,为了降低挤压力,防止模具损坏,提高零件表面质量,必须采取润滑措施。由于冷挤压时单位压力大,润滑剂容易被挤掉,从而失去润滑效果,所以对钢质零件必须进行磷化处理,使坯料表面呈多孔结构,以存储润滑剂。将坯料加热到再结晶温度以下高于室温的某个合适温度下进行挤压的方法称为温挤压。与热挤压相比,坯料氧化脱碳少,表面粗糙度较小,产品尺寸精度较高;与冷挤压相比,降低了变形抗力,增加了每道工序的变形程度,延长了模具的使用寿命。温挤压材料一般不需要进行预先软化退火、表面处理和工序间退火。温挤压零件的精度和力学性能略低于冷挤压零件。表面粗糙

度 $R_a$ 值可达 6.4～3.2μm。温挤压不仅适用于挤压中碳钢，而且也适用于挤压合金钢零件。

### 3. 超塑性成形

超塑性成形也是压力加工的一种工艺。超塑性是指材料在一定的内部(组织)条件(如晶粒形状及尺寸、相变等)和外部(环境)条件下(如温度、应变速率等)，呈现出异常低的流变抗力、异常高的流变性能(如大的延伸率)的现象。如钢断后伸长率超过 500%、纯钛超过 300%、锌铝合金可超过 1000%按实现超塑性的条件，超塑性主要有细晶粒超塑性和相变超塑性。细晶粒超塑性成形必须满足等轴稳定的细晶组织(晶粒平均直径为 0.2～5μm)、一定的变形温度(变形温度一般在绝对熔点温度的 0.5～0.7 倍)和极低的变形速度(应变速度通常在 $10^{-4}$～$10^{-2}$/s)三个条件。相变超塑性是在材料的相变或同素异构转变温度附近经过多次加热冷却的温度循环，获得断后伸长率。常用的超塑性成形材料主要是锌铝合金、铝基合金、铜合金、钛合金及高温合金。具有超塑性的金属在变形过程中不产生缩颈，变形应力可降低几倍至几十倍。即在很小的应力作用下，产生很大的变形。具有超塑性的材料可采用挤压、模锻、板料冲压和板料气压等方法成形，制造出形状复杂的工件。

### 4. 精密冲裁

精密冲裁是使冲裁件呈纯剪切分离的冲裁工艺，是在普通冲裁工艺的基础上通过模具结构的改进来提高冲裁件精度，精度可达 IT6～IT9 级，断面粗糙度 $R_a$ 值为 1.6～0.4μm。精密冲裁通常通过光洁冲裁、负间隙冲裁、带齿圈压板冲裁等工艺手段来实现。光洁冲裁使用小圆角刃口和较小冲模间隙，加强了变形区的静水压力，提高了金属塑性，将裂纹容易发生的刃口侧面变成了压应力区，刃口圆角有利于材料从模具端面向模具侧面流动，消除或推迟了裂纹的发生，使冲裁件呈塑性剪切而形成光亮的断面。光洁冲裁时的凸凹模间隙一般小于 0.01～0.02mm。对于落料冲裁，凹模刃口带有小圆角，凸模为普通结构；对于冲孔加工，凸模刃口带有小圆角，而凹模为普通结构形式。负间隙冲裁负间隙冲裁的凸模尺寸大于凹模型腔的尺寸，产生负的冲裁间隙。在冲裁过程中，冲裁件的裂纹方向与普通冲裁相反，形成一个倒锥形毛坯。当凸模继续下压时，将倒锥形毛坯压入阴模内。由于凸模尺寸大于凹模尺寸，故冲裁时凸模刃口不应进入凹模型腔孔内，而应与凹模表面保持 0.1～0.2mm 的距离。负间隙冲裁工艺仅适用于铜、铝、低碳钢等低强度、高伸长率、流动性好的软质材料，其冲裁的尺寸精度可达 IT9～IT11，断面粗糙度 $R_a$ 值可达 0.8～0.4μm。带齿圈压板的精冲工艺可由原材料直接获得精度高、剪切面光洁的高质量冲压件，并可与其他冲压工序复合，进行如沉孔、半冲孔、压印、弯曲、内孔翻边等精密冲压成形。

## 3.2.3 粉末锻造成形技术

粉末锻造是一种低成本高密度粉末冶金近净成形技术，它将传统的粉末冶金和精密锻造工艺进行结合。粉末冶金是将各种金属和非金属粉料均匀混合后压制成形，经高温烧结和必要的后续处理来制取金属制品的一种成形工艺。

粉末锻造是指以金属粉末为原料，经过冷压成形，烧结、热锻成形或由粉末经热等静压、等温模锻，或直接由粉末热等静压及后续处理等工序制成所需形状的精密锻件，将传统的粉末冶金和精密模锻结合起来的一种新工艺，兼有两者的优点，可以制取密度接近材料理论密度的粉末锻件，克服了普通粉末冶金零件密度低的缺点，使粉末锻件的物理力学性能达到甚至超过普通锻件的水平。同时，又保持普通粉末冶金少、无切屑工艺的优点，通过合理设计预成形坯和实行少、无飞边锻造，具有成形精确、材料利用率高、锻造能量消耗少等特点。典型的粉末锻造工艺流程如图 3-7 所示。

图 3-7　粉末锻造工艺流程

粉末锻造的毛坯为烧结体或挤压坯，或经热等静压的毛坯。与采用普通钢坯锻造相比，粉末锻造的优点如下：①材料利用率高。锻压是采用闭合模锻，锻件没有飞边，无材料耗损，最终机械加工余量小，从粉末原材料到成品零件，总的材料利用率可达 90%以上。②成形性能高。可以锻造一般认为不可锻造的金属或合金，难变形的高温铸造合金通过粉末锻造制成形状复杂的制品，容易获得形状复杂的锻件。③锻件精密度高。粉末锻造预制坯采用少无氧化保护加热，锻后精度和粗糙度可达到精密模锻和精铸的水平。可采用最佳预制坯形状，以便最终成形形状复杂的锻件。④力学性能高。由于粉末颗粒都是由微量液体金属快速冷凝而成，而且金属液滴的成分与母合金几乎完全相同，偏析就被限制在粉末颗粒的尺寸之内。因此可克服普通金属材料中的铸造偏析及晶粒粗大不均等缺陷，使材质均匀无各向异性。⑤成本低，生产率高。粉末锻件的原材料费用及锻造费用和一般模锻差不多，但和一般模锻件相比，尺寸精度高、表面粗糙度低，可少加工或不加工，从而节省大量工时。对形状复杂批量大的小零件，如齿轮、花键轴套、连杆等难加工件，节约效果尤其明显。

由于金属粉末合金化容易，因此有可能根据产品的服役条件和性能要求，设计和制备原材料，从而改变传统的锻压加工都是"来料加工"模式，有利于实现产品、工艺、材料的一体化。

粉末锻造工艺应用于制造力学性能高于传统粉末冶金制品的结构零件。因此广泛选择预合金雾化钢粉作为预成形坯的原料。最普通的成分是含 Ni 和 Mo 两合金元素，例如，含 Ni0.4%和 Mo0.6%或含 Ni2%和 Mo0.5%。这种成分的优点是含少量氧化倾向的合金元素，特别是美国 4600(Ni2%，Mo0.5%)只含有 Mn0.2%～0.3%和含量小于 0.1%的 Cr，氧化倾向小，但价格较贵并缺乏足够的淬透性，因此不适于要求高强度和高韧性等综合性能好的零件。为了提高粉末锻件的淬透性，一般采取在含 Ni0.4%和 Mo0.6%的预合金雾化钢粉和石墨的混合粉中加入铜。加入 2.1%以下的铜，经压制、烧结锻造后，锻件表现出比无铜时具有更高的淬透性。

粉末锻造用原材料粉末的制取方法主要有还原法、雾化法，这些方法被广泛用于大批量生产。适应性最强的方法是雾化法，因为它易于制取合金粉末，而且能很好地控制粉末性能。其他如机械粉碎法和电解法基本上用于小批量生产特殊材料粉末。近年来，快速冷凝技术及机械合金化技术被用来制取一些具有特异性能、用常规方法难以制备的合金粉末，并逐渐在粉末锻造领域应用。粉末锻造之所以有如此大的发展，是由于现在可以生产新的、高质量的、低成本的粉末。

粉末锻造一般都是在闭式模腔内进行，因此对模具精度要求较高，其典型的模具结构如图 3-8 所示。模锻时，模具的润滑和预热是两个重要的因素。若加热的型坯与模具表面接触，可能受到激冷，达不到完成致密的目的。因而，为了保证锻件质量，提高模具寿命，降低变形阻力，模具应进行预热处理，预热温度在 200～300℃。模锻过程的模具润滑会大大减小坯料在型腔中的滑移阻力，有利于模锻成形。

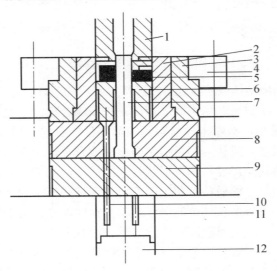

图 3-8　粉末锻造模具

1—中空上冲头；2—阴模；3—预应力环；4—紧固环；5—锻件；6—下冲头；7—芯模；

8—横座；9—支承垫块；10/11—顶出杆；12—压机顶出机构

锻造时由于保压时间短，坯料内部孔隙虽被锻合，但其中有一部分还未能充分扩散结合，可经过退火、再次烧结或热等静压处理，以便充分扩散结合。粉末锻件可同普通锻件一样进行各种热处理。粉末锻件为保证装配精度，有时还须进行少量的机械加工。

## 3.2.4　高分子材料成形技术

目前各种合成高分子的应用已遍及国民经济的各个部门，特别是军事及尖端技术对具有各种不同性能的聚合物材料的迫切需要，促使了高分子合成和加工的技术有了更快的发展，高分子成形和加工已经成为一种独立的专门工程技术了。由于加工技术理论的研究、加工设备设计和加工过程自动控制等方面都取得了很大的进展，产品质量和生产效率大大提高，产品适应范围扩大，原材料和产品成本降低，聚合物加工工业进入了一个高速发展时期。

塑料、橡胶和纤维是三大高分子合成材料。目前从原料树脂制成种类繁多、用途各异的最终产品，已形成规模庞大、先进的加工工业体系，而且三大合成材料各具特点，又形成各自的加工体系。下面以塑料成形工业为主，分别对三大合成材料的成形加工做简要介绍。

### 1. 塑料的成形

塑料成形加工一般包括原料的配制和准备、成形及制品后加工等几个过程；成形是将各种形态的塑料，制成所需形状或胚件的过程。成形方法很多，包括挤出成形、注射成形、模压成形、压延成形、铸塑成形、模压烧结成形、传递模塑、发泡成形等。机械加工是指在成形后的制件上进行车、削、铣、钻等。

由于简单组分的塑料性能单一，难于满足要求，通常通过配制手段，将添加剂和高分子形成一种均匀的复合物，从而能够满足对制品的多种需要。为了使用和加工的方便，成形加工用的物料主要是粒料和粉料，它们都是由树脂和添加剂配制而成。主要的添加剂有增塑剂、防老剂、填料、润滑剂、着色剂、固化剂等。聚合物或树脂是粉状塑料中的主要组分，其本身的性能对加工性能和产品性能影响很大，主要表现在分子量、分子量分布、颗粒结构和粒度的影响上。

在塑料制品的生产中，只要少数高分子可单独使用，大部分都要与其他物料混合，进行配料后才能应用于成形加工。所谓配料，就是把各种组分互相混在一起，尽可能地成为均匀体系。为此必须采用混合操作，而混合、捏合、塑炼都是属于塑料配制中常用的混合过程，是靠扩散、对流、剪切三种作用来完成的。配制一般分为四步：原料的准备、初混合、初混物的塑炼、塑炼物的粉碎和粒化。

在大多数情况下成形是通过加热使塑料处于粘流态的条件下，经过流动、成形和冷却硬化，而将塑料制成各种形状的产品的方法。

挤出成形又称挤压模塑或挤塑，即借助螺杆或柱塞的挤压作用，使受热熔化的塑料在压力推动下，强行通过口模而成为具有恒定截面的连续型材的一种成形方法。挤出成形能生产管、棒、丝、板、薄膜、电线电缆和涂层制品等。这种方法的特点是生产效率高，适应性强，几乎可用于所有热塑性塑料及某些热固性塑料。

挤出设备目前大量使用的是单螺杆挤出机和双螺杆挤出机，后者特别适用硬聚氯乙烯粉料或其他多组分体系塑料的成形加工。通用的是单螺杆挤出机。它主要包括：传动、加料装置、料筒、螺杆、机头与口模等五部分。

挤出的过程一般包括熔融、成形和定型三个阶段。第一是熔融阶段，固态塑料通过螺杆转动向前输送，在外部加热和内部摩擦热的作用下，逐渐熔化最后完全转变成熔体，并在压力下压实。在这个阶段中，塑料的状态变化和流动行为很复杂。塑料在进料段仍以固体存在，在压缩段逐渐熔化而最后完成转变为熔体。其中有一个固体与熔体共存的区域即熔化区。在该区，塑料的熔化是从与料筒表面接触的部分开始的，在料筒表面形成一层熔膜。随着螺杆与料筒的相对运动，熔膜厚度逐渐增大，当其厚度超过螺翅与料筒的间隙时，就会被旋转的螺翅刮下并将其强制积存在螺翅前侧形成熔体池，而在螺翅后侧则充满了受热软化和部分熔融后黏结在一起的固体粒子以及尚未熔化的固体粒子，统称为固体床。这样，塑料在沿螺槽向前移动的过程中，固体床的宽度就会逐渐减小，直到全部消失即完全熔化而进入均化段。在均化段中，螺槽全部为熔体充满。由旋转螺杆的挤压作用以及由机头、分流板、过滤网等对熔体的反压作用，熔体的流动有正流、逆流、横流以及漏流等不同形式。其中横流对熔体的混合、热交换、塑化影响很大。漏流是在螺翅和料筒之间的间隙中沿螺杆向料斗方向的流动，逆流的流动方向与主流相反。这两者均是由机头、分流板、过滤网等对熔体的反压引起的。挤出量随这两者的流量增大而减少。塑料的整个熔化过程是在螺杆熔融区进行的，塑料的整个熔化过程直接反映了固相宽度沿螺槽方向变化的规律，这种变化规律，决定于螺杆参数、操作条件和塑料的物性等。挤出过程的第二阶段是成形，熔体通过塑模(口模)在压力下成为形状与塑模相似的一个连续体。第三阶段是定型，在外部冷却下，连续体凝固定型。

适于挤出成形的塑料种类很多，制品的形状和尺寸有很大差别，但挤出成形工艺过程大体相同。其程序为物料的干燥、成形，制品的定型与冷却、制品的牵引与卷取(或切割)，有时还包括制品的后处理等。原料中的水分或从外界吸收的水分会影响挤出过程的正常进行和制品的质量，较轻时会使制品出现气泡、表面晦暗等缺陷，同时使制品的物理机械性能降低，严重时会使挤出无法进行。因此，使用前应对原料进行干燥，通常控制水分含量在 0.5%以下。随聚合物的分子量、制品的形状和尺寸以及挤出机的种类不同而变化，且挤出过程中螺杆的转速、料筒中的压力和温度都是互相影响着的，应视具体情况而加以调整，挤出过程中料筒、机头及口模中的温度和压力分布，一般具有如图所示的规律。 挤出过程的工艺条件对制品质量影响很大，特别是塑化情况，更能直接影响制品的物理机械性能及外观决定塑料塑化程度的因素主增大螺杆的转速能强化对物料的剪切作用，有利于物料的混合和塑化，且对大多数塑料能降低其熔体的黏度。

常见的管材、吹塑薄膜、双向拉伸薄膜的成形各有其特点。现对常用的挤出成形工艺过程简述如下。

(1) 热塑性塑料管材挤出成形：管材挤出时，塑料熔体从挤出机口模挤出管状物，先通过定型装置，按管材的几何形状、尺寸等要求使它冷却定型。然后进入冷却水槽进一步冷却，最后经牵引装置送至切割装置切成所需长度。定型是管材挤出中最重要的步骤，它关系到管材的尺寸、形状是否正确以及表面光泽度等产品质量问题。定型方法一般有外径定型和内径定型两种。外径定型是靠挤出管状物在定径套内通过时，其表面与定径套内壁紧密接触进行冷却实现的。为保证它们的良好接触，可采用向挤出管状物内充压缩空气使管内保持恒定压力的办法，也可在定径套管上钻小孔进行抽真空保持恒定负压的办法，即内压式外定径和真空外定径。内径定型采用冷却模芯进行。管状物从机头出来就套在冷却模芯上使其内表面冷却而定型。两种定型的效果是不同的。适用于挤出管材的热塑性塑料有 PVC，PP，PE，ABS，PA，PC，PTFE 等。塑料管材广泛用于输液、输油、输气等生产和生活的各个方面。

(2) 薄膜挤出吹塑成形：薄膜可采用片材挤出或压延成形工艺生产，更多的是采用挤出吹塑成形方法。这是一种将塑料熔体经机头口模间隙呈圆筒形膜挤出，并从机头中心吹入压缩空气，把膜管吹胀成直径较大的泡管状薄膜的工艺。冷却后卷取的管膜宽即为薄膜折径。薄膜的挤出吹塑成形工艺，按牵引方向可分为上引法、平引法和下引法三种。平引法一般适用于生产折径 300mm 以下薄膜。下引法适用于那些熔融黏度较低或需急剧冷却的塑料如 PA、PP 薄膜。这是因为熔融黏度较低时，挤出泡管有向下流淌的趋向，而需急剧冷却、降低结晶度时需要水冷，下垂法易于实施之故。上引法的优点是：整个泡管在不同牵引速度下均能处于稳定状态，可生产厚度尺寸范围较大的薄膜，且占地面积少，生产效率高，是吹塑薄膜最常用的方法。

(3) 双向拉伸薄膜：扁平机头挤出工艺通称平挤。薄膜的双向拉伸工艺是将由狭缝机头平挤出来的厚片经纵横两方向拉伸，使分子链或结晶进行取向，并且在拉伸的情况下进行热定型处理的方法。该薄膜由于分子链段定向、结晶度提高，各向异性程度降低，所以可使拉伸强度、冲击强度、撕裂强度、拉伸弹性模量等显著提高，并改进耐热性、透明性、光泽等。

(4) 挤拉成形纤维：增强热固性树脂基复合材料常用的成形方法主要有缠绕成形、叠层铺层成形、真空浸胶法、对模模压法、手糊法、喷射法、注射法、挤拉法等。一些长的棒材、管材、工字材、T 型材和各种型材主要采用挤拉成形方法。此法成形的产品可保证纤维排列整齐、含胶量均匀，能充分发挥纤维的力学性能。制品具有高的比强度和比刚度、低的膨胀系数和优良的疲劳性能，同时根据需要还可以改变制品的纤维含量或使用混杂纤维。此方法质量好、效率高，适于大量生产。成形原理是使浸渍树脂基体的增强纤维连续地通过模具，挤出多余的树脂，在牵伸的条件下进行固化。

注射成形简称注塑，是指物料在注射机加热料筒中塑化后，由螺杆或注塞注射入闭合模具的模腔中经冷却形成制品的成形方法，如图 3-9 所示。它广泛用于热塑性塑料的成形，也用于某些热固性塑料(如酚醛塑料、氨基塑料)的成形。注射成形的优点是能一次成形外观复杂、尺寸精确、带有金属或非金属嵌件甚至可充以气体形成空芯结构的塑料模制品；生产效率高，自动化程度高。注射成形的原理是将粒料置于注射机的料筒内加热并在剪切力作用下变为粘流态，然后以柱塞或螺杆施加压力，使熔体快速通过喷嘴进入并充满模腔，冷却固化。其生产过程包括如下几个步骤，且周而复始进行：清理准备模具→合模→注射→冷却→开模→顶出制品。

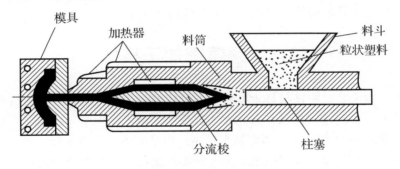

图 3-9　注射成形原理

压制成形，是塑料成形加工技术中历史最久，也是最重要的方法之一，主要用于热固性塑料的成形。根据材料的性状和成形加工工艺的特征，又可分为模压成形和层压成形。模压成形又称压缩模塑，这种方法是将粉状、粒状、碎屑状或纤维状的塑料放入加热的阴模模槽中，合上阳模后加热使其熔化，并在压力作用下使物料充满模腔，形成与模腔形状一样的模制品，再经加热(使其进一步发生交联反应而固化)或冷却(对热塑性塑料应冷却使其硬化)，脱模后即得制品。模压成形与注射成形相比，生产过程的控制、使用的设备和模具较简单，较易成形大型制品。热固性塑料模压制品具有耐热性好、使用温度范围宽、变形小等特点，但其缺点是生产周期长，效率低，较难实现自动化，因而工人劳动强度大，不能成形复杂形状的制品，也不能模压厚壁制品。

压延成形是生产薄膜和片材的主要方法，它是将已经塑化的接近粘流温度的热塑性塑料通过一系列相向旋转着的水平辊筒间隙，使物料承受挤压和延展作用，成为具有一定厚度、宽度与表面光洁的薄片状制品。用作压延成形的塑料大多是热塑性非晶态塑料，其中以聚氯乙烯用得最多，它适于生产厚度在 0.05～0.5 毫米范围内的软质聚氯乙烯薄膜，和 0.25～0.7 毫米范围内的硬质聚氯乙烯片材。当制品厚度高于或低于这个范围时，一般均不采用压延法而采用挤出吹塑法或其他方法。压延成形具有较大的生产能力(可连续生产，也易于自动化)，较好的产品质量(所得薄膜质量优于吹塑薄膜和 T 型挤出薄膜)，还可制取复合材料(人造革、涂层纸等)，印刻花纹等；但所需加工设备庞大，精度要求高、辅助设备多，同时制品的宽度受压延机辊筒最大工作长度的限制。

橡胶的加工分为两大类：一类是干胶制品的加工生产，另一类是胶乳制品的生产。干胶制品的原料是固态的弹性体，其生产过程包括素炼、混炼、成形、硫化四个步骤。胶乳制品是以胶乳为原料进行加工生产的。其生产工艺大致与塑料糊的成形相似。但胶乳一般要加入各种添加剂，先经半硫化制成硫化胶乳，然后再用浸渍、压出或注模等与塑料糊成形相似的方法获得半成品，最后进行硫化得制成品。热塑性弹性体(TPE)是指常温下具有橡胶弹性、高温下又能像热塑性塑料那样熔融流动的一类材料。这类材料的特点是无须硫化即具有高强度和高弹性，可采用热塑性塑料的加工工艺和设备成形，如注塑、挤出、模压、压延等。

化学纤维的成形加工主要是纺丝方法，而纺丝又分为熔融纺丝和溶液纺丝两大类。凡能加热熔融或转变为粘流态而不发生显著分解的成纤聚合物，均可采用熔融纺丝法进行纺丝。溶液纺丝是指将聚合物制成溶液，经过喷丝板或帽挤出形成纺丝液细流，然后该细流经凝固浴凝固形成丝条的纺丝方式，又分为湿法纺丝和干法纺丝。

# 3.3　超精密加工技术

超精密加工技术是适应现代技术发展的一种机械加工新工艺，它综合应用了微电子技术、计算机技术、自动控制技术、激光技术，使加工技术产生了飞跃发展。这主要体现在两个方面：一是精密/超精密加工精度越来越高，由微米级、亚微米级、纳米级，向原子级加工极限逼近；二是超精密加工已进入国民经济和生活的各个领域，批量生产达到的精度也在不断发展。

## 3.3.1　超精密加工概述

精密加工和超精密加工技术是在传统切削加工技术的基础上，综合应用近代科技和工艺成果而形成的一门高新技术，是现代装备制造业中不可缺少的重要基础，也是现代制造科学的发展方向。图 3-10 所示为精密与超精密加工的具体工艺分类。

由于生产技术的不断发展，划分的界限将随着发展进程而逐渐向前推移，在不同的时期有不同的界定，很难用数值来表示。从目前的发展水平来看，加工精度在 1μm，加工表面粗糙度在 $R_a$0.1μm 的加工方法称为普通加工；加工精度在 0.1～1μm，加工表面粗糙度在 $R_a$0.01～0.1μm 之间的加工方法称为精密加工；加工精度高于 0.1μm，加工表面粗糙度小于 $R_a$0.01μm 的加工方法称为超精密加工。从加工精度的具体数值来分析，精密加工又可分为微米加工、亚微米加工、纳米加工等。表 3-1 所示列出了当前精密加工和超精密加工的水平。

超精密加工时，背吃刀量极其微小，属于微续切削，因此对刀具的、砂轮修整和机床调整均有很高要求。超精密加工是一门综合性高技术，凡是影响加工精度和表面质量的因素都要考虑，一般采用计算机控制、在线控制、自适应控制、误差检测和补偿等自动化技术来保证加工精度和表面质量。超精密加工不仅有传统的切削和磨削加工，而且有特种加工和复合加工方法，只有综合应用各种加工方法，取长补短，才能得到有很高加工精度的表面质量。

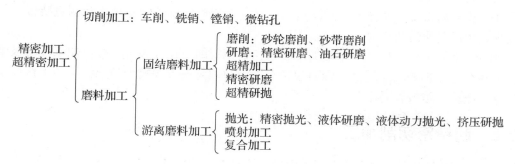

图 3-10　精密加工分类

表 3-1　各种加工方法的水平

| 加工领域 | 精度范围 | 制造精度 | | |
|---|---|---|---|---|
| | | 尺寸/位置精度 | 形状/轮廓精度 | 表面粗糙度 |
| 普通加工 | 微米级 | >3～8μm | >1～3μm | 钢件≤0.8μm；铜件≤0.4μm |
| 精密加工 | 微米～亚微米级 | 0.3～8μm | 0.1～1μm | 钢件≤0.4μm；铜件≤0.05μm |
| 超精密加工 | 亚微米～纳米级 | 0.01～0.3μm | 0.003～0.1μm | 钢件≤0.1μm；铜件≤0.01μm |

超精密加工是尖端技术产品发展不可缺少的关键加工手段，不管是军事工业还是民用工业，都需要这种先进的加工技术。导弹、飞机等的惯性导航仪器系统中的气浮陀螺的浮子以及支架、气浮陀螺马达轴承等零件的尺寸精度和圆度、圆柱度都要求达到亚微米级精度。人造卫星仪表的真空无润滑轴承，其孔和轴的表面粗糙度 $R_a$ 需达到 1nm，圆度和圆柱度均为纳米级精度，这些零件都是用超精密金刚石刀具镜面车削加工的。陀螺仪框架零件形状复杂、精度要求高，是超精密数控铣床加工的。雷达的关键元件波导管的内腔表面采用超精密车削，其内腔表面粗糙度 $R_a$ 可达 0.02～0.01μm，端面粗糙度可达 0.01μm。其他应用包括红外探测器中接收红外线的反射箔、小型化高精度瞄准系统的非球面反射镜、民用隐形眼镜、计算机硬盘驱动器、光盘、复印机等高技术产品的很多精密零件。超精密加工技术促进了机械、液压、电子、传感器、半导体及材料科学的发展。

超精密加工所涉及的技术范围包括如下。

(1) 超精密加工机理：超精密加工是从被加工表面去除一层微量的表面层，包括超精密切削、超精密磨削和超精密特种加工等。当然，超精密加工也应服从一般加工方法的普

遍规律，但也有不少其自身的特殊性，如刀具的磨损、积屑瘤的生成规律、磨削机理、加工参数对表面质量的影响等，需要用分子动力学、量子力学、原子物理等理论来研究。

(2) 超精密加工刀具、磨具及其制备技术：包括金刚石刀具的制备与刃磨、超硬砂轮的修整等是超精密加工的重要关键技术。

(3) 超精密加工机床设备：超精密加工对机床设备有高精度、高刚度、高抗震性、高稳定性和高自动化的要求，且应具有微量进给机构。

(4) 精密测量及补偿技术：超精密加工必须有相应级别的测量技术和测量装置，具有在线测量和误差补偿功能。

(5) 严格的工作环境：超精密加工必须在超稳定的工作环境下进行，加工环境极微小的变化都有可能影响加工精度。因而超精密加工必须具备各种物理效应恒定的工作环境，如恒温、净化、防振和隔振等。

## 3.3.2　超精密切削加工

20 世纪 60 年代初，由于宇航用的陀螺，计算机用的磁鼓、磁盘，光学扫描用的多面棱镜，大功率激光核聚变装置用的大直径非圆曲面镜，以及各种复杂形状的红外光用的立体镜等各种反射镜和多面棱镜精度要求极高，使用磨削、研磨、抛光等方法加工，不但成本很高，而且很难满足精度和表面粗糙度的要求。为此，使用高精度、高刚度的机床和金刚石刀具进行切削加工的方法应运而生。

超精密切削加工主要是用高精度的机床和单晶金刚石刀具进行的加工，故一般称为金刚石刀具切削。它主要用于加工软金属材料，如铜、铝等非铁金属及其合金，以及光学玻璃、大理石和碳素纤维板等非金属材料，主要加工对象如下。

1) 平面镜的切削

平面度<0.06μm，表面粗糙度 $R_{max}$<0.02μm。

2) 多面镜的切削

面分度精度 7.5″，面倾斜精度 3.6″，平面度<0.07μm，表面粗糙度 $R_{max}$<0.02μm。它主要用于激光印刷机、复印机。

3) 其他零件的切削

球面(球轴承)车削，复印机硒鼓(圆柱面)车削，磁盘基片的车削。

金刚石超精密车削刀具具有切除亚微米级以下金属层厚度的能力，此时的切削深度可能小于晶粒的大小，切削在晶粒内进行，要求切削力大于原子、分子间的结合力，刀刃上所承受的剪应力可高达 13000MPa，刀尖处应力极大，切削温度极高，一般刀具难以承受。

金刚石刀具材料有天然金刚石，人造单晶金刚石，具有很高的高温强度和硬度，而且材质细密，经过精细研磨，切削刃可磨得极为锋利，表面粗糙度值很小。刀具刀尖几何形状和切削刃的锋利度对超精密切削加工质量的影响巨大。通常，金刚石超精密车削会采用很高的切削速度，产生的切削热少，工件变形小，可获得很高的加工精度。切削主要用于加工铜、铝等有色金属，如高密度硬磁盘的铝合金基片、激光器的反射镜、复印机的硒鼓、光学平面镜，凹凸镜、抛物面镜等。

金刚石刀具常见的磨损形式为机械磨损和破损。机械磨损由机械摩擦引起，变化非常微小；破损为本身裂纹在冲击和振动下扩展使刀具失效。刀具磨损直接影响加工质量。金刚石刀具只能安装在机床主轴转动非常平稳的高精度机床上使用。

金刚石刀具切削的优点有：平面镜的表面粗糙度可达 $R_a5\mu m$，曲面镜的表面粗糙度可达 $R_a10\mu m$，形状精度可达 $30\mu m$；加工表面对光线的反射率很高，例如对波长 $\lambda$ 为 $10.6\mu m$ 的激光，经切削加工的去氧铜表面的反射率为 99%～99.4%，且加工表面对激光具有很高的耐热损伤性能；与一般切削加工相比，精度要高 1～2 个量级；成本为镀铬后磨料加工产品的一半乃至数分之一；加工设备投资较高。

常用天然金刚石刀具的刀尖几何形状有尖刃、多棱刃、直线切削刃及曲线切削刃(主要是圆弧切削刃)等。一般不用在超精密切削时，直线切削刃就是直线修光刃，圆弧切削刃就是圆弧修光刃。在这几种不同刀尖几何形状的金刚石刀具中，尖刃刀具、多棱刃刀具难以加工出超精密表面；圆弧切削刃刀具虽然加工残留面积较小，但刃磨困难。在精确安装的前提下，直线切削刃刀具的加工残留面积最小，加工表面质量最高。

直线切削刃比圆弧切削刃的切削阻力小，易进行尺寸精度及表面粗糙度控制，且制造容易、研磨方便，其用于高品质高精度加工方面的优势是其他切削刃难以替代的，其不足之处是安装调整比较困难。

直线切削刃不能太长(一般取 0.05～0.20mm)，否则会增加径向切削力，且切削刃和工件表面过多的摩擦会使加工表面粗糙度值增大，并且加速刀具磨损。由于普通直线切削刃刀具安装调整复杂，可将直线切削刃设计为直线切削刃的两边带有圆弧角。安装时只需将直线切削刃调整到与进给方向大致平行即可。用这种刀具进行切削，易获得优良的超精密表面质量。所示刀具直线切削刃部分由三个前刃面构成(直线切削刃不在一条直线上)。使前端直线切削刃的两边形成零点几毫米长的切削刃。该两小段切削刃相对前端直线切削刃形成一个微小角度，这两小段切削刃在切削过程中除具有切削作用外，还具有挤压作用。

圆弧切削刃金刚石刀具对刀容易，使用方便，但刀具制造、研磨困难，价格较高。国外金刚石刀具较多地采用圆弧切削刃，推荐的切削刃刀尖圆弧半径为 $R$=0.5～3mm 或更小。超精密切削时进给量甚小，一般情况下进给量 $f$<0.02mm/r。在切削深度相同的条件下，随着刀尖圆弧半径的减小，工件的表面粗糙度增大，这是因为圆弧切削刃加工时留下的残留面积随着刀尖圆弧半径的变化而变化；当刀尖圆弧半径减小时，切削刃变得越来越小，工件上切削的残留面积就越来越大。粗糙度理论计算公式为

$$R_a=f^z/8r$$

式中：$R_a$——理论粗糙度；

　　　$f$——进给量；

　　　$r$——刀尖圆弧半径。

用天然单晶金刚石刀具对有色金属进行超精密切削，如切削条件正常，刀具无意外损伤，刀具磨损十分缓慢，刀具耐用度极高。天然单晶金刚石刀具用于超精密切削，破损或磨损而不能继续使用的标志为加工表面粗糙度超过规定值。金刚石刀具的寿命以其切削路径的长度计量，如切削条件正常，其寿命可达数百公里。实际使用中，金刚石刀具通常达不到上述的耐用度，常常是由于切削刃产生微小崩刃而不能继续使用，这主要是由于切削时的振动或刀刃的碰撞引起的。

### 3.3.3　超精密磨削加工

超精密磨削技术是在一般精密磨削基础上发展起来的一种亚微米级加工技术。它的加工精度可达到或高于 0.1μm。表面粗糙度 $R_a$ 低于 0.025μm，并正在向纳米级加工方向发展。镜面磨削一般是指加工表面粗糙度达到 0.02～0.01μm。使加工后表面光泽如镜的磨削方法在加工精度的含义上不够明确，比较强调表面粗糙度，也属于超精密磨削加工范畴。超精密磨削是一种极薄切削方法。切屑厚度极小，当磨削深度小于晶粒的大小时，磨削就在晶粒内进行，磨削力必须超过晶体内部非常大的原子、分子结合力，因此磨粒上所承受的切应力会急速增加并变得非常大，可能接近被磨削材料的剪切强度极限。同时，磨粒切削刃处受到高温和高压作用，磨粒材料必须有很高的高温强度和高温硬度。因此，在超精密磨削中一般多采用金刚石等超硬磨料砂轮。磨粒在砂轮中的分布是随机的，磨削时磨粒与工件的接触也是无规律的，可以用单颗粒的磨削加工过程来说明超精密磨削的机理。理想磨削轨迹是从接触始点开始，至接触终点结束。磨粒可以看成具有弹性支承和大负前角切削刃的弹性体，弹性支承为结合剂，磨粒虽有相当硬度，其本身受力变形极小，但实际上仍属于弹性体。在磨粒切削刃的切入深度由零开始逐渐增加至最大值，然后又逐渐减小到零的过程中。整个磨粒与工件的接触依次处在弹性区、塑性区、切削区、塑性区和弹性区。超精密磨削加工可分为以下几种。

1)　超精密砂轮磨削

超精密砂轮磨削是利用精细修整的粒度为 W60～W80 的砂轮进行磨削，其加工精度可达 1μm，表面粗糙度 $R_a$ 可达 0.025μm。超精密砂轮磨削是利用经过修整的粒度为 W40～W50 的砂轮进行磨削，可获得加工精度 0.1μm，表面粗糙度 $R_a$ 可达 0.025μm～0.008μm 的加工表面。通电后，砂轮结合剂发生氧化，氧化层阻止电解进一步进行。在切削力作用下，氧化层脱落，露出新的锋利磨粒。由于电解修锐连续进行，砂轮在整个磨削过程中始终处于同一锋利状态。

2)　超精密砂带磨削

聚碳酸酯薄膜的带基材料上植有细微砂粒，砂带在一定工作压力下与工件接触并做相对运动，进行磨削或抛光。粒度为 W63～W28 的砂带加工精度可达 0.1μm，表面粗糙度可达 0.025μm。

3)　其他磨削加工工艺

其他磨削加工工艺包括油石研磨、精密研磨、精密砂带研抛等。

### 3.3.4　超精密加工的研究方向

纵观人类制造技术的发展历程，提高产品加工精度始终是一个技术难度大、影响因素多、涉及面广、资源消耗大、投资强度高、周期长的问题以提高加工精度为指标。从对传统制造技术、工艺、装备不断拓展、更新、完善的角度出发，与实现精密和超精密加工密切相关的主要研究领域和技术涉及如下几个方面。

#### 1. 加工机理

在传统加工方法的技术和工艺框架下，制造精度虽然可以通过对设备和工艺的不断改良和完善得到提升，但提升有限。因此，为了提高加工精度，除了对传统加工方法的精密化外，研究采用新技术和新机理的非传统加工方法显然是实现精密和超精密加工所需解决的重要问题。目前，通过对光、电、材、化等其他领域新技术的借鉴引用，在当前金刚石刀具超精密切削、金刚石微粉砂轮超精密磨削、精密高速磨削和精密砂带磨削等传统精密和超精密加工方法的基础上，已形成了如电子束、离子束、激光束等高能束加工、电火花加工、电化学加工、光刻蚀等一系列非传统精密和超精密加工方法，以及具有复合加工机理的电解研磨、磁性研磨、磁流体抛光、超声研磨等复合加工方法。加工机理的研究是精密和超精密加工的理论基础和新技术的生长点。

### 2. 被加工材料

与传统加工不同，为了能够达到高的制造精度，精密和超精密加工的被加工材料在化学成分、物理力学性能、化学性能、加工性能上均有严格要求。材料在满足功能、强度等设计和制造要求的同时，还应该质地均匀、性能稳定、内部和外部无宏观和微观缺陷。只有符合要求的被加工材料才能通过精密和超精密加工而到达预期精度。因此，研究可以实现精密、超精密加工的材料以及相关的材料处理技术显然也是精密和超精密加工得以应用所必须解决的一个关键问题。

### 3. 加工设备和工艺装备

毋庸置疑，高精度、高刚度、高稳定性和自动化的机床以及相应的刀具、夹具等工艺装备是精密和超精密加工得以实现的根本保证。具有相应精度的精密和超精密加工机床和设备是精密和超精密加工应首先考虑的问题。不少精密、超精密加工往往是从设计制作对应的精密和超精密机床及其所配置的高精度、高刚度的刀具、夹具、辅具等工艺装备开始的。

### 4. 检测和误差补偿

加工过程中，对工件及时准确地检测是精密和超精密加工高质开展的有力保证。超精密加工的顺利开展必须具备相应的检测技术，形成加工和检测一体化。目前超精密加工的检测有三种方式：离线检测、在位检测和在线检测。离线检测是指在加工完成后，将工件送到检验室去检测。在位检测是指工件在机床上加工完成后就地进行检测，若发现有问题则进行再加工。在线检测是在加工过程中进行实时同步检测，从而能够主动控制加工过程并实施动态误差补偿。在机床制造精度稳定在一定水平的基础上，针对其误差影响因素(如机床丝杠的螺距误差等)，利用误差补偿装置可以有效补偿机床自身的加工误差，提高加工精度。误差补偿是提高加工精度的重要措施。目前，高精度的尺寸、形状、位置精度可采用电子测微仪、电感测微仪、电容测微仪、自准直仪、激光干涉仪等来测量。表面粗糙度可用电感式、压电晶体式等表面形貌仪进行接触测量，可用光纤法、电容法、超声微波法、隧道显微镜法进行非接触测量，表面应力、表面微裂纹、表面变质层深度等缺陷可用光衍射法、激光干涉法、超声波法等来测量。

### 5. 工作环境

超精密加工只有在稳定的工作环境下才能达到预期的精度和表面质量要求，具体的工作环境要求如表3-2所示。综合地基于相应措施建立并维护工作环境，使其符合超精密加工

的要求，也是实现超精密加工必须考虑并解决的关键问题。

超精密加工机床必须置于洁净的超净室内才能充分发挥其优势。室内的洁净度以一立方英尺中 0.5μm 以上的灰尘的数量表示。作为超精密加工机床的工作环境应为 20000～3000 级以下。

环境振动的干扰不仅会引起机床本体的振动，更主要的是会引起切削刀具与被加工零件间的相对振动位移，后者将直接反映到被加工零件的精度和表面质量上。因此，超精密加工机床必须设置性能优异的隔振装置。目前国外超精密加工机床中，大多数采用以空气弹簧为隔振元件的隔振系统。

超精密加工机床的加工必须在恒温室内进行，加工过程中温度的变化，会造成机床运动精度下降，不能获得理想的加工精度。为了解决这一问题，通常从两个方面入手，一是选择合适的部件材料，超精密加工机床中使用的和候选的材料有氧化铝陶瓷、铸铁、钢、殷钢、花岗岩、树脂混凝土和零膨胀玻璃。

表 3-2　超精密加工环境要求

| 工作环境要求 | 衡量指标 | 实现措施 |
| --- | --- | --- |
| 恒温 | ±1～±0.01℃ | 恒温间，恒温罩 |
| 恒湿 | 相对湿度 35%～45%，波动±10%～±1% | 空气调节系统 |
| 清洁 | 10000～100 级 | 空气过滤器 |
| 隔振 | 消除内部振动，隔绝外部振动干扰 | 隔振地基、垫层，空气弹簧隔振器 |

# 3.4　高速加工技术

高速加工技术(High Speed Machining，HSM)作为先进制造技术中的重要组成部分，正成为切削加工的主流，具有强大的生命力和广阔的应用前景。高速加工的理念从 20 世纪 30 年代初提出以来，经过半个多世纪艰难的理论探索和研究，并随着高速切削机床技术和高速切削刀具技术的发展和进步，直至 20 世纪 80 年代后期进入工业化应用。目前在工业发达国家的航空航天、汽车、模具等制造业中应用广泛，取得了巨大的经济效益。

## 3.4.1　高速加工技术的概念

高速加工技术中的"高速"是一个相对的概念。对于不同的加工方法、工件材料与刀具材料，高速加工时应用的切削速度并不相同。如何定义高速切削加工，至今还没有统一的认识。目前沿用的高速加工定义主要有以下几种。

(1) 线速度 500～7000m/min 的切削加工为高速加工。

(2) 主轴转速高于 8000r/min 为高速切削加工。

(3) 高于 5～10 倍的普通切削速度的切削加工定义为高速切削加工。

(4) 以沿用多年的 DN 值(主轴轴承孔直径 D 与主轴最大转速 N 的乘积)来定义高速切削加工，DN 值达 105mm×(5～2000)r/min 为高速加工。

　　因此，高速加工不能简单地用某一具体的切削速度值来定义。根据不同的切削条件，具有不同的高速切削速度范围。虽然很难就高速加工给出明确定义，但从实际生产考虑，高速加工中的"高速"不仅是一个技术指标，还是一个经济指标，是一个可由此获得较大经济效益的高速加工。根据目前的实际情况和可能的发展，不同的工件材料的大致切削速度范围为：铝合金为 $1000\sim7000$m/min，铜合金为 $900\sim5000$m/min，钢为 $500\sim2000$m/min，铸铁为 $800\sim3000$m/min，钛合金为 $200\sim1000$m/min。

　　与常规切削加工相比较，高速加工速度几乎高出一个数量级，其切削机理也有所改变，有如下的切削特征。

　　切削力低。由于高速切削速度高，材料切削变形区内的剪切角大，切屑流出速度快，切削变形小，其切削力比常规切削降低 $30\%\sim90\%$，特别适合于薄壁类刚性较差的零件加工。

　　热变形小。切削时 $90\%$ 以上的切削热来不及传给工件就被高速流出的切屑带走，工件温度上升一般不超过 $3℃$，特别适合于细长易热变形零件及薄壁零件的加工。

　　材料切除率高。高速切削单位时间内的材料切除率可提高 $3\sim5$ 倍，特别适用于材料切除率要求较大的场合，如汽车、模具和航空航天等制造领域。

　　加工质量高。由于机床—工件—刀具工艺系统在高转速和高进给率条件下工作，加工激振频率远高于工艺系统的固有频率，加工过程平稳，切削振动小，可实现高精度、低表面粗糙度的高质量加工。

　　简化工艺流程。高速切削可直接加工淬硬材料，在很多情况下可完全省去电火花加工和人工打磨等耗时的光整加工工序，简化了工艺流程。

## 3.4.2　高速加工技术的应用现状

### 1. 高速加工在航空航天上的应用

　　减轻重量对于航空航天器有着极其重要的意义，在飞机制造中，为减轻零部件的重量，往往把过去由几十个甚至几百个零件通过铆接或焊接起来的组合构件，合并为一个带有大量薄壁和细筋的复杂零件，即"整体制造法"制造——从一块实心的整体毛坯中，切除和淘空 $85\%$ 以上的多余材料加工而成。由于切削余量大，如果采用普通方法加工，切削工时长，生产效率低，无法满足飞机产品研制周期的要求，采用高速加工来加工这类带有大量薄壁(见图 3-11)、细筋的复杂轻合金构件，材料切除率可高达 $100\sim180$cm/min，为常规加工的三倍以上，切削工时也被大大压缩；航空发动机大量使用镍基合金和钛合金。这些材料强度大、硬度高、耐冲击、加工过程中容易硬化、切削温度高、刀具磨损严重，极难加工。过去一般采用很低的切削用量，而高速切削切速可达 $100\sim1000$m/min，约为常规切速的十倍，且刀具磨损更低，被加工零件的表面质量更高。

### 2. 高速加工在汽车摩托车工业上的应用

　　汽车、摩托车制造厂一向是大批大量的生产企业，长期以来采用由多轴、组合机床组成的刚性自动线进行高效自动化生产，但缺乏柔性，不能适应产品升级换代的要求。近十年来新建的汽车、摩托车生产线，多采用多台加工中心和数控机床组成的柔性生产线，它能适应产品不断更新的要求，但由于是单轴顺序加工，生产效率没有多轴、并行加工的组合机床自动线高。"高柔性"和"高效率"之间的矛盾一直是汽车、摩托车工业的大难题。

图 3-11　高速加工薄壁样件(厚度 0.1mm)

高速加工技术的出现，为这个矛盾的解决指出了一条根本的出路，办法就是采用高速加工中心和其他高速数控机床来组成高速柔性生产线。这种生产线集"高柔性"与"高效率"于一身，既能满足产品不断更新换代的要求，做到一次投资、长期受益，又有接近于组合机床刚性自动线的生产效率，实现了多品种、中小批量的高效生产。

美国福特汽车公司和 Ingersoll 机床公司合作，寻求能兼顾柔性和效率的汽车生产线方案。经过多年努力，研制成 HVM800 型卧式加工中心，同时采用高速电主轴和直线电机，主轴最高转速为 24000r/min，工作台最大进给达 76.2m/min，即不到 1s 工作台可跑 1m，瞬间完成一个工作行程，达到惊人的高速。用这种高速加工中心组成的柔性生产线加工汽车发动机零件，其生产率与组合机床自动线相当，但建线投入要少 40%。换产的准备时间也快得多，主要工作是编制软件，而不是大量制造工装夹具，现已成为一条名符其实的敏捷制造生产线。我国汽车工业近年来也开始用高速加工中心组成柔性生产线取代组合机床刚性自动线。

### 3. 高速加工在模具工业上的应用

模具大多由高硬度、耐磨损的合金材料经过热处理来制造，以往广泛采用电火花(EDM)加工成形，而电火花是一种靠放电烧蚀的微切屑加工方式，生产效率极低。用高速铣削代替电加工能加快模具开发速度、提高模具制造质量。用高速铣削加工模具，不仅可用高转速、大进给，而且粗、精加工一次完成，极大地提高了模具的生产效率。采用高速切削加工淬硬钢模具，硬度可达 HRC60 以上，表面粗糙度 $R_a0.6\mu m$，达到了磨削的水平，效率比电加工高出好几倍。模具型腔一般采用小直径的球头铣刀进行高速硬铣削，机床的最高主轴转速高达 20000～40000r/min。但进给速度不要求特别高，一般进给速度 30m/min 即可。

此外，高速加工还可用于快速成形、光学精密零件和仪器仪表的高速加工等。

## 3.4.3　高速切削加工的关键技术

高速加工技术经过半个多世纪的发展，目前的主要研究领域包括高性能刀具材料及刀具设计制造技术、高速主轴系统、高速进给系统、高速 CNC 控制系统、高速刀柄系统、高速切削加工理论、高速切削加工工艺、高速机床结构设计等。

高速切削对刀具的材料、镀层、几何形状等提出了很高的要求。高速加工切削刀具的材料必须具有很高的高温硬度和耐磨性，必要的抗弯强度、冲击韧性和化学惰性，良好的工艺性(刀具毛坯制造、磨削和焊接性等)，且不易变形。目前国内外性能好的刀具主要是超硬材料刀具，包括金刚石刀具、聚晶立方氮化硼刀具、陶瓷刀具、TiC(N)基硬质合金刀具(金属陶瓷)、涂层刀具和超细晶粒硬质合金刀具等，如图 3-12 所示。

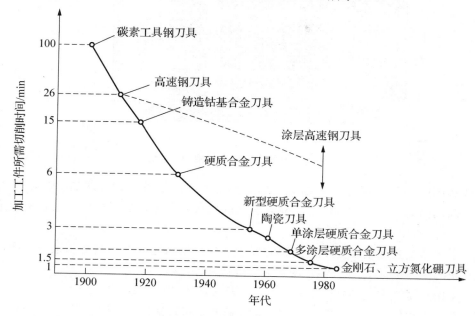

图 3-12　刀具材料的发展与切削高速化的关系

目前工业上使用的金刚石刀具根据成分结构和制备方法的不同可分为三种：①天然金刚石 ND(Natural Diamond)；②人造聚晶金刚石 PCD(Artificial Polycrystalline Diamond) 和复合片 PDC(Polycrystalline Diamond Compact)；③化学气相沉积涂层金刚石 CVD 刀具(Chemical Vapor Deposition Diamond Coated Tools)。

高速主轴系统是高速切削技术最关键的技术之一。高速主轴由于转速极高，主轴零件在离心力的作用下产生振动和变形，高速运转摩擦热和大功率内装电机产生的热会引起热变形和高温，所以必须严格控制，为此要求主轴结构紧凑、重量轻、惯性小、可避免振动和噪声，具有良好的启停性能；具有足够的刚性和回转精度；具有良好的热稳定性；能够输出大功率；具备先进的润滑和冷却系统；具有可靠的主轴监控系统。

高速主轴为满足上述性能要求，结构上几乎全部是交流伺服电机直接驱动的"内装电机"集成化结构，采用集成化主轴结构，由于减少了传动部件，具有更高的可靠性。高速主轴要求在极短的时间内实现升降速，在指定的区域内实现快速准停，这就要求主轴具有很高的角加速度。为此，将主轴电机和主轴合二为一，制成电机主轴，实现无中间环节的直接传动，是高速主轴单元的理想结构。

轴承是决定主轴寿命和负荷的关键部件。为了适应高速切削加工，高速切削机床采用了先进的主轴轴承、润滑和散热等新技术。目前高速主轴主要采用陶瓷轴承、磁悬浮轴承、空气轴承和液体动、静压轴承等。如图 3-13 所示为一种陶瓷轴承的高速主轴。

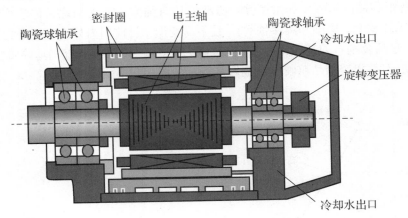

陶瓷球轴承　密封圈　电主轴　陶瓷球轴承　冷却水出口　旋转变压器　冷却水出口

图 3-13　一种陶瓷电主轴结构示意图

高速切削时，为了保持刀具每次进给量基本不变，随着主轴转速的提高，进给速度也必须大幅度提高。为了适应进给运动高速化的要求，在高速加工机床上主要采取了如下措施。

(1) 采用新型直线滚动导轨，其中的球轴承和与钢轨之间的接触面积很小，摩擦系数为槽式导轨的 1/20 左右，并且爬行现象大大降低。

(2) 采用小螺距大尺寸高质量滚珠丝杠或粗螺距多头滚珠丝杠。

(3) 高速进给伺服系统已发展为数字化、智能化和软件化，使伺服系统与 CNC 系统在 A/D 与 D/A 转换中不会有丢失和延迟现象。

(4) 为了尽量减轻工作台重量但又不损失工作台的刚度，高速进给机构通常采用碳纤维增强复合材料。

(5) 直线电机消除了机械传动系统的间隙、弹性变形等问题，减小了传动摩擦力，几乎没有反向间隙，并且具有高加速、高减速特性。

数控高速切削加工要求 CNC 控制系统具有快速数据处理能力和高的功能化特性，以保证在高速切削时特别是在 4～5 轴坐标联动加工复杂曲面时仍具有良好的加工性能。高速 CNC 数控系统的数据处理功能有两个重要指标：一是单个程序段处理时间，为了适应高速，要求单个程序段处理时间要短，因此，需使用 32 位 CPU、64 位 CPU，并采用多处理器；二是插补精度，为了确保高速下的插补精度，要有前馈和大数超前程序段预处理功能，此外，还可采用 NURBS(非均匀有理 B 样条)插补、回冲加速、平滑插补、钟形加减速等轮廓控制技术。高速切削加工 CNC 系统的功能包括：加减速插补、前馈控制、精确矢量插补、最佳拐角减速度。

传统的加工中心的主轴和刀具的连接大多采用 7∶24 锥度的单面夹紧刀柄系统。高速切削加工在此类系统出现包括刚性不足、自动换刀重负精度不稳定、受离心力作用影响较大，刀柄锥度大，不利于快速换刀和机床的小型化等问题。针对这些问题，为提高刀具与机床主轴的连接刚性和装夹精度，适应高速切削技术的发展需要，相继开发了刀柄与主轴内孔锥面和断面同时贴紧的两面定位的刀柄。两面定位的刀柄主要有两大类：一类是对现有的 7：24 锥度刀柄进行的改进性设计，另一类是采用新思路设计的 1：10 中空短锥刀柄系统，有德国开发的 HSK、美国开发的 KM 和日本开发的 NC5 等几种形式。如图 3-14 所示为 HSK 刀柄与传统刀柄的结构。

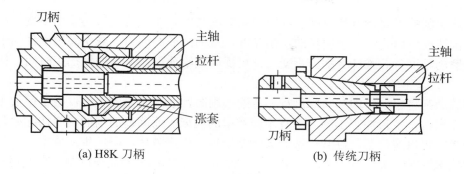

(a) H8K 刀柄　　　　　　　　　　　　　　(b) 传统刀柄

图 3-14　HSK 刀柄与传统刀柄结构

与传统的切削加工相比，高速切削加工的切屑形成、切削力学、切削热与切削温度和刀具磨损与破损有其不同的规律与特征。工件材料及其性能和切削速度对切屑形态起决定性作用。研究表明，切削速度直接影响切削力的大小。在高速切削范围内，随着切削速度的增加，切削温度增高，摩擦系数减小，剪切角增大，切削力降低。切削时产生的热量主要流入刀具和被切屑带走。随着切削温度的增加，切屑带走的热量增加。在高速切削范围内，根据切削力和切削温度的变化特征，在刀具和机床条件许可的情况下，尽可能地提高切削速度是有利的。在高速切削时，刀具的损坏形式主要是磨损和破损。磨损的主要机理是黏结磨损和化学磨损(氧化、扩散和溶解)。而脆性大的刀具切削高硬材料时，常是在切削力和切削热的综合作用下造成的崩刃、剥落和碎断形式的破损。

目前国内的高速切削加工工艺的研究主要集中在薄壁类零件或模具的加工工艺研究，基于三维软件仿真的零件切削轨迹研究以及深小孔电火花高速加工的研究上。此外还有干切(指不使用冷却液的切削技术)与准干切加工技术的研究。准干切多指"最小量润滑技术"(Minimal Quantity Lubrication，MQL)，此法将压缩空气与少量润滑液混合汽化后，喷射到加工区，进行有效润滑，可大大减小刀具－工件及刀具－切屑之间的摩擦，起到抑制温升、降低刀具磨损、避免粘接、提高加工表面质量的作用。目前主要采用的方法有"红月牙"技术，将切削热推向工件，形成赤热，进行干切。高速切削铝合金，切屑与刀具前刀面接触处产生局部熔化，形成一层液态薄膜，使切屑容易剥离，并避免了积屑瘤。

高速切削加工时，虽然切削力一般比普通加工时低，但因高加速和高减速产生的惯性力、不平衡力等很大，因此机床床身等大件必须具有足够的强度和刚度，高的结构刚性和高水平的阻尼特性，使机床的激振力迅速衰减。因此，需合理设计其截面形状、合理布置筋板结构以提高静刚度和抗震性；对于床身基体等支撑部件采用非金属环氧树脂、人造花岗石、特种钢筋混凝土或热膨胀系数比灰铸铁低 1/3 的高镍铸铁等材料制作；大件截面采用特殊的轻质结构；尽可能采用整体铸造结构。

对于诸如刀架、升降台、工作台等运动支撑部件，设计时必须想方设法大幅度减轻其重量，保证移动部件高的速度和高的加速度。可以采用钛合金和纤维增强塑料等新型轻质

材料制造托板和工作台，采用有限元法优化机床移动部件几何形状和尺寸参数等。

## 3.4.4 高速磨削加工的关键技术

高速磨削的主要特点是提高磨削效率和磨削精度。在保持材料切除率不变的前提下，提高磨削速度可以降低单个磨粒的切削厚度，从而降低磨削力，减小磨削工件的形变，易于保证磨削精度；若维持磨削力不变，则可提高进给速度，从而缩短加工时间，提高生产效率。

高速磨削将粗、精加工一同进行。普通磨削时，磨削余量较小，仅用于精加工，磨削工序前需安排许多粗加工工序，配有不同类型的机床。而高速磨削的材料切除率与车削、铣削相当，可以磨代车、以磨代铣，大幅度地提高生产效率，降低生产成本。近年来，高速磨削技术发展较快，现已实现在实验室条件下达到 500m/s 的高速磨削。高速磨削涉及的主要关键技术有如下几个方面。

### 1. 高速主轴

高速磨削对砂轮主轴的要求与高速铣削基本类似，其不同之处在于砂轮直径一般大于铣刀直径，以及砂轮组织结构的不规则性，任何微小的不平衡量均会引起较大的离心力，进而加剧磨削的振动。因此，要求在更换砂轮或者修整砂轮之后，必须对砂轮主轴及时进行动态平衡。所以，高速磨削主轴必须配备自动在线动平衡系统，以将磨削振动降低到最小程度。例如，采用机电式自动动平衡系统，整个系统内置于磨头主轴内，包含有两个电子驱动元件以及两个可在轴上做相对转动的平衡重块。机床检测系统自动检测主轴的工作状态，若主轴振动幅值超过给定的阈值时，便起动自动动平衡系统，按照检测到的不平衡相位自动驱动两平衡块做相对转动，以消除不平衡量，从而达到平衡的目的。这种平衡装置的精度很高，平衡后的主轴残余振动幅值可控制在 $0.1\sim1\mu m$，系统平衡块在断电后仍保持在原有位置，停机重新起动后主轴的平衡状态不会发生变化。

高速磨削时，磨头主轴的功率损失较大，且随转速的提高呈超线性增长。例如，当磨削速度由 80m/s 提高到 180m/s 时，主轴的无效功耗从不到 20% 迅速增至 90% 以上，其中包括空载功耗、冷却液摩擦功耗、冷却冲洗功耗等，其中冷却润滑液所引起的损耗所占比例最大，其原因是提高磨削速度后砂轮与冷却液之间的摩擦急剧加大，将冷却液加速到更高的速度需要消耗大量的能量。因此，在实际生产中，高速磨削速度一般为 100～200m/s。

高速磨床除具有普通磨床的一般功能外，还须具有高动态精度、高阻尼、高抗震性和热稳定性等结构特征。如图 3-15 所示是德国 JUNG 公司生产的高速平面磨床，最高磨削速度为 125m/s，工作台由直线电动机驱动，往复运动速度为 1000dst/min，是普通磨床的 10倍以上。由于该磨床往复频率高，每次往复的磨削量较小，致使磨削力减小，有利于控制工件的尺寸精度，特别适合于高精度薄壁工件的磨削加工。

### 2. 高速磨削砂轮

高速磨削砂轮必须满足：①砂轮基体的机械强度能够承受高速磨削时的磨削力；②磨粒突出高度大，以便能够容纳大量的长切屑；③结合剂具有很高的耐磨性，以减少砂轮的磨损；④磨削安全可靠。

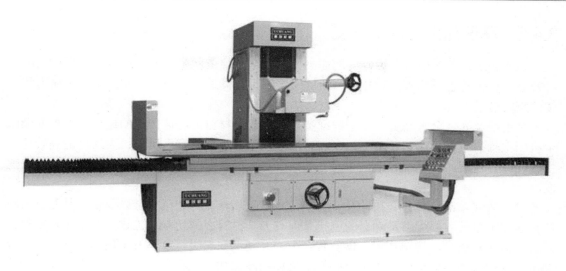

图 3-15　高速平面磨床

高速磨削砂轮的基体设计必须考虑高转速时离心力的作用，并根据应用场合进行优化。某型经优化后的砂轮基体外形，其腹板为变截面的等力矩体，基体中心没有大的安装法兰孔，而是用多个小安装螺孔代替，以充分降低基体在法兰孔附近的应力。

高速磨削砂轮的磨粒主要为 CAN 和金刚石，所用的结合剂有多孔陶瓷和电镀镍。电镀结合砂轮是高速磨削时最为广泛采用的一种砂轮，砂轮表面只有一层磨粒，其厚度接近磨粒的平均粒度，制造时通过电镀的方式将磨粒粘在基体上，磨粒的突出高度很大，能够容纳大量切屑，而且不易形成钝刃切削，所以这种砂轮十分有利于高速磨削，且单层磨粒的电镀砂轮的生产成本较低。

除电镀结合砂轮外，多孔陶瓷结合剂砂轮也常在高速磨削时使用。这种结合剂为纯粹的人造材料，其主要成分是再结晶玻璃。由于具有很高的强度，所以制造砂轮时结合剂用量很少，从而减少了结合剂在砂轮中所占的容积比例。使用这种新型合成结合剂制造 CAN 砂轮时，所需炉温比常规砂轮低，可保证不影响 CBN 砂轮的强度和硬度。

冷却润滑液的功能是提高磨削的材料切除率、延长砂轮的使用寿命、降低工件表面粗糙度值。在磨削过程中，冷却润滑液需完成润滑、冷却、清洗砂轮和传送切屑的任务，因而它必须具有较高的热容量和热导率，能够承受较高的压力，具有良好的过滤性能、防腐性能和附着力，具有较高的稳定性，有利于环境保护。

冷却润滑液出口流速对高速磨削的效果有很大的影响。当冷却润滑液出口速度接近砂轮圆周速度时，此时的液流束与砂轮的相对速度接近于零，液流束贴附在砂轮圆周上流动，约占圆周的 1/12，就砂轮的冷却与润滑而言，此时的效果最好，而砂轮清洗效果却很小。为了能够冲走残留在砂轮结合剂孔穴中的切屑，冷却润滑液的出口速度必须大于砂轮的圆周速度。若砂轮的容屑空间得不到清洗，在磨削过程中极易堵塞，将会导致磨粒发热磨损，烧伤工件，增加磨削力。

### 3.4.5　高速加工技术的展望

高速加工技术不但可以大幅度地提高加工效率、加工质量、降低成本，获得巨大的经济效益，还带动了一系列高新技术产业的发展。因此高速切削技术具有强大的生命力和广阔的应用前景。

对于铝及其合金等轻金属和碳纤维塑料等非金属材料，高速加工的速度目前主要受限于机床主轴的最高转速和功率。故在高速加工机床领域，具有小质量、大功率的高转速电主轴、高加速度的快速直线电机和高速高精度的数控系统的新型加工中心将会进一步快速发展。

对于铸铁、钢及其合金和钛及钛合金、高温耐热合金等超级合金以及金属基复合材料的高速加工目前主要受刀具寿命的困扰。现有刀具材料高速切削加工这些类型工件材料的刀具寿命相对较短，特别是加工钢及其合金、淬硬钢和超级合金以及金属基复合材料比较突出，人们希望可能达到的加工这些类型材料的高速加工在实际中还远远没有实现，解决这些问题的关键是刀具材料的发展。

在高速切削加工理论方面，尽管国内外进行了大量卓有成效的研究，取得了丰硕且有价值的成果，但在发展中还有很多理论问题。如高速加工中不同刀具材料与工件材料相匹配时，最高切削温度及其相应的切削速度与刀具寿命之间的关系；高速切削加工过程中，包括机床、刀具、工件和夹具在内的切削加工系统的切削稳定性对刀具寿命的影响；对于不同工件及其毛坯状态，如何正确选择高速切削加工条件等都需要深入研究。

无人干预的高速加工技术也是高速加工发展的一个方面。在国外，大量的飞机结构件采用了卧式加工中心进行高速加工，加工过程不需要人工干预，装夹定位过程简单快捷，加工效率高，实现了高度的信息化和自动化。其主要体现在：①普遍应用高速无人干预加工技术；②实现快速装夹、托盘交换等无间歇加工过程，提高效率；③集成化信息管理程度高，配套主轴测头、集中刀库、安全防护、铝屑处理系统；④采用自动测刀、芯片读写的方式进行刀具参数、刀具寿命管理。

# 3.5　增材制造技术

## 3.5.1　增材制造技术概述

"3D 打印"(3D Printing)的专业术语是"增材制造"(Additive Manufacturing，AM)。其技术内涵是通过数字化增加材料的方式实现结构件的制造，基于离散—堆积原理，采用材料逐渐累加的方法制造实体零件的技术，相对于传统的材料去除—切削加工技术，是一种"自下而上"的制造方法。制造技术原理的革命性突破使它形成了最能代表信息化时代特征的制造技术，即以信息技术为支撑，以柔性化的产品制造方式最大限度地满足无限丰富的个性化需求。图 3-16 所示为工业化的 LSF-V 大型激光立体成形装备。图 3-17 所示为美国对增材制造技术产值的预测。

图 3-16　工业化的 LSF-V 大型激光立体成形装备

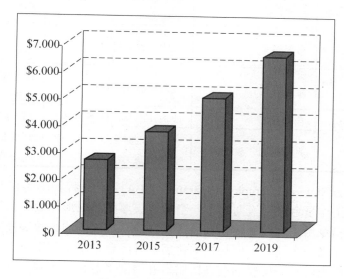

图 3-17　增材制造预期产值

## 3.5.2　增材制造技术分类

材料焊接学家关桥院士提出了"广义"和"狭义"增材制造的概念，"狭义"的增材制造是指不同的能量源与 CAD/CAM 技术结合、分层累加材料的技术体系；而"广义"的增材制造则以材料累加为基本特征，以直接制造零件为目标的大范畴技术群。如果按照加工材料的类型和方式分类，增材制造又可以分为金属成形、非金属成形、生物材料成形等。

## 3.5.3　增材制造的主要工艺方法

自 20 世纪 80 年代美国 3D Systems 公司发明第一台商用光固化增材制造成形机以来，出现了 20 多种增材制造工艺方法，表 3-3 所示列举了运用较广泛的几种制造工艺。例如，早期用于快速原型制造的成熟工艺有光敏液相固化法、叠层实体制造法、选区激光烧结法、熔丝沉积成形法等。近年来，增材制造又出现了不少面向金属零件直接成形的工艺方法以及经济普及型三维打印工艺方法。

表 3-3　增材制造工艺方法

| 名　称 | 适用材料 | 特　征 | 运　用 |
| --- | --- | --- | --- |
| 光固化成形(SLA) | 液态树脂 | 精度高；表面质量好 | 航空航天、生物医学等 |
| 激光选区烧结(SLS) | 高分子、金属、陶瓷、砂等粉末材料 | 成形材料广泛、应用范围广等 | 制作复杂铸件用熔模或砂芯等 |
| 激光选区熔化(SLM) | 金属或合金粉末 | 可直接制造高性能复杂的金属零件 | 用于航空航天、珠宝首饰、模具等 |
| 熔融沉积制造(FDM) | 低熔点丝状材料 | 零件强度高、系统成本低 | 汽车、工艺品等 |
| 激光近净成形(LNSF) | 金属粉末 | 成形效率高、可直接成形金属零件 | 航空领域 |
| 电子束选区熔化(EBSM) | 金属粉末 | 可成形难熔材料 | 航空航天、医疗、石油化工等 |
| 电子束熔丝沉积(EBFFF) | 金属丝材 | 成形速度快、精度不高 | 航空航天高附加值产品制造 |
| 分层实体制造(LOM) | 片材 | 成形速率高、性能不高 | 用于新产品外形验证 |
| 立体喷印(3DP) | 光敏树脂、黏接剂 | 喷黏接剂时强度不高、喷头易堵塞 | 制造业、医学、建筑业等的原型验证 |

光固化成形法(Stereolithography Apparatus，SLA)工艺过程如图 3-18 所示，液槽内盛有液态光敏树脂，工作平台位于液面之下一个切片层厚度。成形作业时，聚焦后的紫外光束在液面按计算机指令由点到线、由线到面逐点扫描，扫描到的光敏液被固化，未被扫描的仍然是液态树脂。当一个切片层面扫描固化后，升降台带动工作平台下降一个层片厚度距离，在固化后层面土浇注一层新的液态树脂，并用刮平器将树脂刮平，再次进行下一层片的扫描固化，新固化的层片牢固地黏接在上一层片上，如此重复直至整个三维实体零件制作完毕。光固化成形法是最早出现的增材制造工艺，其特点是成形精度好，材料利用率高，可达±0.1mm 制造精度，适宜制造形状复杂、特别精细的树脂零件。不足之处是材料昂贵，制造过程中需要设计支撑，加工环境有气味等问题。

叠层实体制造法(Laminated Object Manufacturing，LOM)是单面带胶的纸材或箔材通过相互黏结形成的。单面涂有热熔胶的纸卷套在供纸辊上，并跨越工作台面缠绕在由伺服电动机驱动的收纸辊上。成形作业时，工作台上升至与纸材接触，热压辊沿纸面滚压，加热纸材背面热熔胶，使纸材底面与工作台面上前一层纸材黏合。激光束沿零件二维切片轮廓进行切割，并将轮廓外废纸余料切割出方形小格以便成形后剥离。每切割完一个截面层，工作台连同被切出的轮廓层自动下降一个纸材厚度，重复下一次工作循环，直至形成由一层层纸质切片黏叠的立体纸质原型零件。成形完成后剥离无用废纸，即可得到性能似硬木或塑料的"纸质产品"。LOM 工艺具有成形速度快、成形材料便宜、无相变、无热应力、形状和尺寸精度稳定的特点。然而，由于 LOM 法有成形后废料剥离费时、取材范围较窄且层厚不可调整等缺点，因而发展较慢。

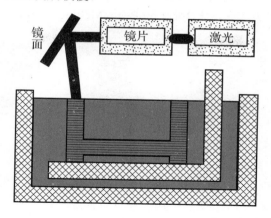

图 3-18　SLA 工艺原理图

　　选区激光烧结法(Selective Laser Sintering，SLS)是应用高能量激光束将粉末材料逐层烧结成形的一种工艺方法。如图 3-19 所示，在一个充满惰性气体的密闭室内，先将很薄的一层粉末沉积到成形桶底板上，调整好激光束强度正好能烧结一个切片高度的粉末材料，然后按切片截面数据控制激光束的运动轨迹，对粉末材料进行扫描烧结。这样，激光束按照给定的路径扫描移动后就能将所经过区域的粉末进行烧结，从而生成零件实体的一个个切片层，每一层都是在前一层的顶部进行，这样所烧结的当前层就能够与前一层牢固地黏接，通过层层叠加，去除未烧结粉末，即可得到最终的三维零件实体。SLS 工艺的特点是成形材料广泛，理论上只要将材料制成粉末即可成形。此外，SLS 不需要支撑材料，由粉床充当自然支撑，可成形悬臂、内空等其他工艺难成形的结构。但是 SLS 工艺需要激光器，设备成本较高。图 3-20 所示为采用 SLS 制造出的零件。

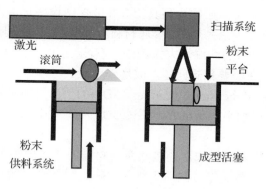

图 3-19　SLS 工艺原理图

　　熔丝沉积成形法(Fused DepositionModeling，FDM)使用一个外观很像二维平面绘图仪的装置，用一个挤压头代替绘图仪的笔头，通过挤出一束非常细的热熔塑料丝来成形。FDM 也是从底层开始，一层层堆积，完成一个三维实体的成形过程。FDM 工艺无须激光系统，设备组成简单，其成本及运行费用较低，易于推广但需要支撑材料，此外成形材料的限制较大。目前，真正直接制造金属零件的增材制造技术有基于同轴送粉的激光近形制造

(Laser Engineering Net Shaping，LENS)、基于粉末床的选择性激光熔化(Selective Laser Melting，SLM)以及电子束熔化技术(Electron Beam Melting，EBM)等。

图 3-20　SLS 制造出的零件

LENS 不同于 SLS 工艺，不采用铺粉烧结，而是采用与激光束同轴的喷粉送料方法，将金属粉末送入激光束产生的熔池中熔化，通过数控工作台的移动逐点逐线地进行激光熔覆，以获得一个熔覆截面层，通过逐层熔覆最终得到一个二维的金属零件。这种在惰性气体保护之下，通过激光束熔化喷嘴输送的金属液流，逐层熔覆堆积得到的金属制件，其组织致密，具有明显的快速熔凝特征，力学性能很高，达到甚至超过锻件性能。目前，LENS 工艺已制造出铝合金、铁合金、钨合金等半精化的毛坯。然而，该工艺难以形成复杂和精细的结构，粉末材料利用率偏低，主要用于毛坯成形。

SLM 工艺是利用高能束激光熔化预先铺设在粉床上的薄层粉末，逐层熔化堆积成形。该工艺过程与 SLS 类似，不同点是前者金属粉末在成形过程中发生完全冶金熔化，而后者仅为烧结，并非完全熔化。为了保证金属粉末材料的快速熔化，SLM 采用较高功率密度的激光器，光斑聚焦到几十微米到几百微米。成形的金属零件接近全致密，强度达到锻件水平。与 LENS 技术相比，SLM 成形精度较高，可达 0.1mm～100mm，适合制造尺寸较小、结构形状复杂的零件。但该工艺成形效率较低，可重复性及可靠性有待进一步优化。

EBM 与 SLM 工艺成形原理基本相似，主要差别在于热源不同，前者为电子束，后者为激光束。EBM 技术的成形室必须为高真空，才能保证设备正常工作，这使 EBM 系统复杂度增大。由于 EBM 以电子束为热源，金属材料对其几乎没有反射，能量吸收率大幅提高。在真空环境下，熔化后材料的润湿性大大增强，熔池之间、层与层之间的冶金结合强度加大。但是，EBM 技术存在需要预热问题，成形效率低。

三维打印技术(Three-dimensional Printing，3DP)的工作原理类似于喷墨打印机，其核心部分为打印系统，由若干细小喷嘴组成。不过 3DP 喷嘴喷出的不是墨水，而是黏结剂、液态光敏树脂、熔融塑料等。

黏接型 3DP 采用粉末材料成形通过喷头在材料粉末表面喷射出的黏结剂进行黏结成形，打印出零件的一个个截面层，然后工作台下降，铺下一层新粉，再由喷嘴在零件新截面层按形状要求喷射黏结剂，不仅使这新截面层内的粉末相互黏结，同时还与上一层零件实体黏结，如此反复直至制件成形完毕。

光敏固化型 3DP 工艺的打印头喷出的是液态光敏树脂，利用紫外光对其进行固化。类似于行式打印机，打印头沿导轨移动，根据当前切片层的轮廓信息精确、迅速地喷射出一层极薄的光敏树脂，同时使用喷头架上的紫外光照射使当前截面层快速固化。每打印完一层，升降工作台精确下降一层高度，再次进行下一层打印，直至成形结束。

熔融涂覆型 3DP 工艺即为熔丝沉积成形工艺。成形材料为热塑性材料，包括蜡、ABS、尼龙等，以丝材供料，丝料在喷头内被加热熔化。喷头按零件截面轮廓填充涂覆，熔融材料迅速凝固，并与周围材料凝结。

三维打印工艺无须激光器，体积小，结构紧凑，可用作桌面办公系统，特别适合于快速制作三维模型、复制复杂工艺品等应用场合。但是，3DP 成形的零件大多需要进行后处理，以增加零件强度，难以成形的高性能的功能零件。

## 3.5.4　增材制造技术的关键技术

### 1. 材料单元的控制技术

如何控制材料单元在堆积过程中的物理与化学变化是一个难点。例如金属直接成形中，激光熔化的微小熔池的尺寸和外界气氛控制直接影响制造精度和制件性能。

### 2. 设备的再涂层技术

增材制造的自动化涂层是材料累加的必要工序，再涂层的工艺方法直接决定了零件在累加方向上的精度和质量。分层厚度向 0.01mm 发展，控制更小的层厚及其稳定性是提高制件精度和降低表面粗糙度的关键。

### 3. 高效制造技术

增材制造在向大尺寸构件制造技术方向发展。例如金属激光直接制造飞机上的钛合金框结构件，框结构件长度可达 6m，制作时间长，如何实现多激光束同步制造，提高制造效率，保证同步增材组织之间的一致性和制造结合区域质量是发展的难点。此外，为提高效率，增材制造与传统切削制造相结合，发展材料累加制造与材料去除制造复合制造技术方法也是发展的方向和关键技术。

## 3.5.5　增材制造的发展方向

向日常消费品制造方向发展。三维打印技术是国外近年来的发展热点。将三维打印机作为计算机一个外部输出设备，直接将计算机中的三维图形输出为三维的塑料零件，在工业造型、产品创意、工艺美术等领域有着广阔的应用前景和巨大的商业价值。

向功能零件制造发展。向功能零件制造方向的发展包括复杂零件的精密铸造技术应用及金属零件直接制造方向发展，制造大尺寸航空零部件。图 3-21 所示为采用增材制造的涡轮叶片。采用激光或电子束直接熔化金属粉，逐层堆积金属，形成金属直接成形技术。该技术可以直接制造复杂结构的金属功能零件，制件力学性能可以达到锻件性能指标。进一步的发展方向是陶瓷零件的快速成形技术和复合材料的快速成形技术。

向组织与结构一体化制造发展。实现从微观组织到宏观结构的可控制造。未来需要解决的关键技术包括精度控制技术、大尺寸构件高效制造技术、复合材料零件制造技术。AM 技术的发展将有力地提高航空制造的创新能力，支撑我国由制造大国向制造强国发展。例如在制造复合材料时，将复合材料组织设计制造与外形结构设计制造同步完成，从而实现结构体的"设计—材料—制造"一体化。美国已经开展了梯度材料结构的人工关节，以及陶瓷涡轮。

图 3-21　增材制造的涡轮叶片

### 3.5.6　增材技术的局限性

增材制造技术以其制造原理的优势成为具有巨大发展潜力的制造技术。然而，就目前技术而言还存在如下的局限。

生产效率的局限。增材制造技术虽然不受形状复杂程度的限制，但由于采用分层堆积成形的工艺方法，与传统批量生产工艺相比，成形效率较低，例如目前金属材料成形效率为 100～3000g/h，致使生产成本过高(10～100 元/g)。

制造精度的局限。与传统的切削加工技术相比，增材制造技术无论是尺寸精度还是表面质量上都还有较大差距，目前精度仅能控制在±0.1mm 左右。

材料范围的局限。目前可用于增材制造的材料不超过 100 种，而在工业实际应用中的工程材料可能已经超过了 10000 种，且增材制造材料的物理性能尚有待于提高。

增材制造技术在迈向低成本、高精度、多材料方面还有很长的路要走。但可坚信，增材制造利用制造原理上的巨大优势，与传统制造技术进行优选、集成，与产品创新相结合，必将获得更加广泛的工业应用。

# 3.6　微纳制造技术

### 3.6.1　微纳制造技术概述

微纳制造技术指尺度为毫米、微米和纳米量级零件，以及由这些零件构成的部件或系统的优化设计、加工、组装、系统集成与应用技术。微纳制造主要研究特征尺寸在微米、纳米范围的功能结构、器件与系统设计制造中的科学问题，研究内容涉及微纳器件与系统的设计、加工、测试、封装与装备等，是开展高水平微米纳米技术研究的基础，是制造微传感器、执行器、微结构和功能微纳系统的基本手段和基础。微纳制造以批量化制造，结构尺寸跨越纳米至毫米级，包括三维和准三维可动结构加工为特征，解决尺寸跨度大、批量化制造和个性化制造交叉、平面结构和立体结构共存、加工材料多种多样等问题，突出特点是通过批量制造降低生产成本，提高产品的一致性、可靠性。

微纳制造包括微制造和纳制造。微制造主要指 MEMS 微加工和机械微加工的制造。

MEMS 微加工是由微电子技术发展起来的批量微加工技术，主要有硅微加工技术和非硅微加工技术，包括硅干法深刻蚀技术、硅表面微加工技术、硅湿法各向异性刻蚀技术、键合技术、LIGA 技术、UV-LIGA 技术及其封装技术等。MEMS 加工材料以硅、金属和塑料等材料的二维或者准三维加工为主。其特点是以微电子及其相关技术为核心技术，批量制造，易于与电子电路集成。机械微加工是指采用机械加工、特种加工技术、成形技术等传统加工技术形成的微加工技术，加工材料不受限制，可加工真三维曲面。其微加工工艺包括：微细磨削、微细车削、微细铣削、微细钻削、微冲压、微成形等。纳制造是构建适用于跨尺度(Micro/ Macro)集成的、可提供具有特定功能的产品和服务的纳米尺度维度(一维、二维和三维)的结构、特征、器件和系统的制造。它包括纳米压印、离子束直写刻蚀、电子束直写刻蚀、自组装等自上而下和自下而上两种制造过程。

　　微纳制造涉及材料、设计、加工、封装、测试等方面的科技问题，形成了如图 3-22 所示的技术体系。

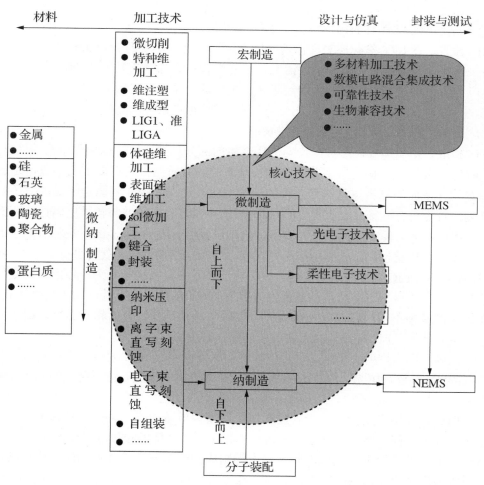

图 3-22　微纳制造技术体系结构图

## 3.6.2 微纳制造工艺

机械微加工技术主要针对特征尺寸在 $1×10^{-5}$~10mm 范围的微小零件的制造，是用小机床加工小零件，具有体积小、能耗低、生产灵活、效率高等特点，是加工非硅材料(如金属、陶瓷等)微小零件的最有效加工方法。机械微加工除了微切削加工外，还可采用精微特种加工技术来实现，比如电火花加工工艺、微模具压制工艺。

光刻工艺技术。光刻加工又称为照相平板印刷，是加工制作半导体结构及集成电路微图形结构的关键工艺技术，是微细制造领域应用较早并仍被广泛采用的一类微制造技术。光刻加工原理与印刷技术中的照相制版类似，在硅(Si)半导体基体材料上涂覆光致抗蚀剂，然后利用紫外光束等通过掩膜对光致抗蚀剂层进行曝光，经显影后在抗蚀剂层获得与掩膜图形相同的极微细的几何图形，再经刻蚀等方法，便在 Si 基材上制造出微型结构。典型的光刻加工工艺过程如下。

(1) 氧化，使 Si 晶片表面形成一层 $SiO_2$ 氧化层。

(2) 涂胶，在 $SiO_2$ 氧化层表面涂覆一层光致抗蚀剂，厚度为 1~5μm。

(3) 曝光，将掩膜置于抗蚀剂层面上，然后用紫外线等方法对抗蚀剂曝光。

(4) 显影，通过显影液溶解去除经曝光的抗蚀剂，显现加工图形。

(5) 刻蚀，利用化学或物理方法，将没有光致抗蚀剂部分的 $SiO_2$ 腐蚀掉。

(6) 去胶，刻蚀结束后，去除光致抗蚀剂。

(7) 扩散，根据需要，可进一步向需要杂质的部分扩散杂质，以增强微构件性能。

牺牲层工艺技术。牺牲层工艺是制作各种微腔和微桥结构的重要工艺手段，是通过腐蚀去除结构件下面的牺牲层材料而获得的一个个空腔结构。制作双固定多晶硅微桥的牺牲层工艺为：首先是在硅基片上沉淀 $SiO_2$ 或磷玻璃作为牺牲层，并将牺牲层腐蚀成所需图案形状，其作用是为后面工序提供临时支撑，牺牲层厚度一般为 1~2μm。在牺牲层上面，沉淀多晶硅作为结构层材料，并光刻成所需形状。腐蚀去除牺牲层，就得到分离的微桥结构。

LIGA 技术。LIGA 技术是集光刻、电铸成形和微注射三种技术为一体的三维众体微细加工的复合技术。该工艺方法可制造最大高度为 1000μm 的微小零件，加工精度达 0.1μm，可以批量生产多种不同材料的各种微器件，包括微轴类零件、微齿轮、微传感器、微执行器、微光电元件等。LIGA 技术的工艺过程如图 3-23 所示。

(1) 光刻。应用透射力极强、平行度极好的深层同步辐射 X 射线，透过掩膜对基片上的光敏胶(PMMA)进行感光，经显影，去除被照射感光的光敏胶，留下精确的立体光敏胶实体模型。

(2) 电铸。应用光刻得到的光敏胶实体模型作为电铸胎膜，进行超精细电铸，用电沉积方法在胎膜上沉积一层薄金属层，去除光敏胶，即得到精确的微金属结构件。

(3) 注射。若需要批量生产，则可将电铸制成的微金属结构件作为注射成形的模具，即可批量注射生产所需的微注射零件。

纳制造工艺技术。所谓纳制造，就是通过各种手段来制备具有纳米尺度的微纳器件或微纳结构。显微镜(Scanning Probe Microscope，SPM)是当前进行纳制造的一种重要工具手段，包括扫描隧道显微镜、原子力显微镜、激光力显微镜、静电力显微镜，扫描探针等。

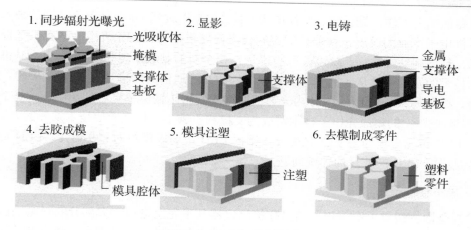

1. 同步辐射光曝光　　　2. 显影　　　3. 电铸
　　　光吸收体
　　　掩模
　　　支撑体
　　　基板
　　　　　　　　　　　支撑体
　　　　　　　　　　　　　　　金属
　　　　　　　　　　　　　　　支撑体
　　　　　　　　　　　　　　　导电
　　　　　　　　　　　　　　　基板

4. 去胶成模　　　5. 模具注塑　　　6. 去模制成零件
　　　　　　　　　　　　　　注塑　　　　　　　塑料
　　　模具腔体　　　　　　　　　　　　　　　零件

图 3-23　LIGA 工艺过程

## 3.6.3　微纳制造技术的应用

微纳器件及系统因其微型化、批量化、成本低的鲜明特点,对现代生产、生活产生巨大的促进作用,为相关传统产业升级实现跨越式发展提供了机遇,并催生了一批新兴产业,成为全世界增长最快的产业之一。在汽车、石化、通信等行业得到了广泛应用,目前向环境与安全、医疗与健康等领域迅速扩展,并在新能源装备,半导体照明工程,柔性电子、光电子等信息器件方面具有重要的应用前景。

### 1. 汽车电子与消费电子产品

目前我国已成为全球第三大汽车制造国,2010 年中国汽车年产量达到 1826.5 万辆,2020年有望超过 2000 万辆。目前一辆中档汽车上应用的传感器约 40 个,豪华汽车则超过 200个,其中 MEMS 陀螺仪、加速度计、压力传感器、空气流量计等 MEMS 传感器约占 20%。中国是世界上最大的手机、玩具等消费类电子产品的生产国和消费国,微麦克风、射频滤波器、压力计和加速度计等 MEMS 器件已开始大量应用,具有巨大的市场。

### 2. 新能源产业

用碳纳米管材料制造燃料电池可使得表面化学反应面积产生质的飞跃,大幅度提高燃料电池的能量转换效率,需要解决纳米材料(如碳纳米管)的低成本、大批量制造以及跨尺度集成等制造技术。光伏市场正在以年均 30%左右的速度增长。2010 年我国太阳能电池组件产量上升到 10GW,占世界产量的 45%,连续四年太阳能电池产量占世界第一。物理学研究表明,太阳电池能量转换效率的理论极限在 70%以上,太阳能电池的表面减反结构是影响转换效率的重要因素,需要研究新型太阳能电池材料、太阳能电池功能微结构设计与制造等方面的基础理论、新原理和新方法。

### 3. 新型信息与光电器件

柔性电子是建立在以非结晶硅、低温多晶硅、柔性基板、有机和无机半导体材料等基础上的新型电子技术。柔性电子可实现在任意形貌、柔性衬底上的大规模集成,改变传统集成电路的制造方法。据预测，柔性电子产能 2025 年达到 3000 亿美元。制造技术直接关系到柔性电子产业的发展，目前待解决的技术问题包括有机、无机电路与有机基板的连接和技术，精微制动技术，跨尺度互联技术，需要全新的制造原理和制造工艺。21 世纪光电子信息技术的发展将遵从新的"摩尔定律"，即光纤通信的传输带宽平均每 9～12 个月增加一倍。据预测，未来 10～15 年内光通信网络的商用传输速率将达到 40Tb/s，基于阵列波导光栅(集成光路)的集成光电子技术已成为支撑和引领下一代光通信技术发展的方向。2010 年全球 LED 市场规模约为 92.7 亿美元，国内 LED 市场规模约为 279 亿元，LED 封装工艺与装备是影响 LED 产业化的关键问题之一。

### 4. 民生科技产业

目前全国县级以上医院使用的医疗检测仪器几乎完全进口，大部分农村基层医院、卫生站缺少基本的医疗检测仪器。基于微纳制造技术的高性能、低成本、微小型医疗仪器具有广泛的应用和明确的产业化前景。我国约有盲人 500 万、听力语言残疾人 2700 余万，基于微纳制造技术研究开发视觉假体和人工耳蜗，是使盲人和失聪人员重建光明、回到有声世界的有效途径。

随着经济建设的快速发展，工业生产和城市生活引起的环境污染十分严重，生产和生活中的安全事故隐患十分突出，环境与安全问题已成为我国社会发展的战略任务，如大气、水源、工业排放的监测，化工、煤矿、食品等行业的生产安全与质量监测等，用于环境与安全监测的微纳传感器与系统成为重要的发展方向和应用领域。

## 3.6.4 微纳制造技术关键技术

随着微纳制造基础科学问题的研究不断深化，涉及的尺度从宏观向介观、微观、纳观扩展，参数由常规向超常或极端发展，以及从宏观和微观两个方向向微米和纳米尺度领域过渡及相互耦合，结构维度由 2D 向 3D 发展，制造对象与过程涉及纳/微/宏跨尺度，尺度与界面/表面效应占主导作用。微纳制造涉及光、机、电、磁、生物等多学科交叉，需要对多介质场、多场耦合进行综合研究。由于微纳器件向更小尺度、更高功效方向发展以及材料的多样性，材料可加工性、测量与表征性成为重要的关键问题。

### 1. 微纳设计技术

随着微纳技术应用领域的不断扩展，器件与结构的特征尺寸从微米尺度向纳米尺度发展，金属材料、聚合物材料和玻璃等非硅材料在微纳制造中得到了越来越多的应用，多域耦合建模与仿真的相关理论与方法、跨微纳尺度的理论和方法、非硅材料在微纳尺度下的结构或机构设计问题以及与物理、化学、生命科学、电子工程等学科的交叉问题成为微纳设计理论与方法的重要研究方向。

### 2. 微纳设计平台

集成版图设计、器件结构设计和性能仿真、工艺设计和仿真、工艺和结构数据库等在内的微纳设计平台；微纳设计平台和 AUTOCAD、ANSYS 等其他技术平台的数据交换技术等。

### 3. 微纳器件和系统可靠性

微纳器件可靠性设计技术、微纳器件质量评价和认证技术、典型可靠性测试结构技术等。

### 4. 复杂结构的设计

多材料、跨尺度、复杂三维结构的设计和仿真技术；与制造系统集成的微纳制造设计工具。

### 5. 微纳加工技术

低成本、规模化、集成化以及非硅加工是微加工的重要发展趋势。目前从规模集成向功能集成方向发展，集成加工技术正由二维向准三维过渡，三维集成加工技术将使系统的体积和重量减少 1～2 个数量级，提高互连效率及带宽，提高制造效率和可靠性。非硅微加工技术扩展了 MEMS 的材料，通过硅与非硅材料混合集成加工技术的研究和开发，将制备出含有金属、塑料、陶瓷或硅微结构，并与集成电路一体化的微传感器和执行器。针对汽车、能源、信息等产业以及医疗与健康、环境与安全等领域对高性能微纳器件与系统的需求以及集成化、高性能等特点，重点研究微结构与 IC、硅与非硅混合集成加工及三维集成等集成加工，MEMS 非硅加工，生物相容加工，大规模加工及系统集成制造等微加工技术。纳米加工就是通过大规模平行过程和自组装方式，集成具有从纳米到微米尺度的功能器件和系统，实现对功能性纳米产品的可控生产。目前被认同的批量化纳米制造技术主要集中在：①纳米压印技术；②纳米生长技术；③特种 LIGA 技术；④纳米自组装技术等。针对纳米压印技术、纳米生长技术、特种 LIGA 技术、纳米自组装技术等纳米加工技术，研究纳米结构成形过程中的动态尺度效应、纳米结构制造的多场诱导、纳米仿生加工等基础理论与关键技术，形成实用化纳米加工方法。

### 6. 微纳复合加工

随着微加工技术的不断完善和纳米加工技术与纳米材料科学与技术的发展，发挥微加工、纳米加工和纳米材料的各自特点，出现了纳米加工与微加工结合的自上而下的微纳复合加工和纳米材料与微加工结合的自下而上的微纳复合加工等方法，是微纳制造领域的重要发展方向，重点研究"自上而下"的微纳复合加工、纳米材料与微加工结合"自下而上"的纳微复合加工和从纳米到毫米的多尺度结合等微纳复合加工技术。

### 7. 微纳操作、装配与封装技术

针对微机电系统的组装、纳米互连和生物粒子等操作，需要研究基于单场或多场和尺度效应的高精度、高通量、低成本和多维操纵技术。由于微纳结构、器件和系统的多样性，利用不同材料和加工方法制作的、不同功能、不同尺度的多芯片的集成封装最具代表性，是实现光、机、电、生物、化学等复杂微纳系统的重要技术，跨尺度集成是微纳制造中的关键问题之一。重点研究基于单场或多场和尺度效应的高精度、高通量、低成本和多维操纵方法与关键技术。由于在微纳尺度下进行装配，精密定位与对准、黏滞力与重力的控制、速度与效率等面临挑战，因此高速、高精度、并行装配技术成为未来的发展方向。微纳器件或系统的封装成本往往约占整个成本的 70%，高性能键合技术、真空封装技术，气密封

装技术，封装材料，封装的热性能、机械性能、电磁性能等引起的可靠性等技术是微纳器件与系统制造的"瓶颈技术"。

### 8. 微纳测试与表征技术

特征尺寸和表面形貌等几何参数的测量；表面力学量及结构机械性能的测量；含有可动机械部件的微纳系统动态机械性能测试；微纳制造工艺的实时在线测试方法和微纳器件质量快速检测等是微纳测试与表征领域的重要问题。微纳测试与表征技术正朝着从二维到三维、从表面到内部、从静态到动态、从单参量到多参量耦合、从封装前到封装后的方向发展。探索新的测量原理、测试方法和表征技术，发展微纳制造实时在线测试方法和微纳器件质量快速检测系统已成为微纳测试与表征的主要发展趋势。重点研究微纳结构中几何参量、动态特性、力学参数与工艺过程特征参数等微纳测试与表征原理和方法，大范围和高精度的微纳三维空间坐标测量、圆片级加工质量的在线测试与表征、微纳机械力学特性在线测试等微纳制造过程检测技术与装备，微纳结构、器件与系统的可靠性测量与评价技术等。

### 9. 微纳器件与系统技术

工业与生产、医疗与健康、环境与安全等工业与民生科技领域是微纳器件和系统的重要应用领域，批量化、高性能以及与纳米与生物技术结合是微纳器件与系统的重点和前沿发展方向。利用和结合多种物理、化学、生物原理的新器件和系统；超高灵敏度和多功能高密度的微纳尺度及跨尺度器件和系统将是发展的主流方向。微纳器件与系统由于具有微型化、高性能、低成本、批量化的特点，在汽车、石油、航空航天等国民经济支柱行业以及医疗、健康、环境、安全等民生科技领域具有广阔的应用前景，并将催生出许多新兴产业。

## 3.7  表面工程技术

表面工程技术以其高度的实用性和显著的优质、高效、低耗的特点在制造业、维修业中占领了日益增长的市场，在航空航天、电子、汽车、能源、石油化工、矿山等工业部门得到了越来越广泛的应用。可以说几乎有表面的地方就离不开表面工程。目前，技术成熟并投入工业实际应用的表面工程技术已多达上百种。例如：表面工程使内燃机的缸套/活塞环、凸轮/挺杆、轴/轴套三级摩擦副降低能耗 1/4～1/3，大修里程从平均 10 万公里提高到 30 万公里；对气缸、轧钢机大滑板、大型冷冻机螺杆压缩机转子轴等各种工件表面进行激光淬火，可使寿命提高 3～5 倍；对高速钢和硬质合金工模具在精加工以后进行表面氮离子注入，可使寿命提高 1～10 倍。

表面加工技术不仅是产品内在质量得以保证的关键，也是产品外观质量保证的重要手段。例如，对于滚动轴承的滚道，目前工厂广泛采用磨-抛工艺，其表面粗糙度可达 $R_a0.04\mu m$，采用新的表面加工方法可提高到 $R_a0.01\mu m$，使用寿命可提高四倍以上，并能消除波纹度，减小轴承的振动与噪声；对模具光整加工使其表面粗糙度降低，一级模具使用寿命可以提高 50% 以上。零件磨损、腐蚀和疲劳失效常发生在表面。通过表面技术修复、强化使机械零件翻新如初，从而大量节省了因购置新品、库存和管理备件以及停机等所造成的对能源、原材料和经费的浪费，并极大地减少了环境污染及废物的处理。许多采用表面技术处理过的旧零部件，其性能大大超过新品，而成本仅为新品的 10%，甚至更少。

表面处理即通过一定的方法在工件表面形成覆盖层的过程，其目的是赋以制品表面美观、防腐蚀的效果，进行的表面处理方法都归结于物理方法、化学方法、机械方法三种。

## 3.7.1　表面改性技术

表面改性技术是改善工件表面的机械、物理或化学性能的处理方法。

### 1. 喷丸强化

它是在受喷材料的再结晶温度下进行的一种冷加工方法，加工过程由弹丸(钢丸、铸铁丸、玻璃丸、硬质合金丸)以高速度撞击工件表面，使工件表面达到预期的形貌、组织结构和残留应力，从而大幅度提高其疲劳强度和抗应力腐蚀能力。

### 2. 表面热处理

它是仅对工件表层进行热处理以改变其组织和性能的工艺。其主要方法有感应加热淬火、接触电阻加热淬火、脉冲加热淬火、火焰淬火等。

### 3. 化学热处理

它是在钢铁及合金表面层渗入一种或多种元素，形成固溶体及化合物层，结合强度高，不同渗层分别用于提高工件的耐蚀、抗高温氧化、耐磨减摩、抗疲劳强度等性能。其主要方法有固体法、液体法、气体法、真空法及离子法等，应用广泛。

### 4. 高能束表面改性

它是利用激光、电子束或离子束辐照材料表面和涂层，使表层非晶化和形成相应成分的合金，提高表面耐蚀、耐磨及疲劳强度。射束能量高度集中，加热速度快、工件畸变小、表面晶粒细，但设备昂贵和维修费用大。

## 3.7.2　表面涂敷技术

表面涂敷技术包括：电镀和化学镀、热喷涂、金属转化膜、涂料涂装、热浸镀、气相沉积、防锈封存包装、堆焊与熔结、搪瓷与陶瓷涂覆、粘涂、溶胶-凝胶、液膜溶解扩散、热烫印、贴箔、衬覆等。

电镀种类多，镀层附着力较强，但形状复杂的工件不易得到均匀的镀层。在金属、塑料、陶瓷或石墨基体上都可电镀，广泛用于提高工件的装饰、防护、减摩耐磨和其他功能。

化学镀不需要外电源，较方便，形状复杂的工件亦可得到均匀、致密、孔隙率低、硬度高的镀层，但镀层的附着力比电镀稍差，成本较高。在金属和绝缘体上都可镀，用于电子、机械、航天、化工等工件，提高其耐磨、抗蚀等性能。

刷镀不需镀槽，设备简单，电流密度高，沉积速度快，适用于大型、精密及复杂部件的局部不解体修复，大型构件的现场施工，比漕镀优越。

电弧喷涂温度高，雾化微粒飞行速度高，生产效率高，成本较低，涂层与基体的结合强度及涂层自身强度均较线材火焰喷涂高，特别适用于厚涂层和大面积喷涂，用于钢铁构件的防锈、防蚀及工件表面的强化、修复。

火焰喷涂适用性广，但火焰温度与喷速稍低，涂层孔隙率较高，结合强度稍低。最近发展的超声粉末火焰喷涂，粒子飞行速度达 600m/s，涂层致密、耐磨性好，可制备金属、合金、陶瓷、金属陶瓷、塑料等涂层，用于钢铁构件防蚀或工件表面的强化、修复。

等离子喷涂中等离子弧温度高(10000～20000℃)、焰流速度高，能喷涂陶瓷类的难熔材料，涂层致密度高(90%～99%)，结合强度高，可以喷涂金属、陶瓷、碳化物及其混合材料，特别适用于制备热障涂层。

特种方法喷涂有爆炸喷涂和激光喷涂等。涂层光滑致密、结合强度高，但设备昂贵，工艺参数要求精确控制，可喷涂所有难熔金属、陶瓷、金属陶瓷及其复合材料。

磷化设备简单、成本低、生产效率高，磷化膜具有微孔结构，良好的吸附能力和润滑性能，还有较高的电绝缘性能，可处理钢铁、铝、锌及其合金，用于防锈、减摩润滑及油漆底层、电绝缘层。

化学氧化不产生氢脆、薄膜，工件尺寸和表面粗糙度不受影响。氧化膜耐蚀性较差，需进行浸油、封闭等后处理，以提高耐蚀性及润滑性，可用于机械工件、电子设备、精密光学仪器、弹簧和兵器等的防护装饰。

阳极氧化一般膜厚 5～30μm，硬质膜达 30μm 以上。膜多孔，有良好的吸附能力，可用于处理铝及铝合金制品防护、装饰、耐磨、电绝缘、改善光学及热学性能。

金属着色可在多种金属表面及金属覆层上得到不同的色彩，主要用于金属制品的装饰。

以溶剂为稀释剂是目前应用最普遍的涂料品种，但易燃烧、污染环境，可用于机械的非工作裸露表面上作装饰、防护。以水代替溶剂稀释剂，高效、节能、低污染、经济，单调整黏度较困难，施工有特殊要求，用于装饰、防锈、耐酸碱，其中乳胶涂料广泛应用于建筑物的内外墙。

高固体分涂料中固体分可达 65%～80%，由于所含溶剂显著减少，也是一种低污染型涂料，主要缺点是烘烤流挂，可用于高级轿车、家电产品、船舶、钢结构件的装饰、防蚀涂装。

粉末涂料是 100%固体分涂料，安全、卫生，涂料利用率接近 100%，工艺易实现自动化，对工件边角覆盖力强，但装饰性差、耐候性差，薄膜化比较困难。它广泛用于电器柜、家电、轻工产品、建筑门窗，在汽车部件上的应用日渐增多。

浸锌、浸铝、浸锌铝合金等将金属制品进入熔融金属中得到牢固的金属保护层，常见的工艺有浸锌、浸铝、浸锌铝合金、浸铅、浸锡及浸铅锡合金等。比电镀生产效率高、成本低、浸镀层厚，用于标准件、管道、钢丝、钢板及输电铁塔、矿井支架等防护。

物理气相沉积指用物理方法使镀膜材料沉积在基体表面形成覆层，有蒸镀、离子镀和溅射镀三类。沉积温度低，工件畸变小，覆层致密、结合力较好，沉积金属、合金、陶瓷和聚合物。化学气相沉积：用化学方法使气体在基体材料表面发生化学反应并形成覆层，有常压、低压、激光、金属有机化合物等类化学气相沉积。沉积温度高，工件畸变大，覆层结合力高，可沉积金属、合金、陶瓷和化合物等。

等离子体化学气相沉积将等离子体引入化学气相沉积形成覆层，具有 PVD、CVD 的优点，沉积温度低、沉积速率快、镀性好、结合力高，具有广泛的用途。它可用于超硬膜、金刚石、硬碳膜、立方氮化硼、光导纤维及半导体元件等的沉积。有直流、射频、脉冲与微波等沉积方法。

防锈水使用方便、生产率高、成本低，但一般又适于结构复杂的大型制品，主要用于钢铁件工序间的短期防锈。

防锈油的防锈能力强，施工方便，不受制品尺寸限制，用厚油时，启封不方便，适用于机械工件的防锈、润滑及金属切削加工。

气相防锈材料简便、污染少，不受制品尺寸、结构限制，但启封后制品易失效，在密封较好的状态下使用才有好的防锈效果。

可剥性材料包装美观、防锈期长，启封方便，但不太适用于大型、结构复杂的制品，材料较贵，兼有防锈、缓冲包装的作用，多用于保护精加工面和量具、刀具等。

干燥空气封存是在密封的包装内放置干燥剂，工艺简便，易于启封及检查，防锈期长，适用于多种金属以及有机、无机材料制品的封存、防霉。

堆焊在金属零件表面或边缘熔敷上耐磨、耐蚀或特殊性能的金属层，修复外形不合格产品，提高寿命、降低成本，或用它制造双金属零件。

熔结是在材料或零件上熔敷金属涂层，有真空熔敷、激光熔敷和喷熔涂敷等，涂敷的金属是熔点低于基体材料的自熔性合金及有色金属等。

搪瓷与涂敷主要适用于钢板、铸铁或铝制品表面的玻璃涂层，可起良好的防护和装饰作用，有浸涂、淋涂、喷涂、静电喷涂等，主要用于化工反应器、日用、五金等的防锈、装饰。

陶瓷涂敷是以氧化物、碳化物、硅化物、硼化物、氮化物、金属陶瓷和其他无机物等基底的高温涂层，有刷镀、浸涂、喷涂、电泳涂和各种热喷涂等。有耐蚀、耐磨性能，有的还有光、电、生物等功能。

溶胶-凝胶膜是将溶胶用喷涂或浸渍等方法涂于基材上，经反应形成凝胶，经干燥或烧结等处理，制成所需薄膜层，性能好、可裁剪，适用于制备多功能或大面积薄膜层，如超导薄膜、高效吸波材料、磁性薄膜等，但成本较高。

粘涂是将胶粘剂(在胶粘剂中加入填料如二硫化钼、金属粉末、陶瓷粉末和纤维等)直接涂敷于制品表面形成的涂层，工艺简便、无热影响和变形、快速价廉，用于制品表面磨损、划伤、腐蚀的修复，密封与堵漏及铸件气孔、缩孔的修补等。

达克罗涂层由细小片状锌、片状铝、铬酸盐、水和有机溶剂构成涂料，经涂敷和 300℃ 左右加热保温、除去水和有机溶剂后形成涂层，涂层薄，防蚀性优良、耐热性好、无氢脆、无污染环境，应用日益广泛。

## 3.7.3　表面复合处理技术

综合运用两种或多种表面技术，可以进一步提高材料及制品的表层性能。目前已开发了一些表面复合技术，如热喷涂与涂装复合、等离子喷涂与激光辐照复合、电镀与电泳涂装复合、化学热处理与电镀复合、化学热处理与气相沉积复合、表面强化与固体润滑层复合、多层薄膜技术复合、隔热和防火涂层与抗烧蚀涂层复合等。

### 3.7.4 新型表面处理技术

表面合金催化液。表面合金催化液是近几年发展的一种新的表面涂覆技术，它的问世将我国的金属表面保护工业推向了一个新的里程，开创了金属表面保护工业的新时代。该产品已通过国家防腐性能鉴定及中国预防医学科学院环卫所的环境卫生测试。该产品无毒无味，无三废排放，对人体不构成危害，对环境不造成污染，属国家大力提倡推广的绿色环保产品；工艺简单，使用方便快捷，不需外接电源，可直接将镀件放置在该催化液中浸泡 20~40 分钟，即可形成光亮如镜的表面，具有点石成金的功效，神奇般地将铁变成了不锈钢，既美观，又耐用。无论是催化液的生产，还是对工件进行处理，生产操作都十分便捷，全部使用国产易购原料，极适于企业单件或批量生产；成本低廉，每平方米的造价约 10~15 元(根据镀件要求，表面催化厚度不同，成本有所浮动，如纯装饰型表面，每平米成本仅为 3~6 元)，仅为电镀铬的 1/3，不锈钢的 1/4；与金属基件结合强度高，一般在 350~400Mpa，不起皮、不脱落，永不生锈，既保持了金属基件原机械性能，又增加了耐磨性、耐腐蚀性；表面合金层均匀致密，不论是沉孔、深孔还是管道内壁、制品拐角等形状复杂的表面，都能进行表面处理，无麻点，无气孔；耐腐蚀性强，本产品处理后的表面是一种非晶态镀层，因无晶界，所以抗腐蚀性特别优良，同时表面硬度高，经热处理后，其镀层表面形成非晶态和晶态的混合物时，硬度可达 1200HV；经催化处理后的表面是一种非晶态，即处于基本平面状态，有润滑性，因此摩擦系数小，非黏着性好；仿型性好。技术无尖端电流密度过大现象，在尖角或边缘突出部分没有过分地增厚，处理后不需要磨削加工；厚度可控。可用于修复零件表面和工模具因磨削加工或磨损而引起的尺寸超差，使报废零件复用。

WS2 干膜润滑剂。WS2 是最佳的干膜润滑剂，干膜即"固体润滑膜"。WS2 技术使用独特的射频溅射离子镀膜工艺，该润滑剂能与任何金属或树脂立即牢固结合，膜厚仅 0.5 微米。膜最高承载可达到 10 万帕斯卡，化学性能稳定、无毒，可镀基材适用于铁、钢、铝、铜、不锈钢、合金钢等各种金属，其技术指标如表 3-4 所示。在塑胶模具工业中，WS2 主要用于处理注塑模具的运动部件，如司筒、推管、顶针、斜销等，其效益是提供了优异的无油润滑效果，降低了摩擦阻力，延长了模具的使用寿命，并能解决有关技术难题——如在注塑生产中因不能加油(产生的油污会影响产品表面质量)而容易产生模具顶杆、滑块的磨损、咬合现象的场合；如手机壳等通信配件、化妆品包装产品、轿车灯具、家电装饰件等。并能应用在部分模具的型芯型腔，以解决有关脱模、黏模等技术问题，为使用企业创造可观的效益。WS2 与其他镀膜技术相比较的优势如下。

(1) 目前许多其他的表面处理技术，如真空离子镀、PVD 镀膜、类金刚石镀膜(DLC)、等离子体辅助化学沉积(PACVD)等，均存在着处理量小、时间长、成本高等问题，限制了其工业化应用。

(2) 这些镀膜技术基本上都需在加热或高温下进行，易产生变形，不能处理较大体积的工件。

双层辉光等离子表面合金化技术。表面工程技术领域中，双层辉光等离子表面合金化是一项具有高技术特征和标志的创新技术，是近十几年才发展起来的具有我国独立知识产权居世界领先水平的高新技术。例如在钢铁材料表面形成以 W-Mo-Cr-V-C、W-Mo-C、

W-Mo-Co-C、W-Mo-Nb-C 等表面耐磨高合金层、表面高速钢层、表面时效硬化高速钢层、表面耐磨高 Cr-C 层；形成 Cr-Ni、Cr-Ni-Si、Cr-Ni-Al、Cr-Ni-Mo-N、Cr-Ni-Mo-Nb 等抗高温氧化合金层和耐腐蚀不锈钢层；形成超合金表面层，如 Ni 基合金、Co 基合金、Ti 基合金等。此外，该技术与 RF 和 DC 等磁控溅射、电弧沉积、离子注入等渗镀技术交叉结合，可形成表面沉积层+扩散层的反应渗镀复合层，制备性能更高的表面耐磨、耐蚀、抗高温氧化的梯度结构材料、陶瓷材料和功能材料。双层辉光等离子表面合金化技术的主要特征是：非常有效地解决了高熔点金属的表面合金化及较高熔点金属材料表面进行高熔点合金表面合金化的问题，是目前所有表面合金化工艺技术中能够提供欲渗合金元素方法最好的一种技术，是一项可持续发展的环保清洁战略技术。双层辉光等离子表面合金化技术主要优点是：节约贵重合金元素、节省能源和资源的创造性；渗入速度快，比一般合金化技术提高渗入速度至少 1/3 以上的新颖性；具有可大面积处理，对各种机械零件均能大幅度提高表面性能和延长使用寿命的实用性；表面合金层成分可控、合金化层与基体冶金结合无剥落、无环境污染、可进行全部真空处理的清洁工艺技术的先进性。该技术已经获得这方面国家发明专利十余项以及一系列具有我国自主知识产权的创新成果。

表 3-4　WS2 的主要技术性能指标

| 摩擦系数 | 0.030(动态)，0.070(静态) |
|---|---|
| 承载能力 | 膜层与基材的承载能力相同，膜最高承载可达到 100 000PSI |
| 润滑温度范围 | 在正常大气压中，从-273℃到 650℃<br>在 10～14Torr 高真空中，从-188℃到 1316℃ |
| 化学稳定性 | 惰性物质 |
| 磁　性 | 无磁性 |
| 硬　度 | 洛氏硬度约 30RC |
| 膜厚 | 0.5 微米 |
| 颜　色 | 蓝灰色 |
| 耐腐蚀性 | 减缓腐蚀，但不能完全防止基体受腐蚀 |
| 可镀基材 | 铁、钢、铝、铜等各种金属，塑料及人造固体 |
| 军用标准 | DOD-L-85645 |

# 3.8　仿生制造技术

仿生学是一门实现生物特点与技术有效融合的科学，其通过对生物结构特征、生理特性以及能量、信息转换控制等方面的综合研究，将成果应用到各行业领域的生产体系，实现理念创新和技术变革。在实际生产中，仿生学的应用往往能创造新的工艺系统、建筑构型以及自动化装置等，而且在设计理念方面，它同样能提供新的思路与方向，以一种特定的途径有效解决相关难题。就目前而言，随着大量仿生机械产品的推出，仿生学应用在机械设计领域中越来越受到重视，相应的研究投入也正逐年增加。当然，近年来机械仿生设计方面取得的成就也不在少数，随着时代的发展而得到了不断深入、广泛和有效的推进。图 3-24 所示为仿生制造的步行机。

图 3-24　步行机

## 3.8.1　仿生设计的基本内容

当前形势下，机械仿生设计无疑正向着多元化发展，而且也逐步从传统的基础设计走向了新型的创新设计。目前，机械设计行业已建立起了全面的仿生体系，通过对生物科学的有益吸收，主要实现了以下几个方面的仿生设计。

### 1. 功能特性仿生

在自然界的长期发展演变中，生物为了更好地适应周围环境的改变，逐渐形成了自身独有的功能特性。而在机械仿生设计中，这一点往往能为各方面的工作指引一个新的方向，并使之有效抓住技术创新的突破口。现今已有的设计实例中，不仅包括生物特殊外形的仿生，还包括生理特性的一系列应用，显然这些方面技术创新的研究都取得了相应的成果，功能特性的仿生也使得机械设计不再拘泥于传统的模型设计，而更多拥有了其灵活性与实效性。

### 2. 运动特征仿生

机械械设计中，运动体系的规划往往是重点以及难点，同样，在机械仿生设计中，生物运动特征的仿生也必不可少。对于这些生物与生俱来的特点，通过将其板块化、细节化，便能从中找出与实际生产工作的良好结合点，使得相应的机械设计更贴合自然，因而应用水平也就随之提高。目前的运动特征仿生中，对生物基本运动方式、运动系统的调节等都进行了全面的研究，而实际生活中的一些相关机械设备也为生产工作带来了极大的便利。

### 3. 组织结构仿生

这方面的仿生是结合生物科学而进行的深层应用，也从微观角度上实现了人与自然的协调发展。在相关的机械仿生设计中，其通常在材料生产方面收效较为显著，因此推出的一系列仿生材料也良好地适应了高强度、高效率的性能需求，为生产发展带来了极大的经济效益。而通过对生物内部组织机制一些必要性联系的分析，机械微组装、分级结构设计等也都有了新的发展方向。

### 4. 信息控制仿生

随着信息化时代的到来，人们对于信息的传递与控制要求也越来越高，而在这一方面，生物在不断进化过程中所拥有的一些能力同样可以借鉴。具体地，在机械仿生设计中，信息管理设备往往能通过生物的一些信息获取方式、反馈系统以及自主控制能力等得到全新的发展空间，不仅生产质量得以有效保证，而且实际效率也随之大大提高。

## 3.8.2　仿生设计的主要研究方向

### 1. 机械仿生理论与机理研究

机械仿生设计比传统机械设计范畴更宽、更广，从概念设计到产品开发要实现与工程仿生学，包括生命科学、生物科学等在内的多层次、全方位上的渗透，通过对生物原形机理、机构的研究，创造和完善仿生机械设计的全新理论体系，从而为新型仿生机械产品的开发与生产打下基础。

### 2. 计算机辅助仿生设计

计算机辅助仿生设计技术的快速发展使机械形状、结构和机构的快速演化、变异与再生成为可能，可以加快机械产品的标准化和系列化设计进程，缩短新产品的开发周期。它主要包括：优化设计与 CAD 造型、逆向工程与三维建模、动态模拟与工程仿真、仿生型构形 CAD 系统等。

### 3. 仿生控制与系统集成

典型控制系统山中央处理系统集中处理各传感器采集的各种信号，再由中央处理系统给各执行机构发出不同的行动指令。但是，在动物体中还有与之平行的另一个非神经反馈——生物前馈控制机制，或称之为机械超前反馈。例如，肌肉骨骼系统在抵抗外力时能根据其变形情况迅速进行调整，这种调整能在最快的神经反射之前就完成。这种前馈能减少神经系统造成的不稳定性，保证了对全系统的控制质量。在复杂的机械系统控制中，如果能引入机械前馈的机制，对于减少中央处理系统的负担、简化控制系统、提高系统的控制速度与质量都具有重大的意义。

### 4. 仿生机器人设计

仿生机器人包括仿生物和仿人两类，前者模仿各种生物，如蛇、螃蟹、蜘蛛、蜜蜂等的功能，后者模仿人的肌体构造或器官功能，如仿人手、手臂、步态等功能。仿生物机器人尤其是小型机器人在灾难事故中，可以很好地完成攀岩、灭火、钻洞、浮水等人类难以完成或者对救援人员有极大伤害的救助活动。仿人机器人能搬桌子、抬东西，可以帮助人类尤其是老年人进行重体力的生活必要劳动。一些能唱歌、会跳舞的人形和动物形状机器

人在带给人们快乐的同时，也激发了人类对科学的浓厚兴趣。图 3-25 所示为仿生蜘蛛。

仿生机器人根据不同的需要设计特殊的生物功能，目前由于社会需要还不充分，难免被人们视为"不实用"，但是这种在机器人上体现的技术可以为其他领域做好技术储备。所以，仿生机器人必将是超出人类一般需求之前探索的一门真正的前沿。

图 3-25  仿生蜘蛛

机械仿生设计顺应人与自然和谐发展潮流的必然趋势，极具创新魅力和强大生命力。在机械结构仿生设计、运动机构仿生设计和控制仿生设计中，不要过于追求对动物运动效果惟妙惟肖的模仿，要注意到动物运动的"原动机"与人造发动机的根本不同。仿生机械机构多为一系列旋转关节或移动关节连接起来的开式运动链，这使其运动分析和静力分析复杂化，运动操作位姿与各关节变量、受力和力矩之间的关系等，均不是一般机械机构分析方法能够解决的。因此，机械仿生设计具有多样性和复杂性。在满足基本运动形式、运动规律或运动轨迹等条件下，应注意结构简单化、机构小型化，使仿生机械产品具有较好的动力学性能，以提高整体效率。

## 3.8.3  生物加工成形制造

生物加工成形制造是通过单个细胞或细胞团簇直接和间接地受控组装，完成具有新陈代谢特征的生命体的成形和制造。目前世界上发现有 10 万多种微生物，其尺度大部分为微纳级，具有不同的标准几何外形与亚结构，不同的生理机能和遗传特性。这就有可能找到"吃"某些工程材料的菌种，以实现生物的去除成形；可通过复制或金属化不同标准外形与亚结构的菌种，再经排序或微操作，实现生物的约束成形；也可通过控制基因的遗传形状特征和遗传生理特征，长出所需的外形和物理功能，实现生物的生长成形、生物加工就是利用生物去除成形、约束成形、生长成形等方法达到所需制造的目的。图 3-26 所示为生物加工的主要内容。

与非生命系统相比，生物系统是尺度最微细、功能最复杂的系统。生物加工成形在微纳技术中可发挥许多不可替代的作用，可利用生物组装成形、生物连接成形、生物生长成形等新方法制造一些具有微纳功能的基片。所谓生物组装成形，是直接利用单细胞生物自组织成形的群体、单体及亚结构来构造微纳米功能器件；生物生长成形则是改接利用生物形体繁殖的低耗能优点，高效生产用于机械构形的生物微形体。

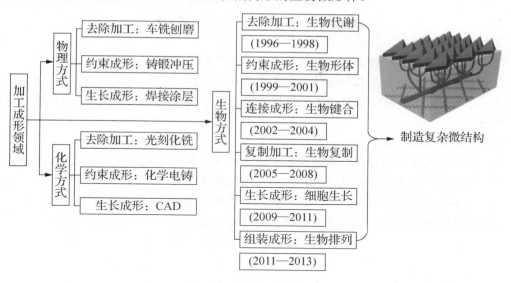

图 3-26　生物加工主要内容

# 本 章 小 结

先进制造工艺是在传统制造工艺的基础上不断改进和提高过程中形成的，具有优质、高效、低耗、洁净和灵活的特点。依据材料成形学观点，可将机械零件成形工艺分为材料受迫成形、材料去除成形、材料堆积成形。在材料受迫成形工艺领域，包含有精密洁净铸造、精密模锻、超塑性成形、精密冲裁、辊轧工艺、粉末锻造成形、高分子材料注射成形等不同的先进、高效、低耗成形工艺技术。在超精密加工和高速加工的材料去除成形工艺领域，其加工精度进入了微纳精度级别，加工速度达到刀具和机床所承受的临界速度范围，涉及超精密加工机理，超精密加工刀具、磨具及其制备技术，超精密加工机床设备，精密测量及补偿，以及严格的工作环境等关键技术。微纳制造是指尺度为毫米、微米和纳米量级的零件及系统的设计、加工、组装、集成与应用技术，其中微制造的常用制造工艺有机械微加工、光刻工艺、牺牲层工艺、LIGA 技术等，纳制造工艺有基于 STM 的纳米加工以及基于 STM 的原子操纵。表面工程技术是运用物理、化学、机械等工艺手段达到改变基体材料表面性能的目的，有激光、电子、等离子等高能束表面改性工艺，热喷涂、气相沉积等表面覆层工艺，以及复合表面处理工艺等。仿生制造是模仿生物的组织、结构、功能和性能，制造仿生结构、仿生表面、仿生器具、仿真装备、生物组织及器官，以及借助于生物形体和生长机制进行加工成形的过程。目前主要研究内容包括仿生机构及系统的制造、功能表面的仿生制造、生物组织及器官的仿生制造、生物加工成形制造等。

# 复习与思考题

1. 描述先进制造工艺的发展与特点。

2. 目前在高分子材料注射成形工艺中，有哪些先进技术？

3. 普通加工、精密加工和超精密加工是如何划分的？

4. 为什么当今超精密切削加工一般均采用金刚石刀具？超精密磨削一般采用什么类型的砂轮？

5. 超精密加工对机床设备和环境有何要求？

6. 列举当前常用的增材制造的工艺方法，叙述各种工艺方法的工艺过程及其特点。

7. 列举当前常用的微制造工艺技术以及纳制造工艺技术。

8. 列举当前常用的表面改性、表面覆层和表面处理的工艺技术。

9. 叙述仿生制造的内涵以及目前的主要研究内容。

# 第 4 章　制造自动化技术

## 【本章要点】

本章在分析制造自动化技术发展与内涵的基础上，从狭义制造的角度，介绍企业底层车间生产自动化过程所涉及的相关制造自动化技术，包括自动化制造设备、物料运储自动化、装配过程自动化以及检测监控过程自动化等。

## 【学习目标】

- 了解制造自动化技术的内涵。
- 掌握工业机器人的分类、组成和编程。
- 掌握柔性系统及其支撑技术。
- 了解计算机辅助设计的基本工具。
- 了解智能制造系统。

制造自动化技术是先进制造技术中的一个重要组成部分。制造自动化是人类在长期生产活动中不断追求的目标之一。采用制造自动化技术，可以大大减轻劳动强度，提高劳动生产率和产品质量，降低制造成本，增强企业商品市场的竞争力。制造自动化技术的发展加速了制造业由劳动密集型产业向技术密集型产业和知识密集型产业转变的步伐，是制造业技术进步的重要标志。一个国家的制造自动化技术水平代表着一个国家的科学技术水平和经济实力。

## 4.1　先进制造自动化

### 1. 制造自动化技术的内涵

制造自动化(Manufacturing Automation)最早是由美国通用汽车公司 D.S.Harder 于 1936 年提出，当时其内容仅仅是以机器代替操作者，实现零件的自动搬运。经过几十年的发展，尤其近年来，随着科学技术的进步，制造技术、计算机技术、控制技术、信息技术和管理技术的发展，制造自动化技术的功能目标和内涵都得到了不断的丰富和完善。

最初，制造自动化的目的仅仅是以机械代替人的体力劳动，以省力为其功能目标。随着作为自动化技术重要手段的计算机和信息技术的发展，制造自动化的功能目标得到大大拓展，不仅以省力代替人的体力劳动，而且还以省脑代替或辅助人的脑力劳动，作为制造自动化的重要功能目标。

在"狭义制造"概念下，制造自动化通常是指生产车间内的产品机械加工、装配和检验过程的自动化。在"广义制造"的概念下，制造自动化则包含了产品设计自动化、加工过程自动化、质量控制自动化、企业管理自动化等整个产品制造的自动化工程，以实现高效、优质、低耗、及时、洁净生产的企业生产经营目标。

**2. 制造自动化技术的发展**

自 18 世纪中叶瓦特发明蒸汽机而引发工业革命以来，制造自动化技术就伴随着制造业的形成而发展起来。尤其至 19 世纪末 20 世纪初，制造自动化的发展进程迅速。回顾制造自动化技术的发展历史，按照自动化技术面临的对象以及所涉及的技术范围，可将制造自动化发展历程分为刚性自动化发展阶段、柔性自动化发展阶段和综合自动化发展阶段。若进一步细分，也可将其中的柔性自动化发展阶段细分为数控化和柔性化两个阶段。

19 世纪末 20 世纪初，由于当时制造业自动化程度不高，生产力水平低下，社会商品紧缺，社会对商品市场需求量大。此时，提高生产效率、满足社会需要是制造业的主要矛盾。为满足大批量商品生产需要，出现了刚性自动化单机和刚性自动生产线。1895 年美国发明了多轴自动车床，采用凸轮轴纯机械控制的方式完成回转体零件的自动加工，极大地提高了单机加工效率；1924 年英国莫里斯(Morris)汽车公司推出了世界上第一条采用流水作业的机械加工自动生产线，标志着制造自动化技术由单机自动化向着自动生产线更高层次的转变；随后，1935 年苏联研制成功了第一条汽车发动机气缸体加工自动生产线；第二次世界大战前后，美国福特汽车公司大量采用自动化生产线，使汽车生产率成倍提高，成本大幅度降低，加工质量也得到明显改善。到 20 世纪 50 年代，这种适合单一品种、大批量生产的刚性自动化技术达到了顶峰，它极大地提高了劳动生产率，降低了生产成本，满足了社会基本的物质需求，它对于人类社会的进步做出了巨大的贡献。图 4-1 所示为汽车后桥齿轮箱加工自动线。

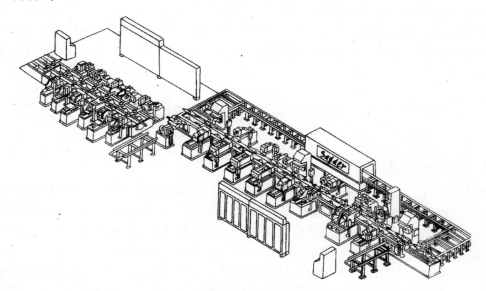

**图 4-1　汽车后桥齿轮箱加工自动线**

随着社会商品的丰富，人们的消费需求在不断提高，使市场呈现动态多变的趋势，刚性自动化生产设备生产品种单一，对市场需求应变能力差的不足显现了出来。此时，满足消费者个性化需求，适应动态市场的变化，成为制造业的主要矛盾，在这样的市场形势下，出现了适合中、小批量生产的柔性自动化技术。1952 年，美国麻省理工学院(MIT)成功研制了第一台数控机床，仅需通过数控程序的改变即可满足不同零件的自动加工，从而揭开了数控化、柔性自动化的序幕。1958 年第一台数控镗铣加工中心在美国研制成功，可根据加工工序的要求自动更换加工刀具。1959 年第一台极坐标工业机器人在美国问世。1962 年相继研制成功圆柱坐标工业机器人。1965 年美国推出了由计算机控制的数控加工系统(CNC)，从而加速了制造数控化、柔性化的发展步伐。1967 年英国莫林公司建造了第一条柔性制造系统"SYSTEM 24"，它由六台数控机床组成，在无人看管环境下可连续 24h 加工，"SYSTEM 24"标志着制造自动化技术由数控化单机向柔性生产加工系统(FMS)的转变。同年，美国森斯特兰公司建成一条更为实用的柔性制造系统，该系统由八台加工中心和两台多轴钻床组成。同时，日本、苏联、德国等工业国家也都在 20 世纪 60 年代末至 70 年代初，先后开展了 FMS 的研究和开发工作。到 20 世纪 70 年代末期，柔性制造系统在技术上和数量上都有较大发展。到 20 世纪 80 年代初，柔性制造系统进入了实用阶段。迄今为止，柔性制造系统仍是机械制造业自动化程度最高并且最实用的制造系统。据报告，目前全世界有大量的柔性制造系统在投入应用，以柔性制造系统生产的制成品已经占到全部制成品生产的 75%以上，仅日本就有 175 套完整的柔性制造系统在使用。柔性自动化技术生产工序集中，没有固定节拍，物料非顺序流动，它将高效率与高柔性融于一体，生产成本低，具有较强的灵活性和适应性，较好地满足了多品种、小批量的自动化生产。

到 20 世纪 80 年代中叶，随着计算机及其应用技术的迅速发展，各种单元自动化技术逐渐成熟。为充分利用各种自动化单元的信息资源，发挥企业生产的综合效益，以计算机为中心的综合自动化技术得到快速发展，其典型代表为计算机集成制造系统(Computer Integrated Manufacturing System，CIMS)。CIMS 是借助于计算机技术、现代系统管理技术、现代制造技术、信息技术、自动化技术和系统工程技术等，将制造过程中的有关人、技术和经营管理三要素进行有机集成，通过信息共享，以及信息流与物料流、能量流的有机集成，实现系统的优化运行。可以说，CIMS 是集设计、制造、质量保证以及经营管理等多个自动化程度不同的子系统为一体的广义制造自动化系统，包括管理信息子系统、制造资源计划子系统、CAD/CAPP/CAM 设计子系统、FMS 及 CNC 制造子系统等。CIMS 正是根据企业的需求和经济实力，通过计算机实现了这些不同自动化程度子系统的信息集成和功能集成。当然，这些子系统自身也是集成的，但这些集成只是在较小的局部范围内集成，而CIMS 是针对工厂企业整体范围内的集成。简言之，CIMS 是面向整个企业，包括生产经营管理、工程设计、生产制造、质量控制等各个生产环节的制造自动化大系统。

## 4.2　数控加工技术

数控加工技术应用机械、电气或液/气动元件进行控制，加工效率高，加工对象单一，适用于大批量自动化生产，如全/半自动车床、专用机床、组合机床、刚性自动生产线等。目前，刚性自动化设备仍在一些行业和产品生产作业中使用，如对标准件、电动机、变压器等大批量产品的生产。

### 4.2.1　数控车床

数控机床是用数字信息对机床运动及其加工过程进行控制的机床，是典型的机械、电子、计算机和检测技术相结合的机电一体化制造装备。数控机床是现代制造自动化的基础，是柔性制造系统的核心，也是现代集成制造系统的最基本组成部分。

## 1. 数控机床的组成及工作原理

数控机床通常包括机床本体、数控系统以及辅助装置等，如图4-2所示。机床本体是数控机床的基础，通常有床身、主轴部件、进给部件以及工作台等。数控机床的辅助装置一般有回转台、夹紧机构以及冷却、润滑、排屑、防护装置等。

图 4-2　数控机床

数控系统是数控机床的核心，担负着数控机床全部加工控制任务。数控系统包含有数控装置(CNC)、可编程序控制器(PLC)、主轴伺服驱动单元、进给伺服驱动单元、人机界面(HMI)以及检测反馈装置等。数控装置为机床数控系统的核心，是以数字量的形式控制机床的加工运动，通常具有多轴运动控制功能、插补功能、主轴转速及进给速度设定功能、误差补偿功能、故障诊断、程序编辑以及信息通信等功能。PLC 用于数控加工过程的逻辑控制，包括控制面板 I/O 接口、机床主轴的停起与换向、刀具的更换、冷却润滑的起停、工件的夹紧与松开、工作台分度等逻辑开关量的控制。伺服驱动单元是 CNC 装置和机床本体的连接环节，是数控系统的执行部件。

## 2. 数控系统

机床数控系统主要由硬件和软件两部分组成。系统硬件主要包括中央处理器(CPU)、输入输出接口(I/O)、伺服驱动单元、检测反馈单元等；系统软件是指系统各个功能程序模块。目前，商业化数控系统有多种硬件结构形式，包括单 CPU、多 CPU、基于 PC 的开放式系统结构等。单 CPU 数控系统以一个 CPU 为核心，通过系统总线与存储器以及各类接口相连接，采用集中控制、分时处理的工作方式完成数控加工中各项控制任务。多 CPU 数控系统配置多个 CPU 处理器，通过数据总线实现各 CPU 间的通信，每个 CPU 共享系统公用存储器与 I/O 接口，各自完成系统所分配的控制任务，从而使系统由集中控制、分时处理的作业模式转变为多任务、并行处理模式，系统计算速度和处理能力大大提高，改善了系统的适应性、可靠性和可扩展性，提高了性价比。目前，在商品化数控系统中大多采用多 CPU 结构形式。基于 PC 的开放式数控系统是当前数控系统的一种发展趋势。它利用 PC 丰富的软硬件资源和友好的人机界面，可将许多现代控制技术融入数控系统，可为数控系统增添多媒体功能和网络功能，同时也可满足用户对数控系统自主开发的需要。目前，基于 PC 的开放式数控系统有：①PC 嵌入 NC 型。这类系统是将 PC 嵌入到传统数控系统中，PC 与 NC 之间是通过专用总线进行连接的，其数据传输速度快，响应迅速。原数控系统无须太大的改动，利用 PC 的开放性可定制用户喜爱的界面，可与外部网络连接，但其内核仍属传统数控系统，其内部体系结构是不对外开放的，如 Fanuc、Siemens 等商业化开放式数控系统通常为这类结构。②NC 嵌入 PC 型。这类系统是采用"PC +运动控制器"构建的数控系统硬件平台，将 NC 卡(运动控制卡)插入通用 PC 的扩展槽中构成。它通常以工业 PC 为主机，以开放式多轴运动控制器为从机，以 PC 总线实现主从机间的通信，从而构成主从分布式的控制系统体系。这类系统应用软件通用性强，编程处理方便、灵活，具有上、下两级开放性，是目前采用较多的一种开放式数控系统结构。③纯 PC 软件型。该类系统是指 CNC 的全部功能均由 PC 软件实现，通过 PC 扩展槽上伺服接口卡板实现对伺服驱动轴的控制。这类软件化的数控系统更加向计算机技术靠拢，其主要功能均表现为应用软件的形式，如运动控制器以应用软件来实现。它除了支持上层用户界面的数控软件定制之外，更深入的开放性还体现在支持底层数控运动控制策略的用户定制，从而实现上下两层全方位的开放性。这种数控系统的结构形式代表了数控系统的发展方向。如表 4-1 所示。

表 4-1 开放式数控系统与传统控制系统的性能比较

| 性 能 | 开放式数控系统 | 传统数控系统 |
| --- | --- | --- |
| 可扩展性 | 基于 PC，通用操作系统，易扩展 | 专用软硬件，不易扩展 |
| 可维护性 | 跟随 PC 技术发展，容易升级 | 需专业性开发，以适应竞争的需要 |
| 开发难易程度 | 依据开放平台，用户可根据需要开发 | 制造商拥有专利，用户难以二次开发 |
| 联网性 | 与 PC 联网技术相同，联网成本低 | 需专用硬件和通信技术，联网成本高 |
| PLC 软件 | 可移植性强，容易开发 | 需专用语言，难以移植，维护困难 |
| 接口 | 标准接口，易于与各类伺服电动机连接 | 专用接口，只能使用特定电动机产品 |
| 程序容量 | 通用 RAM，可调入巨量程序 | 专用 RAM 容量小，需采用 DNC 传输 |

### 3. 数控机床伺服系统

数控机床的伺服系统是以机床运动部件的位移和速度为控制对象的自动控制系统，也是机床数控系统的一个执行装置。按照伺服电动机类型的不同，机床伺服系统可分为步进伺服、直流伺服和交流伺服。由于交流伺服电动机具有结构简单、坚固耐用的特点，在 20 世纪 90 年代成功解决了交流伺服电动机控制技术难题后，目前交流伺服系统占据市场的主导地位。

它包含伺服电动机、伺服驱动器、检测反馈装置等。在交流伺服电动机的尾部通常同轴安装有一个检测元件。该检测元件一般采用光电编码器。伺服驱动器接收来自数控系统的控制信息，经转换和放大后，驱动伺服电动机进行旋转，检测元件实时检测伺服电动机旋转的角度和角速度，并将之反馈至数控系统，由数控系统继续进行分析控制。

按照检测装置的有无和安装位置的不同，机床伺服系统有开环、半闭环和闭环几种控制结构形式。开环控制伺服系统不带检测装置，无反馈电路，控制精度不高，一般用于步进伺服电动机的控制。半闭环控制伺服系统是将检测元件安装在伺服电动机轴的输出端，通过电动机的实际转动角度间接地计算机床运动部件的位移量。这种伺服控制形式结构简洁，易于调节，但不能反馈补偿电动机输出端到机床运动部件间的传动误差。闭环控制伺服系统是将检测元件安装在所控制的机床运动部件上，可直接将运动部件的运动误差进行反馈补偿，控制精度高，但存在系统调节困难的不足，常常由于传动部件反向间隙大而产生震荡。

由于数控机床传动系统的传动链短，除了高精度机床外，一般采用半闭环形式的伺服控制结构。半闭环控制伺服系统直接借助交流伺服电动机自身的检测元件，反馈伺服电动机的实际角位移和角速度。由于控制环路中的非线性因素少，系统容易整定，传动系统的传动误差可通过数控系统提供的间隙补偿、导轨直线度补偿等功能进行补偿，仍可使半闭环控制的伺服系统达到较高的控制精度水平。

## 4. 数控编程技术

数控编程是将零件加工的工艺过程、切削参数、刀具轨迹以及刀具选择、冷却开/闭、工件夹紧/松开等辅助动作，按数控系统规定的指令代码编制数控加工程序，输入数控装置，经校核试切无误后用以控制数控机床的加工。数控编程的一般步骤如下。

(1) 工艺分析。根据被加工零件图样及技术要求进行工艺分析，明确加工内容和要求，制定加工工艺方案，选择合适的加工刀具和合理的切削参数，在满足加工精度的前提下尽可能做到工艺方案的经济性和合理性。

(2) 数值计算。根据零件几何形状、加工路线、编程误差和数控系统要求，计算刀具运动轨迹。

(3) 编辑数控加工程序。根据所制定的加工工艺方案和数值计算结果，按照数控系统所规定的程序指令和格式要求，逐段编写数控加工程序。

(4) 输入数控程序。通过用户接口，将数控加工程序输入到数控系统。

(5) 程序校验。在用于正式数控加工生产之前，编制好的数控程序必须通过仿真模拟、空运行等方法进行程序校验，甚至还需做首件试切，确保所编制的数控加工程序的正确无误。

计算机辅助数控编程数控程序可以手工编制，但只能编制那些几何形状不复杂、计算量不大、程序段不多的简单零件。对于复杂零件，如带有非圆曲面和自由曲面的凸轮、模具等零件，其手工编程极为困难，往往难以实现，必须借助于计算机辅助编程软件工具实现。计算机辅助数控编程通常可以借助数控语言进行自动编程，也可以利用 CAD/CAM 软件工具完成数控程序的编制。目前使用更多的是后者。

数控语言自动编程方法几乎是与数控机床同步发展起来的，编程人员根据零件图样和工艺要求，应用如 APT 数控语言编制零件加工源程序，通过该源程序描述零件几何形状、加工路线和刀具参数等，经过系统编译、刀具运动轨迹计算，生成刀位文件(Cutter Location Data)，然后根据系统要求的指令和格式进行后置处理，生成具体机床的零件加工数控程序，从而完成零件数控自动编程作业。应用 CAD/CAM 系统进行数控编程，是直接利用 CAD 软件模块对加工零件进行造型，生成零件的三维几何实体模型，然后应用 CAM 软件模块采用人机交互方式在计算机屏幕上指定实体模型待加工表面，在输入所需的工艺参数、刀具参数及走刀方式后由系统自动进行刀具轨迹计算，生成刀位文件，再经后置处理生成所需的数控加工程序。与数控语言自动编程比较，利用 CAD/CAM 软件系统进行数控编程具有如下特点。

(1) 集成化。将数控编程过程中的被加工零件几何造型、刀轨计算、图形显示和后置处理等作业过程结合在一起，有效地解决了编程的数据来源、图形显示、加工模拟和交互修改问题，弥补了数控语言编程的不足。

(2) 自动化。编程过程是在计算机上直接面向零件的三维实体图形交互进行，不需要用户编制零件加工源程序，用户界面友好，使用简便、直观、准确，便于检查。

(3) 有利于系统集成。便于实现产品设计(CAD)与数控编程(NCP)的集成，以及实现与工艺规程设计(CAPP)、刀夹量具设计等其他生产过程的集成。

目前，数控编程技术仍在继续发展，如"面向车间的编程""数字化扫描编程"等新编程技术。面向车间的编程(Workshop Orientated Programming，WOP)是 20 世纪 90 年代兴起的一种编程方法，其基本思想是：用图形符号代替数控语言，按照系统菜单提示选择相应的图形符号，输入必要的工艺参数，然后由系统自动完成编程作业。按照 WOP 编程方法，编程员仅需根据自身的专业知识和经验，选择合适的图形符号和工艺参数，用以对被加工零件和加工工艺进行描述，而具体数控程序则由 WOP 编程系统自动生成，较为直观、实用，易于被现场生产人员所接受。数字化扫描编程(Digital Scanning Programming)借助接触式或非接触式不同类型的扫描仪，对实体型面进行扫描，以获取加工型面的坐标点集参数，再通过专用扫描编程系统或通用 CAD/CAM 系统，将这些点集参数转换为数控加工程序。如世界著名公司 RENISHAU 等所提供的高速数字化扫描系统 RESCAN，可直接安装在现有数控机床或加工中心机床上，通过对各种样本的扫描，实现实时仿形加工。

## 4.2.2　加工中心机床

### 1. 加工中心的组成与特征

加工中心(Machining Center，MC)机床是一种备有刀库和自动换刀装置的高效数控机床，是当前机械制造业使用最为普遍的一种通用加工设备。加工中心机床的种类繁多，按工艺用途分有镗铣加工中心、车削加工中心、钻削加工中心、复合加工中心等；按机床形态分 有立式加工中心、卧式加工中心、龙门加工中心、五面体加工中心等。无论何种形式，加工中心的组成结构基本类似。加工中心主要有床身、立柱、工作台、回转台、主轴头、刀库及自动换刀装置以及控制系统等组成部件。

与普通数控机床比较，加工中心机床能够自动更换刀具，工件一次装夹可连续进行多工序加工。由于工件装夹次数减少，可减少装夹定位误差，提高加工精度；能实现多工序集中加工，减少机床和夹具的台套数，降低设备成本；大大减少刀具更换、工件反复装夹

及调整等辅助时间，提高了生产效率。

### 2．加工中心刀库

加工中心刀库有多种形式，常用的有转塔式、盘式、链式等。转塔式和盘式刀库的刀具存储容量较小，一般存放 20～40 把刀具。链式刀库的存储容量较大，空间利用率高，可存放 60～100 把刀具。

### 3．自动换刀装置

加工中心机床的自动换刀过程通常可分为有机械手和无机械手两种不同方法。配有机械手换刀装置的加工中心，也有单臂式、双臂式、回转式等不同机械手结构，其机械手手爪又有钩手、抱手、叉手等不同形式。这些机械手能够完成抓刀、拔刀、回转、插刀及返回等全部动作。进行换刀时，一只手臂从刀库中拔出待换的刀具，另一只手臂同时从主轴上拔出待换下的刀具，而后两者旋转交换位置，再分别把待装的刀具插入主轴，把换下的刀具插入刀库，其换刀过程结束。

无换刀机械手的加工中心常常使用刀库或主轴箱的移动或转动来实现换刀过程。例如，可转动刀库的加工中心，换刀时将刀库转动至主轴正下方，利用主轴的 Z 向运动将用毕的刀具插入刀库空位处，然后转动刀库将待换刀具转至主轴正下方，同样利用主轴的 Z 向运动将待用的新刀具从刀库中拔出插入主轴。这种无机械手的换刀方式，要求刀库中刀具存放方向应与主轴轴线平行，其刀库的容量较小，一般不超过 20 个刀位。

可见，在上述两种换刀方式中，利用机械手换刀，在刀库配置、与主轴相对位置及刀具数量上都比较灵活，换刀时间短，是加工中心应用较广的换刀方式；而无机械手的换刀方式，虽然机械结构比较简单，但换刀时间较长，往往比用机械手换刀所需时间长达 2 倍左右。

### 4．选刀方式

加工中心自动换刀时，从刀库挑选所需要的刀具有如下几种常用方法。

顺序选择方式。将刀具按加工顺序依次放入刀库的每个刀座内，换刀时刀库顺序地转动一个刀座位置，取出所需要的刀具，使用过的刀具可以放回原来刀座，也可以顺序放入下一个刀座。这种选刀方式驱动控制比较简单，但刀具在不同工序中不能重复使用，所需刀具数量较大，且装刀顺序要求严格。

刀具编码方式。采用专用的编码刀柄，换刀时通过编码识别装置，在刀库中找出所需要的刀具。由于每把刀具都有编码，因而刀具可以放入刀库中任何一个刀座。这样，刀库中刀具在不同的工序中可以多次重复使用。刀座编码方式对刀库的刀座进行编码，在控制系统中记录每个刀座中的刀具，这样可以根据刀座编码来选择刀具。这种方式是通过控制系统的刀具管理功能进行选刀，不仅可使刀库中的每把刀具多次重复使用，也简化了刀柄结构。

## 4.3　工业机器人

机器人学是关于设计、制造和应用机器人的一门正在发展中的科学。工业机器人技术涉及机械学、控制技术、传感技术、人工智能、计算机科学等多学科领域，是一门多学科的综合性高新技术。工业机器人是一种可重复编程的多自由度自动控制操作机，是现代制造业的基础设备。

　　机器人技术一经出现，就始终与制造业的发展密切相关。同时它也是先进制造技术的一个重要单元，其作用及其重要性表现在以下四个方面：一是面向先进制造中柔性装配的机器人及系统；二是机器人加工系统及其设备；三是机器人化机器；四是特种环境下作业机器人等。工业机器人已广泛应用于喷漆(图 4-3 为运用于汽车制造业中的喷漆机器人)、焊接、冲压、压铸上下料、搬运、装配加工自动化中。国内外对机器人的研究十分活跃，应用领域日益广泛。机器人的研究和应用水平也是衡量一个国家制造业及其工业自动化水平的标志之一。

图 4-3　喷涂机器人

## 4.3.1　工业机器人概述

　　长期以来人类存在一种愿望，即创造出一种像人一样的机器或人造人，以便能够代替人进行各种工作，这就是"机器人"出现的思想基础。机器人技术作为 20 世纪人类最伟大的发明之一，自 20 世纪 60 年代初问世以来，经历 50 余年的发展已取得了长足的进步。

　　国际上至今尚无为人们普遍认可的"机器人"定义，专家们采用不同的方法来定义这个术语。它的定义还因公众对机器人的想象以及科幻小说、影视形象而变得更加困难。为了规定技术、开发机器人新的工作能力，就需要对机器人这一术语有某些共同的理解。目前关于机器人的定义主要有以下几种。

　　(1) 机器人是"貌似人的自动机，具有智力和顺从于人的但不具备人格的机器"。

　　(2) 机器人是"一种用于移动各种材料、零件、工具或专用装置的，通过可编程序动作来执行各种任务，并具有编程能力的多功能操作机"。

　　(3) 机器人是"一种装备有记忆装置和末端执行器，能够转动并通过自动完成各种移动来代替人类劳动的通用机器"。另据报道，日本对现代工业机器人还作了如下定义："具有人体上肢(臂、手)动作功能，可进行多种动作的装置；或具有感觉功能，可自主地进行多种动作的装置(智能机器人)。"

(4) 机器人是"一种自动的、位置可控的、具有编程能力的多功能机械手,这种机械手具有几个轴,能够借助于可编程序操作来处理各种材料、零件和专用装置,以执行种种任务"。

(5) 工业机器人是"一种能自动定位控制、重复编程的、多功能的、多向由度的操作机,能搬运材料、零件或操持工具,用以完成各种作业"。其中操作机定义为"由一系列互相铰接或相对滑动的构件所组成的机器,通常有几个自由度,用以抓取或移动物体(工具或工件)"。

综上所述,可将工业机器人理解为——拟人手臂、手腕和手功能的机械电子装置。它可以把任一物件或工具按空间位姿的时变要求进行移动,从而完成某一工业生产的作业要求,如夹持焊钳或焊枪进行点焊或弧焊;搬运零件或构件;进行激光切割;喷涂;装配机械、部件等。

应当认识到,工业机器人和机械手是有区别的。前者具有独立的控制系统,可通过编程方法实现动作程序的变化;而后者则只能完成简单的搬运、抓取及上下料工作。

有人把机器人分为"类人型"和"非人型"两种,目前所说的工业机器人属于"非人型"。因为无论从它的外形还是结构来说,都和人有很大差异。但是,它虽不完全具备人体的许多机能(如四肢多自由度运动、五官感觉等),但在做某些动作时,它具有与人相同甚至超出人类的能力。

工业机器人以刚性高的机械手臂为主体,与人相比可以有更快的运动速度,可以搬运更重的货物,而且定位精度相当高。它可以根据外部指令,自动进行各种操作。

现代科学技术的发展提供了工业机器人向智能化发展的可能性。目前,依靠先进技术(如计算机、传感器和伺服控制系统等)能使工业机器人具有一定的感觉、识别、判断功能,并且这种具有一定智能的机器人已经在生产中得以运用。

总之,工业机器人是当代最高意义上的自动化技术。它综合了多学科的发展成果,代表着技术的发展方向,其应用在人类生活的各种领域正不断扩大。

## 4.3.2 工业机器人的组成和分类

### 1. 工业机器人的组成

目前使用的工业机器人多半是代替人上肢的部分功能,按给定程序、轨迹和要求,实现自动抓取、搬运或操作的自动机械。它主要由执行系统、驱动系统、控制系统以及检测机构组成,如图4-4所示。

执行系统。手部又称手爪或抓取机构。手部的作用是直接抓取和放置物件(或工具)。腕部又称手腕,是连接手部和臂部的部件。腕部的作用是调整或改变手部的方位(姿态)。臂部又称手臂,是支撑腕部的部件。臂部的作用是承受物件或工具的荷重,并把它传送到预定的工作位置。有时也将手臂和手腕统称为臂部。支柱是支撑手臂的部件。立柱的作用是带动臂部运动,扩大臂部的活动范围,如臂部的回转、升降和俯仰运动都与立柱有密切联系。

行走机构。目前大多数工业机器人没有行走机构,一般由机座支撑整机。行走机构是为了扩大机器人使用空间,以实现整机运动而设置的。其主要形式是滚轮行驶。

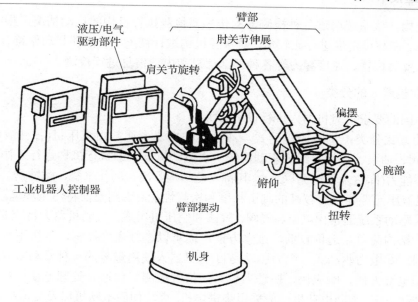

图 4-4　工业机器人

　　驱动系统。该系统是驱动执行机构运动的传动装置，常用的有液压传动、气压传动和电传动等。

　　控制系统。该系统通过对驱动系统的控制，使执行系统按照规定的要求进行工作，图 4-5 所示为机器人控制系统的组成。对示教再现型工业机器人来说，是指包括示教、存储、再现、操作等各环节的控制系统。控制信号对执行机构发出指令，必要时对机器人的动作进行监视，当发生错误或故障时发出报警信号。控制系统还对生产系统(加工机械和其他辅助设备)的状况做出反应，并产生相应的动作。控制系统是反映一台工业机器人功能和水平的核心部分。

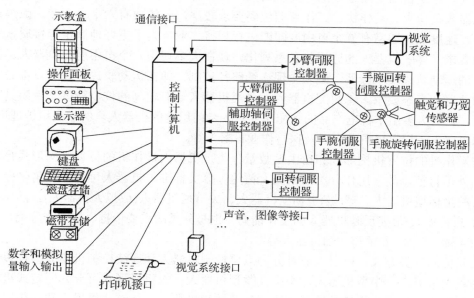

图 4-5　机器人控制系统

检测机构。该系统通过各种检测器、传感器检测执行机构的运动情况，根据需要反馈给控制系统。在与设定值进行比较后，对执行机构进行调整，以保证其动作符合设计要求。检测机构主要对位置、速度和力等各种外部信息和内部信息进行检测。

## 2. 工业机器人的分类

根据不同的要求可对机器人进行以下分类。

按驱动方式分类：①液压驱动式。液压驱动机器人通常由液压机(各种液压缸、油马达)、伺服阀、油泵、油箱等组成驱动系统，由驱动机器人的执行机构进行工作。通常具有很强的抓举能力(高达几百千克以上)。其特点是结构紧凑，动作平稳，耐冲击，耐振动，防爆性好，但液压元件要求有较高的制造精度和密封性能，否则漏油将污染环境。②气动式。气动机器人驱动系统通常由气缸、气阀、气罐和空压机组成。气动机器人特点是气源方便，动作迅速，结构简单，造价较低，维修方便；但难以进行速度控制，气压不可太高，故抓举能力较弱。③电力驱动式。电力驱动是目前机器人使用最多的一种驱动方式。电动机器人的特点是电源方便，响应快，驱动力较大，信号检测、传递、处理方便，并可以采用多种灵活的控制方案。驱动电动机一般采用步进电机，直流伺服电动机以及交流伺服电动机(交流伺服电动机为目前主要驱动形式)。由于电动机速度高，通常须采用减速机构(如谐波传动、齿轮传动、RV 减速器摆线针轮传动、螺旋传动和多杆机构等)。目前，有些机器人已采用无减速机构的大转矩、低转速电动机进行直接驱动，既能够使机构简化，又可以提高控制精度。④混合驱动。即液-气混合驱动或电液混合驱动。

按用途分类：①搬运机器人。这种机器人用途很广，一般只需点位控制，即被搬运零件无严格的运动轨迹要求，只要求始点和终点位置准确。如机床上用的上下料机器人、堆垛机器人及管件搬运机器人等。②喷涂机器人。这种机器人多用于喷漆生产线上，重复位姿精度要求不高。但由于喷雾易燃，因此一般采用液压驱动或交流伺服电动机驱动。③焊接机器人。这是目前使用最多的一类机器人，它又可分为点焊机器人和弧焊机器人两类。点焊机器人负荷大、动作快，工作点的位姿要求较严，一般要有六个自由度。弧焊机器人负载小、速度低，通常有五个自由度即能进行焊接作业。为了更好地满足焊接质量对焊枪姿势的要求，伴随机器人的通用化和系列化，现在大多使用六个自由度的机器人。弧焊对机器人的运动轨迹要求较严，必须实现连续路径控制，即在运动轨迹的每一点都必须实现预定的位置和姿态要求。④装配机器人。这类机器人要有较高的位姿精度，手腕具有较大的柔性，目前大多用于机电产品的装配作业。⑤专门用途的机器人。例如医用护理机器人、航天用机器人、探海用机器人以及探险作业机器人等。

按操作机的位置机构形式和自由度数量分类：机器人操作机的位置机构形式是机器人重要的外形特征，故常用作分类的依据。按这一分类标准，机器人可分为直角坐标型机器人、圆柱坐标型机器人、球(极)坐标型机器人、关节型机器人(或拟人机器人)。操作机本身的轴数(自由度数)最能反映机器人的工作能力，也是分类的重要依据。按这一分类，机器人可分为 4 轴、5 轴、6 轴和 7 轴机器人等。

按其他的分类方式，机器人还可分为点位控制机器人和连续控制机器人；按负载大小可分为重型机器人、中型机器人、小型及微型机器人；按机座形式可分为固定式机器人和移动式机器人；按操作机运动链形式可分为开链式机器人、闭链式机器人和局部闭链式机器人；按应用机能可分为顺序控制机器人、示教再现机器人、数值控制机器人、智能机器人等；按结构形式可分为直角坐标型机器人、圆柱坐标型机器人、球坐标型机器人和多关节型机器人等(见图 4-6)。

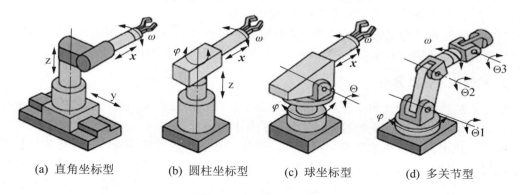

(a) 直角坐标型　　(b) 圆柱坐标型　　(c) 球坐标型　　(d) 多关节型

图 4-6　工业机器人分类

## 4.3.3　工业机器人编程技术

用机器人代替人进行作业时，必须先对机器人发出指示，规定机器人进行应该完成的动作和作业的具体内容，这个过程就称为对机器人的示教或对机器人的编程。常用的编程方法有手控示教编程法和离线编程法等。

### 1. 手控示教编程法

手控示教编程是一种最简单、最常用的机器人编程方法。点位控制机器人与轮廓控制机器人有着不同的示教方法。对点位控制机器人编程时，须通过示教盒上的按钮，逐一使机器人的每个运动轴动作，相关运动轴达到需要编程点的位置后，操作者就将这一点的位置信息存储在机器人的存储器内。而对轮廓控制机器人的示教编程则由操作者握住机器人的手部，以要求的速度通过需要的路线进行示教，同时存储器记录下每个运动轴的连续位置。对于那些不能或不便直接拖着其手部运动的机器人，往往需要附设一个没有驱动元件但装有反馈装置的机器人模拟机，通过这种模拟机对机器人进行示教编程。通过示教直接产生机器人的控制程序，无须操作者手工编写程序指令；其不足之处在于运动轨迹精度不高、难以得到正确的运动速度、需要相当大的存储容量等。

### 2. 离线编程法

部分或完全脱离机器人，借助计算机来编制机器人程序，称为离线编程。机器人离线编程，是利用计算机图形学建立起机器人及其工作环境模型，通过对图形的控制和操作，在离线的情况下进行机器人的轨迹规划，完成编程任务。离线编程的优点在于：减少机器人停机时间；让程序员脱离潜在的危险环境；一套编程系统可给多台机器人编程，若机器人程序格式不同，只需采用不同的后置处理即可；能完成示教难以完成的复杂、精确的编程任务；通过图形编程系统的动画仿真，可验证和优化程序。这种编程方法应优先用在由于任务多变，示教占用机器人生产时间太长或进行精密复杂的作业，如装配和检验，特别是多机协同工作或要用传感器反馈信号时。

例如，HOLPSS 离线编程和仿真系统包括主控模块、机器人语言处理模块、运动学及规划模块、机器人及环境三维构型模块、机器人运动仿真模块和系统通信等不同模块。该系统的工作过程为：首先用系统提供的机器人语言，根据作业任务对机器人进行编程，所编好的程序经过机器人语言处理模块进行处理，形成系统仿真所需的第一级数据；然后对编程结果进行三维图形动态仿真，进行碰撞检测和可行性检测；最后生成所需的控制代码，经过后置处理将代码传到机器人控制柜，使机器人完成所给定的任务。

### 3. 机器人语言及分类

机器人软件的类型大致有三种：伺服控制级软件；机器人运动控制级软件，用于对机器人轨迹控制插补和坐标变换等；周边装置的控制软件。

为了让机器人产生人们所期望的动作，实现上述三类软件的功能，就必须设计机器人的运动过程和编制实现这一运动过程的程序。能用来描述机器人运动的形式语言叫作机器人语言，它是在人与机器人之间的交流中记录信号或交换信息的程序语言。利用机器人对机器人编程，可实现对机器人及其周边装置的控制。

机器人的编程语言是机器人系统软件的重要组成部分，其发展与机器人技术的发展是同步的，与系统软件的分级结构相对应。机器人语言有四种主要类型，由低级到高级依次是：面向点位控制的机器人语言(如 FUNKY)、面向运动的机器人语言(如 VAL)、结构化编程语言(如 AL)、面向任务的机器人语言(如 AUTOPASS)。现有的各种机器人的语言大都可以归入上述类别中。另外有一种语言，即实时监控语言，对任何机器人都适用，但使用这种语言需要较高的技巧和对系统硬件有详尽的了解。目前，各种机器人语言复杂多样，因此迫切要求机器人语言在不断完善的同时持续向标准化方向发展。

## 4.3.4 工业机器人的发展趋势

工业机器人技术是一门涉及机械学、电子学、计算机科学、控制技术、传感器技术、仿生学、人工智能甚至生命科学等学科领域的交叉性学科，机器人技术的发展依赖于这些相关学科技术的发展和进步。归纳起来，工业机器人技术的发展趋势有以下几个方面。

### 1. 高级智能化

未来机器人最突出的特点在于其具有更高的智能，随着计算机技术、模糊控制技术、专家系统技术、人工神经网络技术和智能工程技术等高新技术的不断发展，必将大大提高工业机器人学习知识和运用知识解决问题的能力，并具有视觉、力觉、感觉等功能，能感知环境的变化并作出相应反应，有很高的自适应能力，几乎能像人一样去干更多的工作。

### 2. 结构一体化

工业机器人的本体采用杆臂结构或细长臂轴向式腕关节，并与关节机构、电动机、减速器、编码器等有机结合，全部电、管、线不外露，形成完整的防尘、防漏、防爆、防水全封闭的一体化结构。

### 3. 应用广泛化

在 21 世纪，机器人不再局限于工业生产，而是向服务领域扩展，社会的各个领域都可由机器人工作，从而使人类进入机器人时代。据专家预测，用于家庭的"个人机器人"必将在 21 世纪得到推广和普及，人类生活的仿生机器人将备受社会青睐，警备和军事用机器人也将在保卫国家安全方面发挥重要作用。

### 4. 产品微型化

微机械电子技术和精密加工技术的发展为机器人微型化创造了条件，以功能材料、智能材料为基础的微驱动器、微移动机构以及高度自治的控制系统的开发使微型化成为可能。微型机器人可以代替人进入人本身不能到达的领域进行工作，帮助人类进行微观领域的研究；帮助医生对病人进行微循环系统的手术，甚至可注入血管清理血液，清除病灶和癌变；尺寸极微小的纳米机器人的出现将不再是梦想。

### 5. 组件、构件通用化、标准化和模块化

机器人是一种高科技产品，其制造、使用和维护成本比较高，操作机和控制器采用通用元器件，让机器人组件、构件实现标准化、模块化是降低成本的重要途径之一。大力制定和推广"三化"，将使机器人产品更能适应国际市场价格竞争的环境。

### 6. 高精度、高可靠性

随着人类对产品和服务质量的要求不断提高，对从事制造业或服务业的机器人的要求也相应提高，开发高精度、高可靠性机器人是必然的发展结果。采用最新交流伺服电动机或 DD 电动机直接驱动，以进一步改善机器人的动态特性，提高可靠性；采用 64 位数字伺服驱动单元和主机采用 32 位以上 CPU 控制，不仅可使机器人精度大为提高，也可以提高插补运算和坐标变换的速度。

机器人工业是一个正在高速崛起的产业，随着机器人技术的不断发展和日臻完善，它必将在人类社会的发展中发挥更加重要的作用。

# 4.4 柔性制造系统

20 世纪 60 年代中期出现了柔性制造(Flexible Manufacturing，FM)的新理念和新模式。柔性制造技术(Flexible Manufacturing Technology，FMT)主要用于多品种、小批量或变批量生产的制造自动化技术，它是对各种不同形状加工对象进行适应性制造而转化为成品的各种技术总称。它是集数控技术、计算机技术、机器人技术以及现代管理技术为一体的现代制造技术，自诞生以来便得到了迅速发展，出现了柔性制造单元。

## 4.4.1 FMS 概述

### 1. FMS 的产生和发展

制造自动化已有几十年的历史，从 20 世纪 30 年代到 50 年代，人们主要在大量生产领域里，建立由自动车床、组合机床或专用机床组成的刚性自动化生产线，这些自动生产线具有固定的生产节拍，要改变生产品种是非常困难和昂贵的。由于 20 世纪 60 年代至 70 年代计算机技术得到了飞速发展，计算机数控机床在自动化领域中取代了机械式自动机床，

建立适合于多品种、小批量生产的柔性加工生产线成为可能。作为这种技术具体应用的柔性制造系统(FMS)、柔性制造单元(FMC)和柔性制造自动线(FML)等柔性制造设备纷纷问世，其中 FMS 最具代表性，它是一种高效率、高精度、高柔性的加工系统，是制造业向现代自动化(计算机集成制造系统、智能制造系统、无人工厂)发展的基础设备。柔性制造技术将数控技术、计算机技术、机器人技术以及生产管理技术等融为一体，通过计算机管理和控制实现生产过程的实时调度，最大限度地发挥设备的潜力，减少工件搬运过程中的等待时间，使多品种、中小批量生产的经济效益接近或达到大批量生产的水平，从而解决了机械制造业高效率与高柔性之间的矛盾，被称为是机械制造业中一次划时代的技术革命。自 1967 年世界上第一条柔性制造生产线在英国问世以来，就显示出强大的生命力。经过十多年的发展和完善，到 20 世纪 80 年代初，FMS 开始逐渐成为先进制造企业的主力装备，从 20 世纪 80 年代中期以后，FMS 获得迅猛发展，至今几乎成为生产自动化的代名词。一方面由于单项技术(如 NC 加工中心、工业机器人、CAD/CAM、资源管理及高技术等)的发展，提供了可供集成一个整体系统的技术基础；另一方面世界市场发生了重大变化，由过去传统、相对稳定的市场发展为动态多变的市场，为了在市场中求生存、求发展，提高企业对市场需求的应变能力，人们开始探索新的生产方法和经营模式。近年来，FMS 作为一种现代化工业生产的科学"哲理"和工厂自动化的先进模式已为国际上所公认，为未来企业的发展壮大提供了一幅宏伟的蓝图。

### 2. FMS 的基本概念

FMS 概念是由英国莫林(MOLIN)最早提出的，并在 1965 年取得了发明专利，1967 年推出 Molins System-24(意为可 24h 无人值守自动运行)的 FMS。此后，世界各工业发达国家争相发展和完善这项新技术，以提高制造的柔性和生产率。

所谓柔性制造，是指用可编程、多功能的数字控制设备更换刚性自动化设备，用易编程、易修改、易扩展、易更换的软件控制代替刚性连接的工作程序，使刚性生产线实现软件化和柔性化，能够快速响应市场的需求，多、快、好、省地完成多品种、中小批量的生产任务。

国外有关专家对 FMS 进行更为直观的定义：FMS 是至少由两台机床、一套具有高度自动化的物料运储系统和一套计算机控制系统所组成的制造系统，通过简单改变软件程序便能制造出多种零件中的任何一种零件。

## 4.4.2 FMS 的组成及特点

### 1. FMS 的组成

FMS 主要由加工单元、物料运储、刀具管理和计算机控制系统组成，如图 4-7 所示。加工中心由两台以上 CNC 机床、加工中心或 FMC 以及其他的加工设备(包括测量机、清洗机、动平衡机和各种特种加工设备等)组成。

物料运储系统由工件装卸站、自动化仓库、自动导向运输小车(Automatic Guide Vehicle, AGV)、机器人、托盘缓冲站、托盘交换装置(Automatic Workpiece Change, AWC)等组成，能对工件和原材料进行自动装卸、运输和存储。刀具管理系统包括中央刀库、机床刀库、刀具预调站、刀具装卸站、刀具输送小车或机器人、自动换刀装置(Automatic Tools Change. ATC)、换刀机械手等。计算机控制系统能够实现对 FMS 进行计划调度、运行控制、物料管理、系统监控和网络通信等。除了上述四个基本组成部分之外，FMS 还包含集中冷却润滑系统、切屑运输系统、自动清洗装置、自动去毛刺设备等附属系统。FMC 物料传送系统用于传输负载的主要设备有无轨小车(AGV)、有轨小车(RGV)、传送带、机器人和堆垛机，另外还有人工搬运。表 4-2 所示列出了各类传送方式的比较。

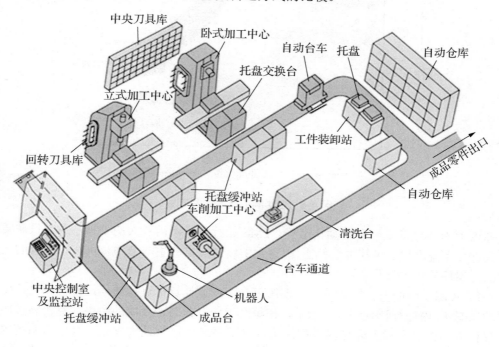

图 4-7 FMS 的组成

表 4-2 各类物料传输设备性能比较

| 类 型 | 负载特性 | 负载能力 | 速 度 | 路径柔性 | 成 本 | 柔 性 |
|---|---|---|---|---|---|---|
| 无轨小车 | 离散传输 | 高 | 中 | 高 | 很高 | 高 |
| 有轨小车 | 离散传输 | 高 | 高 | 低 | 高 | 低 |
| 传送带 | 连续传输 | 低-中 | 低-高 | 中 | 低-高 | 很高 |
| 机器人 | 离散传输 | 低中 | 中 | 低 | 中-高 | 中 |
| 堆垛机 | 离散传输 | 低中 | 中 | 低 | 低-高 | 低 |
| 人工 | 离散传输 | 低 | 低 | 很高 | 低 | 很高 |

## 2. FMS 的特点

FMS 由全自动化设备组成，具有自动实现托盘(工件)交换(或机器人上、下料)和存储的功能，装卸时间与加工时间重合，机床利用率与生产率更高；刀库容量较大，能适应工序集中加工和较多品种数的工件自动加工；单元内设备由计算机集中控制，更加灵活。

FMS 以成组技术为基础。目前，实际运行的 FMS 加工对象大多数为具有一定相似性的零件，如轴类零件 FMS、箱体类零件 FMS 等。加工零件的品种一般在 4～100 种之间，其中以 20～30 种最多。加工零件的批量一般在 40～2000 件之间，其中以 50～200 件为最多，可以说 FMS 适用于一定品种数的中小批量生产，各类制造技术的适用范围如图 4-8 所示。

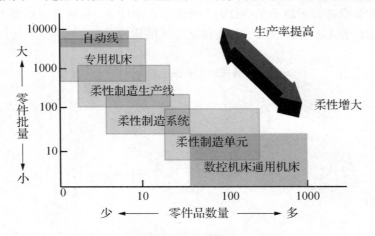

图 4-8　各类制造技术适用范围

FMS 具有高度的柔性和自动化水平。FMS 运行几乎不需要人的干预，通常只需要少数几个人进行系统维护、毛坯准备等工作。FMS 没有固定的生产节拍，可在不停机的条件下实现加工零件的自动转换。

FMS 实现了制造与管理的结合。系统可与工厂主计算机进行通信，并可按全厂生产计划自动在 FMS 内进行计划调度。通常，在每个工作开始时，系统的中央计算机将按照工厂主计算机下达的生产指令通过仿真和优化，确定系统当日的最优作业计划。当系统内某台设备出现故障时，系统会灵活地将该设备的工作转移到其他设备上进行，以实现故障旁路。

## 4.4.3　自动化仓库

### 1. 自动化仓库的内涵

自动化仓库是指在不直接人工干预的情况下，能自动地存储和取出物料的系统。它是以多层货架构成，通常是将物料存放在标准的料箱或托盘内，然后由巷道式堆垛起重机对任意货位实现物料的存取操作，并利用计算机实现对物料的自动存取控制和管理。由于自动化仓库基本上都是立体式的，因此又称为自动化立体仓库或高层货架仓库，如图 4-9 所示。

相对于传统的常规仓库，自动化立体仓库由计算机控制和管理，物料存放位置准确，便于清点和盘存，库存物资账目清楚，可保持合理库存，储备资金周转时间短，需求响应快；多层立体存储方式，可充分利用仓库的地面和空间，节省库存占地面积，提高空间利用率，单位面积存储量为普通仓库的 5～10 倍；自动存取作业，可提高劳动生产率，降低劳动强度，减少管理人员和管理费用；便于信息集成，自动化仓库的信息系统可以与企业的生产信息系统集成，实现企业信息管理的自动化，可随时掌握实际的库存量，增强企业生产的应变能力和决策能力。

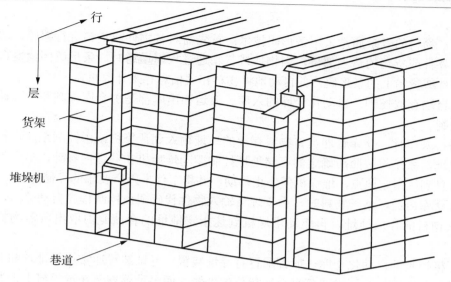

行

层

货架

堆垛机

巷道

图 4-9　自动化仓库示意图

### 2. 自动化仓库的功能结构

自动化仓库一般由货架、堆垛机和计算机控制与管理系统组成。

货架是用于存储物料的单元，是自动化仓库的基础设备。

自动化仓库的高层货架通常成对布置，从而形成供货物进出用的一条条巷道。根据仓库储存量的大小可设计一条或多条巷道。自动化仓库的物料出库和入库作业一般安排在巷道的一端进行，少数也有设置在巷道的两端。每条巷道配置有一台专用堆垛机，负责物料的搬运和存取。

自动化仓库内的物料按品类和细目分别存放在货架的一个个存储笼内，每个存储笼设有固定的地址编码，每个物件也均编有物料码，这些编码按一一对应的关系存储在计算机内，可方便地根据存储笼的地址查找所存放物件的代码，也可根据物件代码反过来寻找该物件的存储地址。

巷道堆垛机。堆垛机是自动化仓库的重要设备，一般是由电力驱动，实现物料的存放或将物料从一处搬运到另一处。巷道堆垛机一般由托架、货叉、支柱、上下导轨、驱动电动机以及传感器构成。根据仓库的类型和货物的重量，可选用单轨或双轨堆垛机。堆垛机可沿巷道进行纵向移动，堆垛机上的起重托架在支柱导向作用下可做升降运动，托架上货叉可做左右伸缩运动，可见堆垛机是一种可实现三维运动的特殊起重机，它能够将物件或货箱自动推入货架的存储笼内，或将货箱或物件从货架的存储笼中自动取出。

计算机控制与管理系统自动化仓库的计算机控制与管理系统主要担负着如下的控制和管理任务。

物料信息的登录。现代制造系统的运行过程离不开物料信息，即物料从入库到完成加工的整个物料流动过程，其代码、存放地址以及工艺流程等信息始终由计算机进行跟踪，并不断更新、记录物料的实时信息。因此，作为制造系统的一个主要组成部分，自动化仓库在接纳物料入库时就必须对物料进行登录。物料的登录是制造系统中物料流和信息流结

合的开始。

目前，物料的登录通常采用条形码技术：首先需对各物件或货箱进行编码，然后将条形码贴在物件或货箱的适当部位，当物件或货箱通过入库通道时，条形码阅读器自动扫描粘贴在物件或货箱上的条形码，并自动地将物料相关信息存入计算机。

物料自动存取控制。自动化仓库的入库、搬运和出库都是由仓库控制和管理计算机系统自动控制。

当物料入库时，仓库管理员将物料存放的地址输入到计算机或由控制系统自行确定物料存放地址，系统将按照所确定的存储地址控制驱动堆垛机在巷道内移动，自动搜寻存储地址，一旦到达指定地点，堆垛机便停止移动，并将工件推入所要求的存储笼内。

若从仓库内提取某一物料时，由管理员输入物件代码或由控制程序自动输入，由计算机搜寻该物料的存放地址，再驱动堆垛机到达指定地址的存储笼内取出所需物料，送出仓库。

计算机控制的自动化仓库一般都配置有寻址装置。寻址装置通常由寻址片和寻址器两部分组成，其中寻址片固设在各个仓库货位的外侧，而寻址器安装在堆垛机上，通过光电原理进行货位地址的识别。同一巷道内货位地址一般由三个参数组成，即货位排架号、层次号以及左/右货位码，寻址装置通过寻址片几何结构的变化实现货位编码，寻址器是通过若干光电通断的 0 或 1 信息进行货位码的寻址识别。

仓库信息的管理。计算机控制与管理系统可对全仓库进行物资、账目、货位以及其他物料信息进行管理。入库时将物件或货箱合理分配到各个货位，出库时可按"先进先出"或其他排队原则进行出库；可定期或不定期地打印各种报表；随时查询某物件存放地址；当系统出现故障时，判断发生故障的巷道，及时对发生故障的巷道进行封闭，以待管理人员从事修复工作。

## 4.4.4　自动化检测

### 1. 检测系统的作用

自动化检测系统类似于人的耳、目及其他器官，用于检测、监控自动化制造系统的运行状态、加工质量，以保证系统稳定、安全、可靠地运行，是自动化制造系统的重要组成部分，是获取制造过程信息的基本手段。通过检测获取制造系统的各类运行状态信息，将其反馈给系统控制器进行诊断、判别，及时对系统进行必要的调整控制，保证系统在最佳状态下连续不断地生产合格产品。

概括地说，自动化检测系统保证整个系统按照设定的工作流程进行生产作业；保证系统生产出符合质量要求的产品；防止由于系统运行异常所引发的生产事故；监测、分析系统运行的状态、趋势，及时提出防范措施；对系统所产生的故障进行分析和诊断，快速、准确地找出故障根源，及时排除故障。

### 2. 检测的内容

机械制造自动化系统是一种较为复杂的自动化系统，整个制造过程所涉及的信息类型也较多，因此要求检测系统所能检测的内容也较为广泛，大致包括如下内容。

(1) 零件或毛坯的检测。在自动化加工或装配之前，对零件或毛坯进行必要的检测和识别，将不符合规定要求的应予以提示或自动剔除。

(2) 工位状态的检测。对已达加工或装配工位的零件或毛坯，检测其定位误差、夹紧力大小等，判别零件或毛坯正确定位与夹紧。

(3) 加工及装配过程的检测。对加工或装配过程中的质量，包括零件或产品尺寸、形位误差以及外形等进行连续检测，并予以反馈，以便控制系统根据检测结果进行加工参数的调节、补偿、显示或报警等。

(4) 加工设备状态的检测。在生产过程中，对生产设备中的一些关键参数进行自动监测，如机床主轴力矩、轴承温度、刀具磨损、齿轮润滑等，以保证生产设备在最佳状态下工作。

(5) 物料运储系统的检测。为了保证物料运储系统高效、安全地工作，需对物料在传送过程中的状态、AGV 小车的导向、自动化仓库的仓位、堆垛机工等进行检测。

(6) 环境参数的监测包括电网电压、环境温度、湿度、粉尘等监测。这些环境参数的变化超出了正常范围，应进行报警、停机处理。

系统故障的诊断通过检测，收集自动化制造系统中各种信息的变化，判别系统是否发生或即将发生故障，包括硬件设备及信息传输系统的故障。

操作人员的安全监测设置安全门、安全栅栏等。

### 3. 检测系统的组成及原理

机械制造自动化系统中的检测系统是由基本检测单元组成，每个检测单元包括传感器、前置处理器以及信息处理单元等。

基本检测单元的工作原理为传感器安装在机械制造系统相关生产设备及其辅助装置上，用于检测所需的系统运行信息；由于传感器输出的信号幅值往往较小，且掺杂许多噪声和干扰信号，需要前置处理器对传感器的检测信号进行放大、滤波甚至整形等预处理；经预处理的信号输入至信息处理单元的数据采集接口，经数-模转换，将之转换为便于计算机分析处理的格式形式；信息处理单元应用各种特征判别处理方法，从所采集的信号中提取能够反映被监测对象的状态特征值，作为处理结果一方面传输给上级控制系统，另一方面向反馈执行元件发出调整、控制命令。

传感器。传感器是检测系统从自动化制造系统中获取信息的感知元件，也是检测监控系统最基本的、必不可少的组成部分。根据检测对象的不同，可采用不同类型的传感元件，通过这些传感元件将制造过程中的各类动态参数转换为连续变化的电流信号或电压信号。

前置处理器。前置处理器的作用是对传感器所检测的信号进行放大、滤波甚至整形等预处理工作。由于传感器输出的信号幅值往往较小，需要将该信号进行放大，使后面的信息处理工作有足够强的信号源；还需采用高通、低通、带通或数字式等不同形式的滤波器去除或抑制干扰噪声，以提高信噪比。

数据采集接口。数据采集接口是信息处理单元从各类传感器中获取检测信号的桥梁。数据采集接口电路与信息处理单元的地址总线、控制总线和数据总线相连接，完成端口寻址、控制操作和信号数据采集的任务。

数据采集实质上是一种模-数转换过程，是将从传感器得到的电流或电压连续模拟信号通过采样、量化转换为离散的数字信号，即 A-D 信号转换。对模拟信号的采样应满足香农定理，即采样频率应大于等于被采样信号所包含的最高频率的两倍，以避免信号混叠现象。采样后的信号还需进行量化处理，使之进一步转换为微处理器便于处理的二进制代码，状态特征判别提取传感器所检测的信号往往是系统作业过程众多现象的综合反映，若要判别所检测对象是否正常工作，必须对检测采样的信号进行状态特征判别和提取处理，从中得到能够代表所检测对象状态变化的有用特征值。目前，可用于信号特征判别提取和处理的方法有很多，包括统计分析法、时域分析法、频域分析法、时频分析、功率谱分析以及包括神经网络、模糊分析、遗传算法等智能分析法。

统计分析法主要是对样本信号进行统计特征的分析，如信号平均值、最大幅值及概率分布等，该方法算法比较简单，适用于信号随对象的状态特征变化规律性较强、重复性好的场合，如零件加工质量变化趋势、设备运行状态等信号的监测。

时域分析法是分析信号随时间变化或分布的规律，其算法也比较简单，如适用于信号随对象状态特征变化的规律性强、重复性好的场合，如几何尺寸、位移量、运动速度等信号的检测。

频域分析法主要是分析信号随频率变化或分布的规律，如信号幅值、能量、相位等。频域分析法的算法比较复杂，适用于信号对象的状态特征变化规律性较弱、重复精确度差、影响因素较多的场合，如设备的故障诊断、刀具磨损、破损等。

时频分析法是目前应用较多的信号分析方法，它结合了时域分析和频域分析两者的优点，通过分析信号随时间和频率的变化或分布，找出被监测对象的特征。时频分析法算法复杂，计算量大，适合于信号的统计特征随时间变化大的场合。

自动检测元件。自动化制造系统中需要检测的信号类型较多，包括机械量、电工量、热工量、流体量等，因而所采用的检测元件也涉及机械、电学、光学、声学、微波等不同的类型。自动检测元件，按工作原理分类，可分为电阻式、电容式、电感式、光电式、电磁式等不同类型的传感器；按被检测参数分类，可分为温度、位移、转速、液位等传感器；按功能作用分类，可分为工业实用型、科学实验型、检测标准型等传感器。

### 4. 检测自动化实例

检测监控技术在机械制造自动化系统中的应用十分广泛，根据不同的检测对象，检测系统的体系结构、系统组成、功能作用和数据处理方法等也不尽相同。这里仅列举加工尺寸在线检测，刀具磨损、破损在线监控的实例，来进一步说明检测监控系统的基本原理和组成结构。

目前，在加工中心机床上广泛应用的加工尺寸检测工具为三维测量头。与加工中心上使用的刀具外形相似，三维测量头的柄部和刀具的柄部完全相同。进行切削加工时，测量头与其他刀具一样放置在机床刀具库内；当需要测量时，由换刀机械手将测量头安装于加工中心主轴孔内，在数控系统控制下对正在加工的工件进行检测，当测量头接触工件时，测量头上红外触发装置立即发出调制的红外信号，该信号被设置在机床上的红外接收装置所接收，经转换为电信号后传送给数控系统，数控系统接收信号后立即记录测量头触点所在的各坐标轴位置；然后，移动测量头测量第二个位置点，由两点的坐标值可计算两点间距离。机床数控系统根据在线测量的加工尺寸，可对加工误差进行补偿。

刀具工作状态的监控在机械加工过程中，刀具工作状态一直在变化，对刀具磨损和破损的检测、监控是制造自动化系统的一项重要的任务。目前，对于刀具磨损、破损的检测和监控有多种不同的技术(见表 4-3)，有直接法和间接法，有接触式和非接触式，有力学的、电学的、光学的、声学的，其中不少方法已在自动化制造系统中得到应用。

表 4-3 刀具磨损、破损监控方法

| | | 传感原理 | 传感器 | 主要特征 |
|---|---|---|---|---|
| 直接法 | 光学图像 | 光发射、折射、傅里叶传递函数、TV摄像 | 光敏、激光、光纤等 CCD 或摄像管 | 可提供直观图像，但受切削条件的影响，不易实现实时监视 |
| | 接触 | 电阻变化 磁力线 | 电阻片、磁间隙传感器 | 简便，但受切削温度、切削力和切屑变化的影响，不能实时监视 |
| 间接法 | 切削力 | 切削力变化量 切削分力比例 | 力传感器 | 灵敏、简便，有商品供应，但动态应变仪难装于机床上，主要障碍是识别阈值的确定 |
| | 转矩 | 电动机、主轴或进给系统转矩 | 应变片、电流表 | 成本低，易使用，已实用，对大钻头破损、探测有效，但灵敏度不高 |
| | 功率 | 电动机或进给系统功率消耗 | 功率传感器 | 成本低，易使用，灵敏度不高，有商品供应 |
| | 振动 | 切削过程振动及其变化 | 加速度计、振动传感器 | 灵敏，有应用前途和工业使用潜力 |
| | 超声波 | 超声波的反射波 | 超声波换能器与接收器 | 可克服转矩限制，但受切削振动变化的影响 |
| | 噪声 | 切削区环境噪声探测 | 拾音器 | 简便，有应用前途和工业使用潜力 |
| | 声发射 | 刀具破损时声发射信号 | 声发射传感器 | 灵敏、实时、使用方便，成本适中，有希望的监控方法，市场有供应，有工业应用潜力 |

通过加工过程中振动量的变化，间接地监测刀具的磨损或破损。由于切削过程的振动信号对刀具磨损和破损较为敏感，因而可将加速度计安装在刀架上，用以检测切削过程的振动信号。所获取的振动信号经放大、滤波以及模-数转换后，送给计算机控制器进行识别处理，当振动信号中的振幅、能量、频率或振铃数等某确定的振动特征值达到刀具磨损或破损所设定的允许值时，机床控制器将发出报警或换刀的信号。这种通过切削振动量监测刀具磨损、破损的方法，其构造简单、实用。然而，切削时的振动信号随工件材料、切削用量等切削条件的改变其差异较大，因此需要构建模式识别判别函数，并能在切削过程中自动修正特征界定值，才能保证刀具磨损或破损的在线监控结果正确、可靠。

使用热电偶测量切削温度的变化间接地监测刀具的磨损或破损。刀具和工件分别作为自然热电偶的两极,切削时刀具和工件接触,形成测温回路。切削加工时,刀-工接触处的温度升高,成为热端,测温电路的刀具和工件引出端保持室温为冷端,由此在测温回路中将产生温差电势,该温差电势反映了回路中热端和冷端的温差大小。随着刀具磨损加剧,切削区的温度会提高,从而使温差电势加大,当达到一定的阈值后自动报警,提示刀具磨损已达到一定程度,应予以及时换刀。

内力作用而产生变形、破裂或相位改变时以弹性应力波的形式释放能量的一种现象。声发射信号可用压电晶体等传感器检测出来。切削加工中,刀具如果锋利,切削就轻快,刀具释放的应变能就小,声发射信号微弱;刀具磨损后使切削抗力上升,从而导致刀具的变形增大,产生高频、大幅度地增强声发射信号,破损前夕其声发射信号会急剧增加。

## 4.4.5　柔性制造系统的发展趋势

通过近 40 年的努力和实践,FMS 技术已臻完善,进入了实用化阶段,并已形成高科技产业。随着科学技术的飞跃进步以及生产组织与管理方式的不断更换,FMS 作为一种生产手段也将不断地适应新的需求、不断地引入新的技术、不断地向更高层次发展。

### 1. 向小型化、单元化方向发展

早期的 FMS 强调规模,但由此产生了成本高、技术难度大、可靠性不好、不利于迅速推广的弱点。自 20 世纪 90 年代开始,为了让更多的中小企业采用柔性制造技术,FMS 由大型复杂系统,向经济、可靠、易管理、灵活性好的小型化、单元化,即向 FMC 或 FMM 方向发展,FMC、FMM 的出现得到了用户的广泛认可。

### 2. 向模块化、集成化方向发展

为有利于 FMS 的制造厂家组织生产、降低成本,也有利于用户按需、分期、有选择性地 购置系统中的设备,并逐步扩展和集成为更强大的系统,FMS 的软、硬件都向模块化方向发展。以模块化结构(比如将 FMC、FMM 作为 FMS 加工系统的基本模块)集成 FMS,再以 FMS 作为制造自动化基本模块集成 CIMS 是一种基本趋势。

### 3. 单项技术性能与系统性能不断提高

单项技术性能与系统性能不断提高,例如,采用各种新技术,提高机床的加工精度、加工效率;综合利用先进的检测手段、网络、数据库和人工智能技术,提高 FMS 各单元及系统的自我诊断、自我排错、自我修复、自我积累、自我学习能力(如提高机床监控功能,使之具有对温度变化、振动、刀具磨破损、工件形状和表面质量的自反馈、自补偿、自适应控制能力,采用先进的控制方法和计算机平台技术,实现 FMS 的自协调、自重组和预报警功能等)。

### 4. 重视人的因素

重视人的因素,完善适应先进制造系统的组织管理体系,将人与 FMS 以及非 FMS 生产设备集成为企业综合生产系统,实现人-技术-组织的兼容和人机一体化。

### 5. 应用范围逐步扩大

应用范围逐步扩大，如金属切削 FMS 的批量适应范围和品种适应范围正逐步扩大，例如向适合于单件生产的 FMS 扩展和向适合于大批量生产的 FMS 扩展。另一方面，FMS 由最初的金属切削加工向金属热加工、装配等整个机械制造范围发展，并迅速向电子、食品、药品、化工等各行业渗透。

# 4.5　计算机集成制造系统

计算机集成制造系统(Computer Integrated Making System，CIMS)，又称计算机综合制造系统，在这个系统中，集成化的全局效应更为明显。在产品生命周期中，各项作业都已有了其相应的计算机辅助系统，如计算机辅助设计(CAD)、计算机辅助制造(CAM)、计算机辅助工艺规划(CAPP)、计算机辅助测试(CAT)、计算机辅助质量控制(CAQ)等。这些单项技术"CAX"原来都是生产作业上的"自动化孤岛"，单纯地追求每一单项技术上的最优化，不一定能够达到企业的总目标，缩短产品设计时间，降低产品的成本和价格，改善产品的质量和服务质量以提高产品在市场的竞争力。

## 4.5.1　计算机集成制造系统的组成与关键技术

### 1. 计算机集成制造系统的组成

从系统的功能上看，CIMS 包括了一个制造企业中的设计、制造、经营管理和质量能够保证等主要功能，并运用信息集成技术和支撑环境使以上功能有效地集成。

一般认为，CIMS 可由经营管理信息系统、工程设计自动化系统、制造自动化系统和质量保证信息系统四个功能分系统，以及计算机网络和数据库管理两个支撑分系统组成。这六大分系统各自有其特有的结构、功能和目标。

经营管理信息分系统(Management Information System，MIS)：CIMS 的神经中枢，是将企业生产经营过程中产、供、销、人、财、物等进行统一管理的计算机应用系统，指挥与控制着 CIMS 其他各部门有条不紊地工作。经营管理信息分系统具有三方面的基本功能：①信息处理，包括信息的收集、传输、加工和查询。②事务管理，包括经营计划管理、物料管理、生产管理、财务管理、人力资源管理等。③辅助决策，分析归纳现有信息，利用数学方法预测未来，提供企业经营管理过程中的辅助决策信息。工程设计集成分系统(Engineering Design Integrated System，EDIS)：在产品设计开发过程中引用计算机技术，使产品设计开发工作更有效、更优质、更自动化地进行。产品设计开发活动包含有产品概念设计、工程结构分析、详细设计、工艺设计，以及数控编程等产品设计和制造准备阶段中的一系列工作。工程设计自动化系统包括人们所熟悉的 CAD/CAPP/CAM 系统，目的是使产品开发活动更高效、更优质地进行。

制造自动化分系统(Manufacturing Automation System，MAS)：CIMS 中信息流和物料流的结合点与最终产生经济效益的聚集地，它位于企业制造环境的底层，是直接完成制造活动的基本环节。

制造自动化分系统一般由机械加工系统、控制系统、物流系统、监控系统组成。在计算机的控制与调节下，按照 NC 代码将一个个毛坯加工成合格的零件并装配成部件乃至产品。完成设计和管理部门下达的任务，并将制造现场的各种信息实时地或经过初步处理后反馈到相应部门，以便及时地进行调度和控制。制造自动化分系统的目标为实现多品种、中小批量产品制造的柔性自动化；实现优质、低耗、短周期、高效率生产；提高企业竞争力，并为工作人员提供舒适，安全的工作环境。

质量保证分系统(Computer Aided Quality System，CAQ)包括质量决策、质量检测与数据采集、质量评价、控制与跟踪等功能。该系统保证从产品设计、制造、检测到后勤服务的整个过程的质量，以实现产品高质量、低成本，提高企业竞争力的目的。

数据库分系统(Database System，DBS)是 CIMS 的一个支撑分系统，是 CIMS 信息集成的关键之一。CIMS 环境下的经营管理数据、工程技术数据、制造控制和质量保证等各类数据需要在一个结构合理的数据库系统里进行存储和调用，以满足各分系统信息的交换和共享。通常，CIMS 数据库系统采用集中与分布相结合的数据管理系统、分布数据管理系统、数据控制系统的三层递阶控制体系结构，以保证数据的安全性、一致性、易维护性，以实现企业数据的共享和信息的集成。

计算机网络分系统是 CIMS 重要的信息集成工具。计算机网络是以共享资源为目的，支持 CIMS 各分系统的开放型网络通信系统，采用国际标准和工业标准规定的网络协议，可以实现异种机互联、异构局部网络及多种网络的互联，以分布为手段满足各应用分系统对网络支持服务的不同需求，支持资源共享、分布处理、分布数据库、分层递阶和实时控制。

### 2. CIMS 的关键技术

实施 CIMS 是一项庞大而复杂的系统工程，企业进行这项高新技术的过程中必然会遇到技术难题，而解决这些技术难题就是实施 CIMS 的关键技术。CIMS 的关键技术主要有以下两大类。

(1) 系统集成。CIMS 的核心在于集成，包括各分系统之间的集成、分系统内部的集成、硬件资源的集成、软件资源的集成、设备与设备之间的集成、人与设备的集成等。在解决这些集成问题时，需要进行必要的技术开发，并充分利用现有的成熟技术，充分考虑系统的开放性与先进性的结合。

(2) 单元技术。CIMS 中涉及的单元技术很多，许多单元技术解决起来难度相当大，对于具体的企业，应结合实际情况，根据企业技术进步的需要进行分析，提出在该企业实施 CIMS 的具体单元技术难题及其解决方法。

## 4.5.2 计算机集成制造系统的递阶控制结构

由于 CIMS 的功能和控制要求十分复杂，采用常规控制系统很难实现，因此其控制系统一般采用递阶控制结构。所谓递阶控制，即将一个复杂的控制系统按照其功能分解成若干层次，各层次进行独立的控制处理，完成各自的功能；层与层之间保持信息交换，上层对下层发出命令，下层向上层回送命令执行结果，通过通信联系构成一个完整的控制系统。这种控制模式减少了系统的开发和维护难度，已成为当今复杂系统的主流控制模式。

前美国国家标准局(现美国国家标准与技术局 NIST)对 CIMS 提出了著名的五层递阶梯控制结构,其五层分别是:工厂层、车间层、单元层、工作站层和设备层。每一层又分解成多个模块,由数据驱动,且可扩展成树形结构。

工厂层控制系统。这是最高一级控制,履行"厂部"职能。完成的功能包括市场预测、制订生产计划、确定生产资源需求、制定资源规划、制定产品开发及工艺过程规划、厂级经营管理(包括成本估算库存统计、用户订单处理等)。

车间层控制系统。这一层控制系统主要根据工厂层生产计划,负责协调车间的生产和辅助性工作以及这些工作的资源配置,车间层控制主要有两个模块:作业管理、资源分配。

单元层控制系统。这一层控制系统安排零件通过工作站的分批顺序和管理物料储运、检验及其他有关辅助性工作。其具体工作内容是完成任务分解、资源需求分析。

工作站层控制系统。这一层主要负责指挥和协调车间中一个设备小组的活动。一个典型的加工工作站由一台机器人、一台机床、一个物料储运器和一台控制计算机组成,它负责处理由物料储运系统送来的零件托盘,工件调整控制、工件夹紧、切削加工、切屑清除、加工检验、拆卸工件以及清理工作等设备级各子系统。

设备层控制系统。这一层是"前沿"系统,是各种设备(如机床、机器人、坐标测量计、自动导引小车等)的控制器。该级控制器向上与工作站控制系统用接口连接,向下与各设备控制器接口相连接。设备层执行上层的控制命令,完成加工、测量、运输等任务。其响应时间从几毫秒到几分钟。

在上述五层递阶控制结构中,工厂层和车间层主要完成计划方面的任务,确定企业生产什么,需要什么资源,确定企业长期目标和近期的任务;设备层是执行层,执行上层的控制命令;而企业的生产监督管理任务则由车间层、单元层和工作站层完成,车间层兼有计划和监督管理的双重功能。

## 4.5.3　计算机集成制造系统的体系结构

计算机集成制造系统的体系结构,尚无统一的定义,主要是指一个系统为满足该系统的目的和要求而具有的形状、特征和状态的结构化布置。它包括一种结构、一种统一或连贯的形式,或一种有序布置。它主要说明系统各组成部分之间的结构关系,而不涉及这些组成部分的细节和实现。它是代表整个系统的多视图、多层次的模型集合,它定义一种集合的制造系统的统一或连贯的形式。研究开放式的集成制造系统体系结构可以促进集成的制造系统结构的标准化、模块化及应用的系统化。

系统的生命周期包括需求分析与定义、系统设计、系统实施和系统运行四个阶段。欧洲信息技术研究发展战略(ESPRIT)中的 AMICE 专题所提出的计算机集成制造开放体系结构(CIMS/OSA),提出一整套结构化方法和平台支持需求分析与定义、系统设计、系统实施直至系统运行的全生命周期,是面向集成制造系统生命周期的体系结构的典型代表。欧共体 CIMS/OSA 体系结构的基本思想是:将复杂的 CIMS 系统的设计实施过程,沿结构方向、建模方向和视图方向分别作为通用程度维、生命周期维和视图维三维坐标,对应于从一般到特殊、推导求解和逐步生成的三个过程,以形成 CIMS 开放式体系结构的总体框架。

### 1. CIMS/OSA 的结构层次

在 CIMS/OSA 的结构框架中的通用程度包含有三个不同的结构层次,即通用层、部分通用层和专用层，其中的通用层和部分通用层组成了制造企业 CIMS/OSA 结构层次的参考结构。

通用层包含各种 CIMS/OSA 的结构模块，包括组件、约束规划、服务功能和协议等系统的基本构成，包含各种企业的共同需求和处理方法。部分通用层由一整套适用于各类制造企业(如机械制造、航空、电子等)的部分通用模型，包括按照工业类型、不同行业、企业规模等不同分类的各类典型结构，是建立企业专用模型的工具。专用层的专用结构是在参考结构(由通用层和部分通用层组成)的基础上根据特定企业运行需求而选定和建立的系统和结构。专用层仅适用于一个特定企业，一个企业只能通过一种专用结构来描述。企业在部分通用层的帮助下，从通用层选择自己需要的部分，组成自己的 CIMS。从通用层到专用层的构成是一个逐步抽取或具体化的过程。

### 2. CIMS/OSA 的建模层次

CIMS/OSA 的生命周期维用于说明 CIMS 生命周期的不同阶段，它包含有需求定义、设计说明和实施描述三个不同的建模层次。

需求定义层是按照用户的准则描述一个企业的需求定义模型；设计说明层是根据企业经营业务的需求和系统的有限能力，对用户的需求进行重构和优化；实施描述层在设计说明层的基础上，对企业生产活动实际过程及系统的物理元件进行描述。物理元件包括制造技术元件和信息技术元件两类。制造技术元件是转换、运输、储存和检验原材料、零部件和产品所需要的元件，包括 CAD、CAQ、MRP、CAM、DNC、FMC、机器人、包装机、传送机等。信息技术元件是用于转换、输送、储存和检验企业各项活动的有关数据文件，包括计算机硬件、通信网络、系统软件、数据库系统、系统服务器以及各类专用的应用软件。

### 3. CIMS/OSA 的视图层

CIMS/OSA 的视图层用于描述企业 CIMS 的不同方面，有功能视图、信息视图、资源视图和组织视图。功能视图是用来获取企业用户对 CIMS 内部运行过程的需求，反映系统的基本活动规律，指导用户确定和选用相应的功能模块；信息视图是用来帮助企业用户确定其信息需求，建立基本的信息关系和确定数据库的结构；资源视图帮助企业用户确定其资源需求，建立优化的资源结构；组织视图用于确定 CIMS 内部的多极多维职责体系，建立 CIMS 的多极组织结构，从而可以改善企业的决策过程并提高企业的适应性和柔性。

由此可以看出，CIMS/OSA 是一种可供任何企业使用，可描述系统生命周期的各个阶段，包括企业各方面要求的通用完备的体系结构。

# 4.6  虚拟制造系统

## 4.6.1  虚拟制造的定义及特点

虚拟制造(Virtual Manufacturing，VM)是 20 世纪 80 年代后期提出的一种先进制造技术，目前还没有公认的定义，比较有代表性的有如下几种。

(1) 虚拟制造是这样一个概念，即与实际一样，在计算机上执行制造过程。其中虚拟模型是在实际制造之前用于对产品的功能及可制造性的潜在问题进行预测。该定义强调 VM "与实际一样""虚拟模型"和"预测",即着眼于结果。

(2) 虚拟制造是仿真、建模和分析技术及工具的综合应用,以增强各层制造设计和生产决策与控制。该定义着眼于手段。

(3) 虚拟制造是一个利用计算机模型和仿真技术来增强产品与过程设计、工艺规划、生产规划和车间控制等各级决策与控制的一体化的、综合性的制造环境。该定义着眼于环境。

(4) 虚拟制造是一种核心概念,它综合了计算机化制造活动,采用模型和仿真来代替实际制造中的对象及其操作。

从上述定义可以看出,虚拟制造涉及多个学科领域。虚拟制造是利用仿真与虚拟现实技术,在高性能计算机及高速网络的支持下,采用群组协同工作,实现产品的设计、工艺规划、加工制造、性能分析、质量检验以及企业各级过程的管理与控制等产品制造的过程,可以增强制造过程各级的决策与控制能力。交互性、沉浸性和想象力是虚拟制造的三个重要特征。

虚拟制造信息高度集成,灵活性高。由于产品和制造环境是虚拟模型,在计算机上可对虚拟模型进行产品设计、制造、测试,甚至设计人员和用户可以"进入"虚拟的制造环境检验其设计、加工、装配和操作,而不依赖于对传统的原型样机进行反复修改。还可以将已开发的产品(部件)存放在计算机内,不但大大节省仓储费用,还能根据用户需求或市场变化快速改型设计,快速投入批量生产,从而能大幅度压缩新产品的开发时间,提高质量,降低成本。

虚拟制造要求群组协同,分布合作,效率高。可使分布在不同地点、不同部门的、不同专业的人员在同一个产品模型上,群组协同,分布合作,相互交流,信息共享,减少大量文档生成及其传递的时间和误差,从而使产品开发快捷、优质、低耗,以适应市场需求的变化。图 4-10 所示为虚拟制造的内涵图。

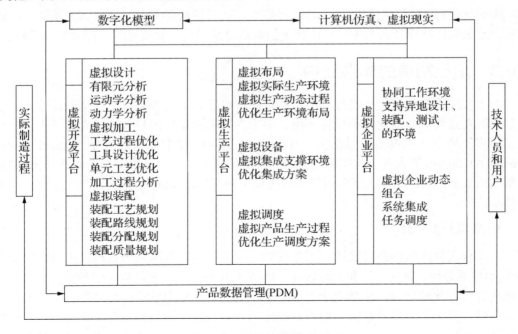

图 4-10　虚拟制造的内涵

### 4.6.2　虚拟制造的分类

虚拟制造既涉及与产品开发制造有关的工程活动，又包含与企业组织经营有关的管理活动。根据所涉及的范围不同和工程活动类型不同，可将虚拟制造分为三类，即以设计为核心的虚拟制造、以生产为核心的虚拟制造和以控制为核心的虚拟制造。

**1. 以设计为核心**

以设计为核心的虚拟制造是通过增加制造信息到 IPPD 的过程和在计算机中进行"制造"，仿真多种制造方案和产生许多"软"的模型。因此它的短期目标是：为了达到特殊的制造目的(例如为了装配进行设计、精良操作或柔性等)，虚拟制造用以制造为基础的仿真来优化产品的设计和生产过程。它的长期目标为：虚拟制造在不同的层次上用仿真过程来评估生产情况，并且反馈给设计和生产控制。

**2. 以生产为核心**

以生产为核心的虚拟制造是通过加仿真能力到生产过程模型，达到方便和快捷地评价多种加工过程的目的。它的短期目标是：虚拟制造是基于生产的 IPPD 的转换，用以优化制造过程和物理层。它的长期目标是：为了实现新工艺和流程的更高的可信度，虚拟制造是增加生产仿真到其他集成和分析技术。

**3. 以控制为核心**

以控制为核心的虚拟制造是通过增加仿真到控制模型和实际的生产过程，来实现优化的真实仿真。其中虚拟仪器是当前研究的热点之一，它利用计算机软硬件的强大功能将传统的各种控制仪表、检测仪表的功能数字化，并可灵活地进行各种功能的组合，对生产线或车间的优化等生产组织和管理活动进行仿真。其目的是在考虑车间控制的基础上，评估新的或改进的产品设计及与生产车间相关的活动，从而优化制造过程，改进制造系统。

### 4.6.3　虚拟制造的体系结构

为了实现"在计算机里进行制造"的目的，虚拟制造技术必须提供从产品设计到生产计划和制造过程优化的建模和模拟环境。由于虚拟制造系统的复杂性，人们从不同角度构建了许多不同的虚拟制造体系结构，如图 4-11 所示。如日本大阪大学 Kazuki Iwata 和 Masahiko Onosato 等人基于现实物理系统和现实信息系统提出来虚拟制造体系结构。美国佛罗里达州 famu FSU 工程大学的研究小组提出了基于 step/internet 数据转换的虚拟制造系统体系结构等。

**1. 虚拟开发平台**

该平台支持产品的并行设计、工艺规划、加工、装配及维修等过程，进行可加工性分析(包括性能分析、费用估计和工时估计等)和可装配性分析。它是以全信息模型为基础的众多仿真分析软件的集成，包括力学、热力学、运动学、动力学等可知造型分析，具有以下研究环境：基于产品技术复合化的产品设计与分析，除了几何造型与特征造型等环境外，还包括运动学、动力学、热力学等模型分析环境等；基于仿真的零部件制造设计与分析，包括工艺生成优化、工具设计优化、刀位轨迹优化、控制代码优化等；基于仿真的制造过程碰撞干涉检验及运动轨迹检验、虚拟加工、虚拟机器人等；材料加工成形仿真，包括产品设计、加工成形过程中温度场、应力场、流场的分析，加工工艺优化等；产品虚拟装配，根据产品设计的形状特征和精度特征，三维真实地模拟产品的装配过程，并允许用户以交互方式控制产品的三维真实模拟装配过程，以检验产品的可装配性。

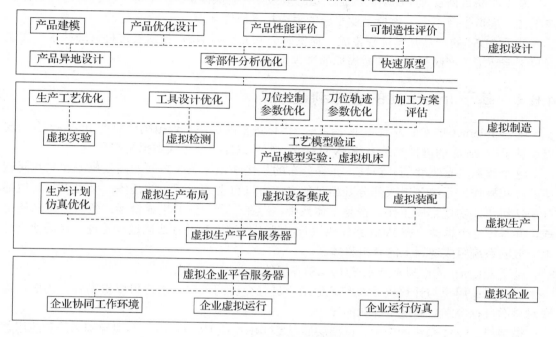

图 4-11　虚拟制造体系框图

### 2. 虚拟生产平台

该平台支持生产环境的布局设计及设备集成、产品远程虚拟测试、企业生产计划及调度的优化，进行可生产性分析等，一般包括：虚拟生产环境布局，根据产品的工艺特征、生产场地、加工设备等信息，三维真实地模拟生产环境，并允许用户交互地修改有关布局，对生产动态过程进行模拟，统计相应评价参数对生产环境的布局进行优化；虚拟设备集成，为不同厂家制造的生产设备实现集成提供支撑环境，对不同集成方案进行比较；虚拟计划与调度，根据产品的工艺特征和生产环境布局，模拟产品的生产过程，并允许用户以交互方式修改生产过程和进行动态调度，统计有关评价参数，以找出最满意的生产作业计划与调度方案。

### 3. 虚拟企业平台

虚拟企业平台利用虚拟企业的形式，实现劳动力、资源、资本、技术、管理和信息等的最优配置。虚拟企业平台主要包括：虚拟企业协同工作环境，支持异地设计、装配、测试的环境，特别是基于广域网的三维图形的异地快速传送、过程控制和人机交互等环境；虚拟企业动态组合及运行支持环境，特别是 Internet 与 Intranet 下的系统集成与任务协调环境。

### 4. 基于 PDM 的虚拟制造集成平台

该虚拟制造平台具有统一的框架、统一的数据模型，并具有开放的体系结构，主要包括：支持虚拟制造的产品数据模型，包括虚拟制造环境下产品全局数据模型定义的规范，多种产品信息(如设计信息、几何信息、加工信息、装配信息等)的一致组织方式。

基于产品数据管理(PDM)的虚拟制造集成技术，提供在 PDM 环境下，零件/部件虚拟制造平台、虚拟生产平台、虚拟企业平台的集成技术研究环境。

基于 PDM 的产品开发过程集成，提供研究 PDM 应用接口技术及过程管理技术，实现虚拟制造环境下产品开发全生命周期的过程集成。

## 4.6.4 基于 Internet 的虚拟制造系统

随着 Internet 技术的发展和全球经济一体化进程的加快，虚拟制造将朝 Internet 方向发展。基于 Internet 的虚拟制造系统(IVMS)是一个开放性的分布式虚拟制造环境。

这个体系具有高度的开放性，允许分布的异构知识和系统之间的高效集成和相互间透明的互相操作。系统各组成部分既相对独立，可以自主完成相应的任务，又可以与其他部分密切协作，实现协同工作。在整个体系中，存在一个一致的集成框架，负责应用系统集成，并基于这个框架，在 IVM 系统内进行异地工作调度和并行协同过程管理，从而使物理上分散的系统组成逻辑上的有机整体。

基于 Internet 的虚拟制造系统(IVMS)各层的功能如下所述。

界面层：用户与计算机系统和其他用户进行交流的入口。用户可以根据各自的应用需求对界面进行定制，体现个性化的操作。

框架层：IVM 系统的中枢。框架层通过 CORBA 或 DCOM 机制实现异构系统和应用之间的集成和互操作，并通过对象管理框架来管理各种应用对象及相互间的关系。在此基础上，通过建立项目管理、过程管理和任务调度机制，如基于 Web 的 PIM 等实现对产品虚拟制造过程的全面控制。界面层用户通过框架实现对各种应用的调用。

应用层：为实现系统的各种功能提供多种应用工具，包括设计、工艺、分析、装配、制造、质量等，形成一个 IVM 工具集，这些应用遵循 CORBA(或 DCOM )规范，并通过界面层向用户提供各种服务。

数据层：包括全局共享数据和本地数据，各种应用通过标准数据访问接口实现本地数据和远程数据的访问，并通过数据间的约束关联机制保证数据的一致性、完整性和连续性。

协议层：规定了 IVM 各部分间的网络通信协议、数据交换标准和应用编程接口(API)协议等。

网络层：亦可称物理层或硬件层。它为 IVM 系统中各种数据的交换与传输及各种应用系统提供物理链路和设备。

## 4.6.5 虚拟制造的关键技术

虚拟制造的实现主要依赖于 CAD/CAE/CAM 和虚拟现实等技术，可以看作 CAD/CAE/CAM 发展的更高阶段。虚拟制造不仅要考虑产品，还要考虑生产过程；不仅要建立产品模型，还要建立产品生产环境模型；不仅要对产品性能进行仿真，还要对产品加工、装配和生产过程进行仿真。因此，虚拟制造涉及的技术领域极其广泛。但一般可以归结为两个方面，一方面是侧重于计算机以及虚拟现实的技术，另一方面是侧重于制造应用的技术。前者属于共性技术，后者则是专门面向制造业的应用技术，主要包括制造系统建模、虚拟产品开发、虚拟产品制造以及可制造性评价等。

### 1. 虚拟现实技术

虚拟现实技术(Virtual Reality，VR)是指由计算机直接把视觉、听觉和触觉等多种信息合成，并提示给人的感觉器官，在人的周围生成一个三维的虚拟环境，从而把人、现实世界和虚拟空间结合起来融为一体，相互间进行信息的交流和反馈的技术。

虚拟现实系统是一种可以创建和体验虚拟世界的计算机系统，包括操作者、机器和人机接口三个基本要素。和一般的计算机绘图系统或模拟仿真系统不同的是，虚拟现实系统不仅能让用户真实地看到一个环境，而且能让用户真正感到这个环境的存在，并能和这个环境进行自然交互，使人产生一种身临其境的感觉。虚拟现实系统有以下几个特征。

自主性：在虚拟环境中，对象的行为是自主的，是由程序自动完成的，要让操作者感到虚拟环境中的各种生物是"有生命的"和"自主的"，而各种非生物是"可操作的"，其行为符合各种物理规律。

交互性：在虚拟环境中，操作者能够对虚拟环境中的生物进行操作，并且操作的结果能够反过来被操作者准确地、真实地感觉到。

沉浸感：在虚拟环境中，操作者应该能很好地感觉各种不同的刺激。存在感的强弱与虚拟表达的详细度、精确度和真实度有密不可分的关系。强烈的存在感能使人们深深地"沉浸"于虚拟环境之中。

### 2. 制造系统建模

制造系统是制造工程及所涉及的硬件和相关软件组成的具有特定功能的一个有机整体，其中硬件包括人员、生产设备、材料、能源和各种辅助装置，软件包括制造理论、制造技术(制造工艺和制造方法)和制造信息等。

虚拟制造要求建立制造系统的全信息模型，也就是运用适当的方法将制造系统的组织结构和运行过程进行抽象表达，并在计算机中以虚拟环境的形式真实地反映出来，同时构成虚拟制造系统的各抽象模型应与真实实体一一对应，并且具有实体相同的性能、行为和功能。

制造系统模型主要包括设备模型、产品模型、工艺模型等。虚拟设备模型主要针对制造系统中各种加工和检测设备，建立其几何模型、运动学模型和功能模型等。制造系统中的产品模型需要建立一个针对产品相关信息进行组织和描述的集成产品模型，它主要强调制造过程中产品和周围环境之间，以及产品的各个加工阶段之间的内在联系。工艺模型是在分析产品加工和装配的复杂过程以及众多影响因素的基础上，建立产品加工和装配过程规划信息模型，是联系设备模型和产品模型的桥梁，并反映两者之间的交互作用。工艺模型主要包括加工工艺模型和装配工艺模型。

制造系统的建模方法主要有广义模型化方法、IDEFO 和 IDEFIX 方法、GRAI 方法、Petri 网方法和面向对象方法等。目前还没有一种非常合适的方式在描述产品信息时，能保证虚拟制造系统在与 MRP、CAD、CIMS 等其他系统之间交换数据时，完全不丢失数据

信息。

### 3. 虚拟产品开发

虚拟产品开发又称为产品的虚拟设计或数字化设计,主要包括实体建模(图 4-12 为机床的建模)和仿真两个方面,它是利用计算机来完成整个产品的开发过程,以数字化形式虚拟地、可视地、并行地开发产品,并在制造实物之前对产品结构和性能进行分析和仿真,实现制造过程的早期反馈,及早地发现问题和解决问题,减少产品开发的时间和费用。

产品的虚拟开发要求实现在三维可视化虚拟环境下 CAD 和 CAE 的集成,即将 CAD 设计、运动学、动力学分析、有限元分析、仿真控制等系统模块封装在 PDM 中,实现各个系统的信息共享,并完成产品的动态优化和性能分析,完成虚拟环境下产品全生命周期仿真、磨损分析和故障诊断等,实现产品的并行设计和分析。

图 4-12  机床建模

虚拟产品开发的主要支持技术是 CAD/CAE/CAM/PDM 技术,其核心是如何实现 PDM 的集成管理,主要涉及虚拟产品开发的产品数据组织体系与数字化产品模型相关数据的组织和管理等研究领域。产品的数字化不仅包括建立产品数字模型,还包括建立模型分析和评估的性能指标。如何解决数据的组织和管理,使之有效地适合虚拟制造的需要是目前研究的热点。

### 4. 制造过程仿真

制造过程仿真可分为制造系统仿真和具体的生产过程仿真。具体的生产过程仿真又包括加工过程仿真、装配过程仿真和检验过程仿真等。

加工过程仿真(虚拟加工)主要包括产品设计的合理性和可加工性、加工方法、机床和切削工艺参数的选择以及刀具和工件之间的相对运动仿真和分析。装配过程仿真(虚拟装配)是根据产品的形状特征和精度特征,在虚拟环境下对零件装配情况进行干涉检查,发现设计上的错误,并对装配过程的可行性和装配设备的选择进行评价。检测过程仿真(虚拟检测)

是模拟真实产品的检测过程，如零件几何尺寸和公差的检测。虚拟仪器是目前虚拟检测技术的研究热点。

制造过程的仿真研究目前主要集中于上述具体的生产过程，由于缺乏完善的面向制造的制造系统建模理论和方法，因此目前还难以针对制造系统全过程进行实时逼真的模仿。

### 5. 可制造性评价

可制造性评价主要包括对技术可行性、加工成本、产品质量和生产效率等方面的评估。虚拟制造的根本目的就是要精确地进行产品的可制造性评价，以便对产品的开发和制造过程进行改进和优化。可制造性评价策略主要有基于规则和基于规划两种方法。由于产品开发涉及的影响因素非常多，影响过程又复杂，所以建立适用于全过程的、精确可靠的产品评价体系是虚拟制造一个较为困难的问题。

# 4.7 网络化制造系统

## 4.7.1 网络化制造的背景及定义

20 世纪 90 年代初，美国里海大学(Lehigh University)在研究和总结美国制造业的现状和潜力后，发表了具有划时代意义的"21 世纪制造业企业发展战略"报告，提出了敏捷制造和虚拟企业的新概念。美国能源部制定了"实现敏捷制造的技术"的计划(1994—1999)，涉及联邦政府机构、著名公司和大学等 100 多个单位，并于 1995 年 12 月发表了该项目的策略规划和技术规划。1995 年，美国国防部和自然科学基金会资助 10 个面向美国工业的研究单位，共同制订了以敏捷制造和虚拟企业为核心内容的"下一代的制造"计划。

1996 年 5 月，美国通用电气公司发表了计算机辅助制造网 CAMNET 的结构和应用，它通过万维网提供多种制造支撑服务，其目的是建立敏捷制造的支撑环境。1997 年美国国际制造企业研究所发表了《美国-俄罗斯虚拟企业网》的研究报告。该项目是美国国家科学基金研究项目，目的是开发一个跨国虚拟企业网的原型，使美国制造厂商能够利用俄罗斯制造业的能力。英国利物浦大学在欧共体的资助下建立英国西北虚拟企业网，该网旨在支持促进英国西北地区中小企业的合作与发展。1998 年 12 月，欧洲联盟公布了"第五框架计划"(1998—2002)，将虚拟网络列入研究主题。

1994 年，虚拟制造技术在我国引起了学术界、工业界和国界综合部门的重视，被国家定为重点发展的科研领域之一。近几年，许多有识之士都特别提出要重视适合中国国情的新生产模式和管理技术的研究和应用，科学技术部将"网络化制造在机械制造领域的应用研究及示范"课题列入国家重点科技攻关项目。

网络化制造是指通过采用先进的网络技术、制造技术及其他相关技术，构建面向企业特定需求的基于网络的制造系统，并在系统的支持下，突破空间对企业生产经营范围和方式的约束，开展覆盖产品整个生命周期全部或部分环节的企业业务活动(如产品设计、制造、销售、采购、管理等)，实现企业间的协同和各种社会资源的共享与集成，高速度、高质量、低成本地为市场提供所需的产品和服务。

所谓网络化制造系统，是指企业在网络化制造模式的指导思想、相关理论和方法的指导下，在网络化制造集成平台和软件工具的支持下，结合企业具体的业务需求，设计实施的基于网络的制造系统。网络化制造系统的体系结构是描述网络化制造系统的一组模型的集合，这些模型描述了网络化制造系统的功能结构、特性和运行方式。网络化制造系统结构的优化有利于更加深入地分析和描述网络化制造系统的本质特征，并基于其所建立的系统模型进行网络化制造系统的设计实施、系统改进和优化运行。通过对当前制造业发展现状的分析，可知现代制造企业的组织状态包括以下几种：独立企业、企业集团、制造行业、制造区域和动态联盟等。针对不同的组织状态，常见的网络化制造系统模式为：面向独立企业、面向企业集团、面向制造行业、面向制造区域和面向动态联盟的网络化制造系统五种模式。

## 4.7.2 网络化制造系统的内涵与特征

### 1. 基本特征

网络化制造的实质是网络技术(Internet/Intranet/Extranet)和制造技术的结合，网络化制造中网络技术的根本功能是为制造系统和制造过程提供一种快速、方便的信息交互手段和环境，因此网络化制造的基本内涵是基于网络的信息(含数据)的快速传输和交互。

### 2. 技术特征

技术特征包括时间特征、空间特征和集成特征。

时间特征。网络使信息快速传输与交互，使制造系统中信息传输过程的时间效率发生根本性变化，使信息传输达到"万里之遥一瞬间"。该特征可使制造活动的时间过程发生重大变化，例如可在制造过程中利用地球时差实现不断的 24h 设计作业等。

空间特征。网络拓展了企业空间，基于网络的异地设计、异地制造使企业走出围墙，走向全球。网络使得分散在各地的企业根据市场机遇随时组成动态联盟，实现资源共享，形成空间范围广阔并能动态变化的虚拟企业。

集成特征。网络和信息快速传输与交互，支持企业内外实现信息集成、功能集成、过程集成、资源集成及企业之间的集成。

### 3. 功能特征

功能特征包括以下几点。

(1) 敏捷响应特征。基于网络的敏捷制造和并行工程等技术可显著缩短产品开发周期，迅速响应市场。

(2) 资源共享特征。通过网络分散在各地的信息资源、设备资源、人才资源可实现共享和优化利用。

(3) 企业组织模式特征。网络和数据库技术将使得封闭性较强的金字塔式递阶结构的传统企业组织模式向着基于网络的、扁平化、透明度高的、项目主线式的组织模式发展。

(4) 生产方式特征。从过去的大批量、少品种和现在的小批量、多品种将发展到小批量、多品种定制型生产方式。21 世纪的市场将越来越体现个性化需求的特点，因此基于网络的定制将是满足这种需求的一种有效模式。

(5) 可参与特征。客户不仅是产品的消费者，而且还将是产品的创意者和设计参与者。

基于网络的 DFC(Design for Customer)和 DBC(Design by Customer)技术将为用户参与产品设计提供可能。

(6)　虚拟产品特征。虚拟产品、虚拟超市和网络化销售将是未来市场竞争的重要方式。用户足不出户,可在网上定制所喜爱的产品,并迅速见到其虚拟产品,而且可进行虚拟使用和产品性能评价。

(7)　远程控制特征。设备的宽带联网运行,可实现设备的远程控制管理,以及设备资源的异地共享。

(8)　远程诊断特征。基于网络可实现设备及生产现场的远程监视及故障诊断。以上基本特征、技术特征和功能特征共同组成了网络化制造的内涵特征体系。

## 4.7.3　网络化制造的技术体系

以技术或技术群的方式构成网络化制造技术体系,其中各技术群所包括的若干技术具有相对的功能独立性。

基础支持技术:包括网络技术和数据库技术等开展网络化制造的基础技术。

信息协议及分布式计算机技术:包括网络化制造信息转换协议技术、网络化制造信息传输协议技术、分布式对象计算技术、Agent 技术、Web Services 技术及网络计算技术等。

基于网络的系统集成技术:包括基于网络的企业信息集成/功能集成/过程集成技术和企业间集成技术、面向敏捷制造和全球制造的资源优化技术、产品生命周期全过程信息集成和功能集成技术,以及异构数据库集成与共享技术等。

基于网络的管理技术群:包括企业资源计划(ERP)/联盟资源计划(URP)虚拟企业及企业动态联盟技术、敏捷供应链技术、大规模定制生产组织技术,以及企业决策支持技术等。

基于网络的营销技术群:主要包括基于 Internet 的市场信息技术、网络化销售技术、基于 Internet 的用户定制技术、企业电子商务技术和客户关系管理技术等。

基于网络的产品开发技术群:主要包括基于网络的产品开发动态联盟模式及决策支持技术、产品开发并行工程与协同设计、基于网络 CAD/CAE/CAPP/CAM 技术、PDM 技术、面向用户参与的设计、虚拟产品及网络化虚拟使用与性能评价技术、设计资源异地共享技术和产品全生命周期管理技术(PLM)等。

基于网络的制造过程技术群:主要包括基于网络的制造执行系统技术、基于网络的制造过程仿真机虚拟制造技术、基于网络的快速原型与快速模具制造技术、设备资源的联网运行与异地共享技术、基于网络的制造过程监控技术和设备故障远程诊断技术。

## 4.7.4　网络化制造的关键技术

网络化制造系统所涉及的实施技术涵盖了以下几方面:组织管理与运营管理技术,资源重组技术,网络与通信技术,信息传输、处理与转换技术等。同时,由于网络化制造是建立在以互联网为标志的信息高速公路的基础上,因此还必须建立和完善相应的法律、法规框架与电子商务环境,建立国家制造资源信息网,形成信息支持环境。

### 1. AIMS NET

制造系统的敏捷基础设施网络(Agile Infrastructure for Manufacturing System, AIMS)包

括预成员和预资格论证、供应商信息、资源和伙伴选择、合同与协议服务、虚拟企业运作支持和工作小组合作支持等。AIMS NET 是一个开放网络，任何企业都可在其上提供服务，实现了服务无缝化和透明化。通过 AIMS NET 可以减少生产准备时间，使当前的生产更加流畅，并可开辟企业从事生产活动的新途径。利用 AIMS NET 可把能力互补的大、中、小企业连接起来，形成供应链网络。企业更加强调自己的核心专长。通过相互合作，能有效地处理任何不可预测的市场变化。

### 2. CAM Net

CAM 网络(CAM Net)通过互联网提供多种制造支撑服务，如产品设计的可制造性、加工过程仿真及产品的试验等，使得集成企业的成员能够快速连接和共享制造信息。建立敏捷制造的支撑环境在网络上协调工作，将企业中各种以数据库文本图形和数据文件存储的分布信息集成起来以供合作伙伴共享，为各合作企业的过程集成提供支持。

### 3. 网络化制造模式下的 CAPP 技术

CAPP 是联系设计和制造的桥梁和纽带，所以网络化制造系统的实施必须获得工艺设计理论及其应用系统的支持。因此，在继承传统的 CAPP 系统研究成果的基础上，进一步探索网络化制造模式下的集成化、工具化。CAPP 系统是当前网络化制造系统研究和开发的前沿领域，它包含基于互联网的工具化零件信息输入机制建立、基于互联网的派生式工艺设计方法和基于互联网的创成式工艺设计方法等。

### 4. 企业集成网络

企业集成网络(Enterprise Integration Net)提供各种增值的服务，包括目录服务、安全性服务和电子汇款服务等。目录服务帮助用户在电子市场或企业内部寻找信息、服务和人员。安全性服务通过用户权限为网络安全提供保障电子汇款服务支持，在整个网络上进行商业往来。通过这些服务，用户能够快速地确定所需要的信息，安全地进行各种业务以及方便地处理财务事务。

### 5. 分布式网络化制造系统的支撑技术

分布式网络化制造系统(Distributed Networked Manufacturing System，DNMS)，是一种由多种、异构、分布式的制造资源，以一定的互联方式，利用计算机网络组成的、开放式的、多平台的、相互协作的、能及时灵活地响应客户需求变化的制造系统，是一种面向群体协同工作并支持开放集成性的系统。其基本目标是将现有的各种在地理位置上或逻辑上分布的异构制造系统/企业，通过其代理连接到计算机网络中去，以提高各个制造系统/企业间的信息交流与合作能力，进而实现制造资源的共享，为寻求市场机遇，及时、快速地响应和适应市场需求变化，赢得竞争优势，求得生存与发展奠定了坚实的基础，从而也为真正实现制造企业研究与开发、生产、营销、组织管理及服务的全球化开辟了道路。

在继承当前制造技术的基础上，构建和实现分布式网络化的制造系统需要计算机网络技术、分布式对象技术、多自主体系统(Multi-Agent System，MAS)技术以及数据库等关键技术支撑。

### 6. 分布式对象技术及其标准

为在分布的、多种异构制造资源的基础上构造起分布式网络化的制造系统，以有效地实现资源与信息共享、相互协调与合作以协同完成整体目标，系统集成就成为十分突出的问题。解决系统集成问题的有效途径就是遵循开放系统原则，采用标准化技术，建立集成软件环境。一种可分布的、可互操作的面向对象机制——分布式对象技术，对实现分布异构环境下对象之间的互操作和协同工作以构建起分布式系统具有十分重要的作用和意义。其主要思想是，在分布式系统中引入一种可分布的、可互操作的对象机制，把分布于网络上可用的所有资源封装成各个公共可存取的对象集合，采用客户/服务器(C/S)结构和模式实现对对象的管理和交互，使得不同的面向对象和非面向对象的应用可以集成在一起。

许多计算机厂商、标准化组织等纷纷制定了分布式对象技术的相关标准。其中，国际对象管理组织发布的公共对象请求代理结构(Common Object Broker Architecture，COBA)，为分布异构环境下各类应用系统的集成，实现应用系统之间的信息互访、知识共享和协同工作提供了良好的可遵循的规范、技术标准和强有力的支持，它通过客户/服务器对象间的交互而实现资源的实时共享。CORBA 具有软硬件的独立性、分布透明性、语言的中立性，以及面向对象的数据管理等优点，从而成为当前十分有效的一种集成机制，因此得到包括 IBM、HP、DEC、Microsoft 等在内的计算机与软件厂商和 X/open、OSF 以及 COSE Alliance 等国际联盟的积极支持和采纳，目前已有几个遵循此标准的产品问世。

基于 CORBA 标准实现的系统集成和应用开发环境是一个能跨越不同地理位置、穿越不同网络系统、屏蔽实现细节、实现透明传输、集成不同用户特长的基于 C/S 模式、面向对象、开放的分布式计算机集成环境，在企业中将会有潜在的巨大的应用前景，在逐步实现企业生产和管理的自动化与智能化、提高生产率、增强和提高企业及时快速响应和适应市场的能力等方面都将起到积极的推进作用。

### 7. 多自主体系统技术

制造系统是由若干完成不同制造子任务的环节组成的，如订货、设计、生产、销售等，各个环节上的各功能子系统既相互独立，又相互协同，以提高产品的市场竞争力和企业的经济效益为目标，共同完成制造任务。因此可以说整个制造过程是一种典型的多自主体问题求解过程，系统/企业中的每一部门(或环节)相当于该过程中的一个自主体(Agent)。制造系统/企业中的每一子任务、功能、问题或单元设备等都可由单个自主体或组织良好的自主体群来代理或实现，并通过它们的交互和相互协商、协调与合作，来共同完成制造任务。将制造系统/企业模拟成多自主体系统，可以使系统易于设计、实现与维护，降低系统的复杂性，增强系统的可重组性、可扩展性和可靠性，以及提高系统的柔性、适应性和敏捷性等。

# 本 章 小 结

本章详细介绍了数控机床的结构组成、工作原理、数控系统软硬件构成、伺服系统以及数控编程方法；以数控机床为基础，拓展介绍了加工中心机床的刀库、自动换刀装置、自动选刀方式，以及柔性制造单元结构组成特征；作为当前自动化最高层次的柔性制造系统 FMS，从分析其总体组成特征基础上，对 FMS 加工子系统、工件运储子系统、刀具运储子系统以及控制子系统的组成结构及其功能特点分别予以了详细的介绍。装配是制造自动化最为薄弱的环节，影响因素多，装配过程复杂。这里侧重分析了零件结构的自动装配工艺性，以及针对特殊产品的自动装配机、装配机器人以及自动装配生产线。检测是保证安全生产，提高生产效率和质量，实现智能制造的重要手段。这里在分析检测系统功能作用的基础上，重点讨论了检测系统的基本组成模块及工作原理，常用的自动检测元件，列举了一些在线检测实例。

# 复习与思考题

1. 简述制造自动化技术的发展及内涵。
2. 分析机床数控系统的组成和工作过程。
3. 伺服系统包括哪些组成部分？比较开环、闭环以及半闭环伺服系统构成原理及功能。
4. 简述数控编程的一般步骤以及计算机辅助编程的原理与特点。
5. 分析 FMS 结构组成、功能特点和适用范围。
6. 简述 FMS 控制系统体系结构、特点以及各组成模块的控制功能。
7. 描述工业机器人的结构组成及其功能作用。
8. 简述常用的工业机器人编程方法及其工作原理。
9. 简述自动化仓库的结构组成、特点及控制管理功能。

# 第5章　现代企业管理技术

## 【本章要点】

先进管理技术是先进制造技术的重要组成部分。产品的开发过程实际上是现代设计技术、先进制造技术与先进管理技术的有机集成，先进制造技术中的各技术都离不开管理技术，尤其是先进管理技术。本章对先进管理技术进行概述，重点介绍了物料需求计划、制造资源计划、企业资源计划、产品数据管理、全面质量管理、现代质量保证技术等内容。

## 【学习目标】

- 掌握物料需求计划。
- 熟悉制造资源计划。
- 熟悉产品数据管理。
- 了解现代质量保证技术。

# 5.1　先进管理技术概述

## 5.1.1　先进管理技术的内涵和特点

### 1. 先进管理技术的内涵

先进管理技术是指用于设计、管理、控制、评价、改善制造业，从市场研究、产品设计、产品制造、质量控制、物流直至销售与用户服务等一系列活动的管理思想、方法和技术的总称。它包括制造企业的制造策略、管理模式、生产组织方式以及相应的各种管理方法，是在传统管理科学、行为科学、工业工程等多种学科的思想和方法的基础上，结合不断发展的先进制造技术而形成并不断发展起来的。

### 2. 先进管理技术的特点

先进管理技术作为一项综合性系统技术，在制造企业中一直有着重要的地位。先进管理技术的特点十分明显。

(1) 科学性。先进管理技术是以管理科学思想和方法为基础，每个新的管理模式都体现了新的管理哲理。

(2) 信息性。信息技术是先进管理技术的重要支持，管理信息系统就是先进管理技术与信息技术结合的产物。

(3) 集成性。现代企业管理系统集成了以往孤立的单项管理系统的功能和信息，能按照系统的观点对企业进行全面管理。

(4) 智能化。随着人工智能技术在企业管理中应用的不断深入，智能化管理系统已成

为先进管理技术的重要标志。

(5) 自动化。管理信息系统和办公室自动化系统功能的完善，促使企业管理自动化程度不断提高。

(6) 网络化。随着企业范围的不断扩大和计算机网络的迅速发展，推进企业管理系统的网络化。

先进管理技术不仅可以适应工厂先进制造技术的需求，优化协调企业内外部自动化技术要素，提高制造系统的整体效益，还能在生产工艺装备自动化水平不高的情况下，通过对企业经营战略、生产组织、产品过程的优化及质量工程等，在一定程度上提高生产效率和企业效益。因此，先进管理技术对于制造企业来说更具有现实意义。

## 5.1.2  先进管理技术的发展

市场竞争不仅推动制造业的迅速发展，也促进企业生产管理模式的变革。早期的市场竞争主要是围绕降低劳动力成本而展开的，适应大批量生产方式的刚性流水线生产管理是主要模式。20 世纪 70 年代，降低产品成本和提高企业整体效率成为市场竞争焦点。通过引进制造自动化技术提高企业生产率，采用物料需求计划(MRP)与及时生产(JIT)方式来提高管理生产水平是该时期的主要手段。20 世纪 80 年代，全面满足用户要求成为市场竞争的核心，通过 CIMS 来改善产品上市时间、产品质量、产品成本和售后服务等方面是当时的主要竞争手段。同时，制造资源计划(MRP)、MRP/JIT 和精益生产(LP)管理模式成为此时的企业生产管理的主流。自 20 世纪 90 年代以来，市场竞争的焦点转为如何在最短时间内开发出客户个性化的新产品，并通过企业间的合作快速生产新产品。并行工程作为新产品开发集成技术成为竞争的策略，面向跨企业生产经营管理的 ERP 管理模式也应运而生。

随着 21 世纪的世界市场竞争、制造技术与管理技术的进一步发展，以产品及生产能力为主的企业竞争将发展成为以满足客户需求为基础的生产体系间的竞争，这就要求企业能够快速创造新产品和响应市场，在更大范围内组织生产，从而赢得竞争。可以预见，集成化的敏捷制造技术将是制造业 21 世纪采用的主要竞争手段，基于制造企业合作的全球化生产体系与敏捷虚拟企业的管理模式将是未来管理技术的主要问题。对于企业内部传统的面向功能的多级递阶组织，管理体系将转向未来，叫过程的扁平化组织管理系统。多功能项目组将发挥越来越重要的作用。而对于企业外部，将形成企业动态联盟或敏捷虚拟公司的组织形式；建立在网络平台基础的企业网将对企业管理起到直接的支持作用。通过敏捷动态联盟组织与管理，制造企业将具备更好的可重用性、可重构性和规模可变性，并能对快速多变的世界市场做出迅速响应和赢得竞争。

# 5.2  物料需求计划

物料需求计划(Material Requirements Planning, MRP)是 20 世纪 60 年代末 70 年代初发展起来的一种生产管理技术。它的指导思想是在需要的时间向需要的部门按照需要的数量提供该部门所需的物料。当物料短缺影响到整个生产计划时，应该迅速及时地提供物料；当生产计划延迟而推迟物料需求时，物料的供应也应该相应地被推延。MRP 的目标是，在提供顾客最好服务的同时，最大限度地减少库存，以降低库存成本。如图 5-1 所示为物料需求计划的内涵。

图 5-1　物料需求计划的内涵

把所有物料分成独立需求(Independent Demand)和相关需求(Dependent Demand)两种类型。在 MRP 系统中，"物料"是一个广义的概念，泛指原材料、在制品、外购件以及产品。若某种需求与对其他产品或零部件的需求无关，则称为独立需求。它来自企业外部，其需求量和需求时间由企业外部的需求来决定，如客户订购的产品、售后用的备品备件等。其需求数据一般通过预测和订单来确定，可按订货点方法处理。对某些项目的需求若取决于对另一些项目的需求，则这种需求为相关需求。它发生在制造过程中，可以通过计算得到。对原材料、毛坯、零件、部件的需求，来自制造过程，是相关需求，MRP 处理的正是这类相关需求。

MRP 由主生产进度计划(MPS)和主产品的层次结构逐层逐个地求出主产品所有零部件的出产时间、出产数量，把这个计划叫作物料需求计划。其中，如果零部件是靠企业内部生产的，需要根据各自的生产时间长短来提前安排投产时间，形成零部件投产计划；如果零部件需要从企业外部采购的，则要根据各自的订货提前期来确定提前发出各自订货的时间、采购的数量，形成采购计划。确实按照这些投产计划进行生产和按照采购计划进行采购，就可以实现所有零部件的出产计划，从而不仅能够保证产品的交货期，而且还能够降低原材料的库存，减少流动资金的占用。物料需求计划(MRP)是根据主生产进度计划(MPS)、主产品的结构文件(BOM)和库存文件而形成的。主产品就是企业用以供应市场需求的产成品。

主生产进度计划(Master Production Schedule，MPS)，它是指在某一计划时间段内应生产出的各种产品和备件，它是物料需求计划制定的一个最重要的数据来源。MPS 主要描述主产品及由其结构文件 BOM 决定的零部件的出产进度，表现为各时间段内的生产量，有出产时间、出产数量或装配时间、装配数量等。

主产品的结构文件——物料清单指明了物料之间的结构关系，以及每种物料需求的数量，它是物料需求计划系统中最为基础的数据，主要反映出主产品的层次结构、所有零部件的结构关系和数量组，根据这个文件，可以确定主产品及其各个零部件的需要数量、需要时间和它们相互间的装配关系。

如图 5-2 所示为圆珠笔的构成示意图，第 0 层为最终产品，它由笔盖、笔芯和笔套组成；

第 1 层中的笔芯由笔芯油、笔芯头和笔芯杆组成；第 2 层的笔芯油、笔芯头和笔芯杆为不可再分的零件或材料。

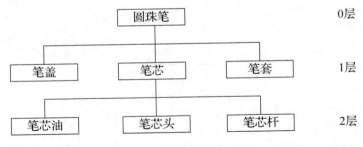

图 5-2　产品构成示意图

产品库存文件包括：主产品和其所有的零部件的库存量、已订未到量和已分配但还没有提走的数量。制定物料需求计划有一个指导思想，就是要尽可能减少库存。产品优先从库存物资中供应，仓库中有的，就不再安排生产和采购。仓库中有但数量不够的，只安排不够的那一部分数量投产或采购。由物料需求计划再产生产品采购计划和生产作业计划，根据产品采购计划和生产作业计划组织物资的生产和采购，生成制造任务单和采购订货单，交制造部门生产或交采购部门去采购。

MRP 的计算逻辑是按产品结构层次由上而下逐层展开的，首先根据主生产计划中的最终产品数量确定总需求量；其次查询可用库存量，计算出净需求量；再根据批量规则计算出每批订货量，即计划交付量；最后根据提前期确定计划投放量及订购时间，可将其计算逻辑简化为工作计算流程，需要进行如下数值计算。

(1) 总需求量(Gross Requirements)：如果是产品级物料，则总需求由 MPS 决定；如果是零件级物料，则总需求来自于上层物料的计划发出订货单。

(2) 预计到货量(Scheduled Receipts)：该项目有的系统称为在途量，即计划在某一时刻入库但尚在生产或采购中，可以作为 MRP 使用。

(3) 现有数(On Hand)：表示上期末结转到本期初可用的库存量。现有数=上期末现有数+本期预计到货量-本期总需求量。

(4) 净需求量(Net Requirements)：当现有数加上预计到货不能满足需求时产生净需求。净需求=现有数+预计到货-总需求。

(5) 计划接收订货(Planned Order Receipts)：当净需求为正时，就需要接收一个订货量，以弥补净需求。计划收货量取决于订货批量的考虑，如果采用逐批订货的方式，则计划收货量就是净需求量。

(6) 计划发出订货(Planned Order Release)：计划发出订货量与计划接收订货量相等，但是时间上提前一个时间段，即订货提前期。订货日期是计划接收订货日期减去订货提前期。

另外，有的系统设计的库存状态数据可能还包括一些辅助数据项，如订货情况、盘点记录、尚未解决的订货、需求的变化等。

20 世纪 70 年代，MRP 经过发展形成了闭环 MRP(closed-loop MRP)生产计划和控制系统。闭环 MRP，是在物料需求计划(MRP)的基础上，增加对投入与产出的控制，也就是对企业的能力进行校检、执行和控制。闭环 MRP 理论认为，只有在考虑能力的约束，或者对能力提出需求计划，在满足能力需求的前提下，物料需求计划(MRP)才能保证物料需求的执行和实现。在这种思想要求下，企业必须对投入与产出进行控制，也就是对企业的能力进行校检和执行控制。

所谓闭环有两层意思：①把生产能力需求计划、车间作业计划和采购计划纳入 MRP，形成一个闭环系统；②计划执行过程中，必须有来自车间、供应商和计划人员的反馈信息，利用这些反馈信息进行生产计划的调整和平衡，从而使生产过程中各个方面能够协调和统一。闭环 MRP 系统的作业过程是"计划—实施—评价—反馈—计划"不断反馈的过程。

闭环 MRP 的主生产计划来源于企业的生产经营计划与市场需求(如合同、订单等)；主生产计划与物料需求计划的运行(或执行)伴随着能力与负荷的运行，以保证计划可靠；采购与生产加工的作业计划与执行是物流的加工变化过程，同时又是控制能力的投入与产出过程；能力的执行情况最终反馈到计划制定层，整个过程是能力的不断执行与调整的过程。

闭环 MRP 系统的出现，对生产能力进行了规划与调整；扩大和延伸了 MRP 的功能，在编制零件进度计划的基础上把系统的功能进一步向车间作业管理和物料采购计划延伸；通过对计划完成情况的信息反馈和用工派工、调度等手段来控制计划的执行，以保证 MRP 计划的实现，加强了计划执行的情况和监控。然而，闭环的 MRP 系统涉及的仅仅是物流部分，与物流密切相关的企业生产的资金流还是由财务人员另行管理，这对生产管理过程中的成本及时核算带来了困难。

# 5.3  制造资源计划

20 世纪 70 年代末到 80 年代初，物料需求计划经过发展和扩充逐步形成了制造资源计划的生产管理方式。制造资源计划(Manufacturing Resource Planning，MRP II)是指以物料需求计划为核心的闭环生产计划与控制系统，它将 MRP 的信息共享程度扩大。使生产、销售、财务、采购、工程紧密结合在一起，共享有关数据，组成了一个全面生产管理的集成优化模式，即制造资源计划。

企业的 MRP II 系统是一个完整的经营生产管理计划体系，是实现企业整体效益的有效管理模式，它包括了以下五大经营运作体系。

(1) 计划管理体系。这是企业运作体系的主线，主要职能是通过经营规划、生产规划、主生产计划、物料需求计划、生产作业控制这五个层次的计划，自下而上地逐层反馈信息，进行有效的计划管理。

(2) 作业执行管理体系。该体系的职能是根据计划对企业具体的经营活动进行安排，并对其实施过程进行实时控制。

(3) 工程管理体系。该体系为企业提供各类工程、计划、库存、成本类基本数据，是计划管理体系有效运行的保证。

(4) 物料管理体系。该体系通过对企业各种物流的随时跟踪，如原材料、在制品、产成品等的规范管理，保证了企业各类库存信息的准确性，保障企业物流的高效率。

(5) 财务管理体系。该体系通过对财务信息的收集、财务活动的追踪，为企业各类经营活动提供数据基础，使企业运作处于财务的全面监控之下。

MRP II 把企业作为一个有机整体从整体最优的角度出发，通过运用科学方法对企业的各种制造资源和产、供、销、财各个环节进行有效的计划、组织和控制，使它们得以协调发展，并充分地发挥作用。

作为一种管理模式，MRP II 系统的特点有以下几方面。

(1) 计划的一贯性与可行性。MRP II 是一个计划主导型的管理模式，包括从宏观的生产规划到微观的生产作业计划，从粗能力计划到能力计划与平衡，这些计划与企业的经营目标始终保持一致。计划由厂级职能部门进行编制，车间班组只是执行计划、进行调度和反馈计划执行中的信息。计划下达前对生产能力进行验证和平衡，并根据反馈信息及时调整，处理好供需矛盾。保证计划的有效性和可执行性。

(2) 管理的系统性。MRP II 系统是一种系统工程，它把企业所有与生产经营直接相关部门的工作连成一个整体，每个部门都从系统整体出发做好本岗位工作，每个人都清楚自己的工作同其他职能的关系。只有在"一个计划"下才能成为系统，条框分割各行其是的局面将被团队精神所取代。

(3) 数据共享性。MRP II 系统是一种管理信息系统，企业各部门都依据同一数据库的信息进行管理，任何一种数据的变动都能及时地反映给所有部门，做到数据共享，在统一数据库支持下按照规范化的处理程序进行管理和决策，改变过去那种信息不同、情况不明、盲目决策、相互矛盾的现象。为此，要求企业员工用严肃的态度对待数据，专人负责维护，保证数据的及时、准确和完整。

(4) 动态应变性。MRP II 系统是一个闭环系统，它要求跟踪、控制和反馈瞬息万变的实际情况，管理人员可随时根据企业内外部环境条件的变化迅速做出响应，及时决策调整，保证生产计划正常进行。它可以保持较低的库存水平，缩短生产周期，及时掌握各种动态信息，因而有较强的应变能力。为了做到这一点，必须树立全员的信息意识，及时准确地把变动了的情况输入系统。

(5) 模拟预见性。MRP II 系统是生产经营管理客观规律的反映，按照规律建立的信息逻辑必然具有模拟功能。它可以解决"如果……将会……"的问题，可以预见相当长的计划期内可能发生的问题，事先采取措施消除隐患，而不是等问题已经发生了再花几倍的精力去处理。这将使管理人员从忙忙碌碌的事务堆里解脱出来，致力于实质性的分析研究和改进管理工作。

(6) 物流、资金流的统一。MRP II 系统包罗了成本会计和财务功能，可以由生产经营活动直接产生财务数字，把实物形态的物料流动直接转换为价值形态的资金流动，保证生产和财会数据一致。财会部门及时得到资金信息用来控制成本，通过资金流动状况反映物流和生产作业情况，随时分析企业的经济效益，参与决策，指导经营和生产活动，真正起到会计师和经济师的作用。同时也要求企业全体员工牢牢树立成本意识，把降低成本作为一项经常性的任务。

# 5.4　企业资源计划

企业资源计划(Enterprise Resource Planning，ERP)，由美国著名管理咨询公司 Gartner Group Inc.于 1990 年提出来的。20 世纪 90 年代随着信息技术不断地向制造业管理渗透，为了实现产能、质量和交期的完美统一，合理库存、生产控制问题需要处理大量的、复杂的企业资源信息，要求信息处理的效率更高，传统的管理方法和理论已经无法满足系统的需要，对信息的处理已经扩大到整个企业资源的利用。信息全球化趋势的发展要求企业之间加强信息交流与信息共享，企业之间既是竞争对手又是合作伙伴，新习惯要求扩大到整个供应链的管理，因此在 MRPU 的基础上扩展了管理范围，新一代的综合企业管理系统企业资源计划(ERP)孕育而生。

企业资源计划(ERP)要求企业的注意力不仅在产品生产过程的管理、库存管理和成本控制等企业内部管理上，更需要注重供应商的物资供应、制造工厂的生产、分销与发货以及客户的售后服务这一"供应链"。企业的发展不仅依靠企业本身的资源，更要利用全社会各种市场资源，来快速高效地进行生产经营，以期在市场上获得竞争的优势。

## 5.4.1  ERP 的基本思想

ERP 的基本思想是对企业中的所有资源(物料流、资全流、信息流等)进行全面集成管理，主线是计划，重心是财务，涉及企业所有供应链。对于企业来说，ERP 首先应该是管理思想，其次是管理手段与信息系统。它的先进管理思想主要体现在以下六个方面。

### 1．帮助企业实现体制创新

ERP 能够帮助企业建立一种新的管理体制，其特点在于能实现企业内部的相互监督和相互促进，并保证每个员工都自觉发挥最大的潜能去工作，使每个员工的报酬与他的劳动成果紧密相连，管理层也不会出现独裁现象。新的管理机制必须能迅速提高工作效率，节约劳动成本。

### 2．"以人为本"的竞争机制

ERP 认为企业内部仅靠员工的自觉性和职业道德是不够的，必须建立一种竞争机制。在此基础上，给每位员工制定一个工作评价标准，并以此作为对员工的奖励标准，使每位员工都必须达到这个标准，并不断超越这个标准，而且越远越好。随着标准的不断提高，生产效率也必然跟着提高。

### 3．把组织看作是一个社会系统

在 ERP 的管理思想中，组织是一个协作的系统。应用 ERP 的现代企业管理思想，结合通信技术和网络技术，在组织内部建立起上情下达、下情上达的有效信息交流沟通系统。这一系统能保证上级及时掌握情况，获得作为决策基础的准确信息，能保证指令的顺利下达和执行。

### 4．以"供应链管理"为核心

ERP 基于 MRPH，又超越了 MRPH。ERP 系统在 MRPU 的基础上扩展了管理范围，它把客户需求和企业内部的制造活动以及供应商的制造资源整合在一起，形成一个完整的供应链(SCM)，并对供应链上的所有环节进行有效管理，这样就形成了以供应链为核心的 ERP 管理系统。供应链跨越了部门与企业，形成了以产品或服务为核心的业务流程。

### 5．以"客户关系管理"为前台重要支撑

在以客户为中心的市场经济时代，企业关注的焦点逐渐由过去关注产品转移到关注客

户上来。ERP 系统在以供应链为核心的管理基础上，增加了客户关系管理后，将着重解决企业业务活动的自动化和流程改进，尤其是在销售、市场营销、客户服务和支持等与客户直接打交道的前台领域。其目标是通过缩短销售周期和降低销售成本，通过寻求扩展业务所需的新市场和新渠道，并通过改进客户价值、客户满意度、盈利能力以及客户的忠诚度等方面来改善企业的管理。

### 6. 实现电子商务，全面整合企业内部资源

电子商务时代的 ERP 系统还将充分利用 Internet 技术及信息集成技术，将供应链管理、客户关系管理、企业办公自动化等功能全面集成优化，以支持产品协同商务等企业经营管理模式。为使企业适应全球化竞争所引起的管理模式的变革，ERP 呈现出数字化、网络化、集成化、智能化、柔性化、行业化和本地化的特点。

## 5.4.2 ERP 与 MRP II 的关系

图 5-3 所示为 ERP、MRP 与 MRP II 的关系。ERP 的理论基础是从 MRP II 发展而来的，它继承了 MRP II 的基本思想，如制造、进销存和财务管理模块，还大大拓宽了其范围，如多工厂管理、质量管理、设备管理、运输管理、分销资源管理、过程控制接口、数据采集接口、电子通信模块等管理模块。

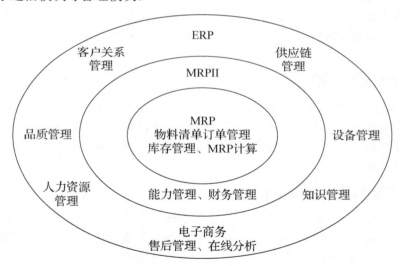

图 5-3　ERP、MRP 与 MRP II 的关系

MRP II 的核心是物流，主线是计划，伴随着物流的过程，同时存在资金流和信息流。

ERP 的主线也是物流，但 ERP 已经将管理的重心转移到财务上来，在整个企业的运作中贯穿了财务成本控制的概念。ERP 极大地扩展了业务管理的范围和深度，包括质量、设备、分销、运输、多工厂管理、数据采集接口等，几乎涉及企业所有的供需过程。

ERP 的管理范围更大，扩展到供应链管理、电子商务、客户关系管理和办公室自动化等。ERP 更好地支持企业的业务流程重组，因为企业内部和外部的环境变化相当快，企业为了更好地适应市场，需要不断地调整组织结构和业务流程，ERP 的发展趋势是更好地支

持这种变化，以最小的代价完成改变和重组。

随着时代的前进和计算机科学的发展，科学的决策越来越依靠计算机所能提供数据的全面性、准确性、实时性。21 世纪，ERP 已向协同商务等其他活动方向发展。

# 5.5　产品数据管理

产品数据管理(Product Data Management，PDM)技术产生于 20 世纪 80 年代初期，是为了解决大量工程图样、技术文档管理的困境，以软件为基础的一项管理技术。近年来，随着信息技术的不断进步，产品数据管理技术已经向产品生命全周期管理(Product Life-cycle Management，PLM)技术发展。建立起在信息和网络技术之上的一整套管理系统，包括市场需求调研、产品开发、产品设计、销售、售后服务等的信息管理，其目的是对产品数据实现全面管理。

产品数据管理技术应用十分广泛，包括机械、电子、汽车、航空航天以及非制造企业(如交通、商业、石化)等领域以大量地引入它来进行企业信息化管理。为了促进技术进步，加快产品更新换代，提高企业的市场竞争力，它已成为企业信息化的一种重要的技术工具。

## 5.5.1　产品数据管理概述

产品数据管理(PDM)明确定位为面向制造企业，以软件技术为基础，以产品管理为核心，实现对产品相关的数据、过程、资源一体化的集成管理技术。PDM 进行信息管理的两条主线是静态的产品结构和动态的产品设计流程，所有的信息组织和资源管理都是围绕产品设计展开的。这也是 PDM 系统有别于其他的信息管理系统，如企业信息管理系统(MIS)、制造资源计划(MRPH)、项目管理系统(PM)、企业资源计划(ERP)的关键所在。

要想给 PDM 下个准确的定义并不容易，许多专家学者对 PDM 给出不同的定义，目前人们普遍接受以下的定义——PDM 是管理所有与产品相关的下述信息和过程的技术。

与产品相关的所有信息，即描述产品的各种信息，包括零部件信息、结构配置、文件、CAD 档案、审批信息等。

对这些过程的定义和管理，包括信息的审批和发放。

Gartner Group 公司的 D. Burdick 定义：PDM 是为企业设计和生产构筑一个并行产品艺术环境(由供应、工程设计、制造、采购、销售与市场、客户构成)的关键使能技术。一个成熟的 PDM 系统能够使所有参与创建、交流以及维护产品设计意图的人员在整个产品生命周期中自由共享与产品相关的所有异构数据，如图纸与数字化文档、CAD 文件和产品结构等。

综上所述，我们可以看出 PDM 是以整个企业作为整体，跨越整个工程技术群体，是促使产品快速开发和业务过程快速变化的使能器。PDM 集成了所有与产品相关的信息，使企业的产品开发向有序和高效地设计、制造及发送产品的方向发展。

总之，PDM 是以软件为基础的技术，它将所有与产品相关的信息和所有与产品有关的过程集成到一起。产品有关的信息包括任何属于产品的数据，如 CAD/CAM/CAE 的文件、材料清单(BOM)、产品配置、事务文件、产品订单、电子表格、生产成本、供应商状态等。产品有关的过程包括任何有关的加工工序、加工指南和有关于批准、使用权、安全、工作标准和方法、工作流程、机构关系等所有过程处理的程序，包括了产品生命周期的各个方面。PDM 使最新的数据能为全部有关用户享用，包括从工程师、NC 操作人员到财会人员和销售人员均能按要求方便地存取。

## 5.5.2 产品数据管理的体系结构与功能

### 1. 产品数据管理(PDM)的体系结构

PDM 系统的体系结构可以分解为以下四个层次的内容，如图 5-4 所示。

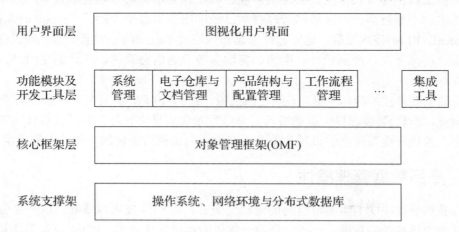

图 5-4　PDM 体系结构

第一层是支持层。目前流行的商业化的关系型数据库是 PDM 系统的支持平台。关系型数据库提供了数据管理的最基本的功能，如存、取、删、改、查等操作。

第二层是对象层(产品主题化层)。由于商用关系型数据库侧重管理事务性数据，不能满足产品数据动态变化的管理要求。因此，在 PDM 系统中，采用若干个二维关系表格来描述产品数据的动态变化。PDM 系统将其管理的动态变化数据的功能转换成几个，甚至几百个二维关系型表格，实现面向产品对象管理的要求。

第三层是功能层。面向对象层提供了描述产品数据动态变化的数学模型。在此基础上，根据 PDM 系统的管理目标，在 PDM 系统中建立相应的功能模块。一类是基本功能模块，包括文档管理、产品配置管理、工作流程管理、零件分类和检索及项目管理等；另一类是系统管理模块，包括系统管理和工作环境。系统管理主要是针对系统管理员如何维护系统，确保数据安全与正常运行的功能模块。工作环境主要保证各类不同的用户能够正常、安全、可靠地使用 PDM 系统，既要求方便、快捷，又要求安全、可靠。

第四层是用户层，包括开发工具层和界面层。不同的用户在不同的计算机上操作 PDM 系统都要提供友好的人机交互界面。根据各自的经营目标，不同企业对人机界面会有不同的要求。因此，在 PDM 系统中，通常除了提供标准的、不同硬件平台上的人机界面外，还要提供开发用户化人机界面的工具，以满足各类用户不同的特殊要求。

整个 PDM 系统和相应的关系型数据库(如 Oracle)都建立在计算机的操作系统和网络系统的平台上。同时，还有各式各样的应用软件，如文字处理、表格生成、图像显示和音像转换等。在计算机硬件平台上，构成了一个大型的信息管理系统，PDM 将有效地对各类信息进行合理、正确和安全的管理。

## 2. PDM 的功能

PDM 系统为企业提供了许多功能来管理和控制所有与产品相关的信息以及与产品相关的过程。PDM 技术的研究与应用在国外已经非常普遍。目前，全球范围商品化的 PDM 软件有上百种之多。从软件功能模块的组成来看，一般包括电子仓库和文档管理、产品结构与配置管理、工作流和过程管理、零件分类与检索管理、项目管理等功能。

电子仓库(Data Vault, DV)是 PDM 系统中最基本、最核心的功能，是实现 PDM 系统中其他相关功能的基础。所谓电子仓库，是指在 PDM 系统中实现产品数据存储与管理的元数据及其管理系统，它是连接数据库和数据使用界面的一个逻辑单元。它保存了管理数据的数据(元数据)以及指向描述产品的相关信息的物理数据和文件的指针，它为用户存取数据提供一种安全的控制机制，并允许用户透明地访问全企业的产品信息，而不用考虑用户或数据的物理位置。其主要功能可以归纳为：文件的输入和输出、按属性搜索的机制、动态浏览/导航能力、分布式文件管理和分布式仓库管理、安全机制等。

元数据是管理数据的数据，用于资料的整理、查找、存取、集成、转换和传送。元数据的内容包括指向物理数据和文件的指针、文件的操作状态和版本状态、文件的分类信息、文件的使用权限以及其他的控制管理信息等。

电子仓库主要保证数据的安全性和完整性，并支持 Check in/Check Out、增删、查询等操作，它的建立和使用对用户而言是透明的。

在产品的整个生命周期中与产品相关的信息多种多样，这些信息以文件或图档形式存在，统称为文档。它们主要包括产品设计任务书、设计规范、图纸(二维、三维)、技术文件、各种工艺数据文件(如工艺卡、夹具卡、工步文件、刀位文件等)、技术手册、路线原理图、使用手册、维修卡等文档。

PDM 系统中的文档管理用以取代人工方式的档案管理，使用户方便、快捷、安全地存取、维护及处理各种有关产品的文档。因此企业中的文档分类标准有多种，一般按照文档存在的状态进行划分，将其分为文本文件、数据文件、图形文件、表格文件和多媒体文件五种类型。

文档的管理与共享是以电子仓库为基础的。提供对分布式异构数据的存储、检索和管理功能，包括文档对象的浏览、查询与圈阅、文档的分类与归档、文档的版本管理、文档的安全控制等。好的 PDM 系统提供了下列确保管理性和安全性的功能：多结构化管理。一个文件可以与多个项目、装配件、参考图块或零件相关联；用户化界面、属性卡片以表示设计和文档的属性；多种浏览树形结构的选项；所有图纸和文档存储在安全而集中的保险箱中；用户和用户组设计账号和使用权限；生命周期管理和控制权限。

## 3. 产品结构与配置功能

产品结构与配置管理(Product Structure and Configuration Management)是 PDM 系统的重要组成部分，是以电子仓库为底层支持，以 BOM 为组织核心，把定义最终产品的所有工程数据和文档联系起来，实现产品数据的组织、管理与控制，并在一定目标或规则约束下，向用户或应用系统提供产品结构的不同视图和描述，如设计视图、装配视图、制造视图、

计划视图等。

产品结构用来反映一个产品有哪些零部件构成以及这些零部件之间的构成关系。产品结构配置就是利用事先建立的完整产品结构，按照满足客户所需功能的要求，设计或选择零部件，把这些零部件按照它们的功能，以某种组合规则(如装配关系)和某种条件进行编组，形成一个具体的产品，其中的条件称为产品结构配置条件。产品结构和产品配置紧密相关，是对产品信息进行组织和管理的形式。只有合理、有效地组织产品结构，才能使产品配置得以顺利进行。如以生产笔为例，笔的产品结构由笔杆、笔帽和笔芯构成，如果每个组成部分有两种规格(例如不同颜色的笔杆、笔帽和笔芯)，则共六个零件。通过产品结构配置，按照笔杆、笔帽和笔芯的装配关系和各种颜色组合的配置条件，可以产生八种不同的具体产品结构。

在产品设计的整个生命周期中，虽然产品结构有可能按各式各样的要求进行重新配置，但产品零部件对象仍然与那些定义它们的数据保持连接关系。红色笔杆可能与黑色笔帽和黑色笔芯配置成一个具体产品，也可能与红色笔帽和黑色笔芯配置成另一个具体产品。

产品结构与配置管理包括产品结构管理与产品配置管理两个部分。其基本功能有：产品结构树的创建与修改；产品零部件与相关信息(材料、文档、供应商等)的关联；产品零部件的版本控制和变量定义，可选件、替换件的管理；产品结构配置规则的定义，根据配置规则自动生成BOM；支持结构的查询和零部件及图文档查询；产品结构的多视图管理；系列化产品的结构视图管理；支持与制造资源计划(MRPH)或企业资源计划(ERP)的集成等。

### 4. 工作流和过程管理

工作流与过程管理(Workflow Process Management，WPM)是PDM系统中重要的基础功能之一，又称工程流程管理，它是用来定义和控制数据操作的基本过程，它主要管理当用户对数据进行操作时会发生什么，人与人之间的数据流向以及在一个项目的生命周期内跟踪所有事务和数据的活动，并对已建立的工作流程进行运行、维护，控制工作状态以及对工作历时过程进行记载，使产品数据与其相关的过程有机地结合起来。在企业中，过程管理广泛地用来跟踪和控制产品的设计和修改过程，以增强产品开发过程的自动化。

工作流或过程管理主要包括面向任务或临时插入或变更的工作流管理，规则驱动的结构化工作流管理，触发器、提醒和报警管理，电子邮件接口管理，图形化工作流设计工具等。它是支持工程更改必不可少的工具。

PDM的生命周期管理模块管理着产品数据的动态定义过程，其中包括宏观过程(产品生命周期)和各种微观过程(如图样的审批流程)。对产品生命周期的管理包括保留和跟踪产品从概念设计、产品开发、生产制造直到停止生产的整个过程中的所有历史记录，以及定义产品从一个状态转换到另一个状态时必须经过的处理步骤。管理员可以通过对产品数据的各基本处理步骤的组合来构造产品设计或更改流程，这些基本的处理步骤包括指定任务、审批和通知相关人员等。流程的构造是建立在对企业中各种业务流程的分析结果基础上的。

### 5. 零件的分类和检索管理

PDM系统需要管理大量的数据。为了较好地建立、使用与维护这些数据，PDM系统提供了快速方便的分类和检索管理功能。

一个产品或部件是由多个不同的零部件组成的，而一个零件又往往用在多个不同的产品或部件上。这就是说零件是不依赖于任何产品或部件而独立存在的，应该有自己的组织管理方式，即零件分类管理。零件的分类管理就是将全厂生产的所有零件按期设计和工艺上的相似性进行分类，形成零件族，分别加以管理。分类技术与面向对象的技术相结合，将具有相似特征的数据与过程分为一类，并赋予其一定的属性和方法，使用户能够在分布式环境中高效地查询文档、数据、零件、标准件等对象。分类功能是实现快速查询的支持技术之一。

常用的分类技术有使用智能化的零件序号、成组技术、搜索/检索技术、零件建库技术。

PDM 系统的零件分类能够大幅度提高产品设计的工作效率，但是零件分类并不是PDM 系统的最终目标。通过零件分类，能够将借助于分类方法检索到的对象直接用于产品开发的各阶段，包括支持 CAD、支持工业流程规划和 NC 编程，从而显著地加快产品形成的速度。利用零件基本属性、分类结构、事物特征表和工程图纸，PDM 系统应提供以下查询方法：①查询分类层次(如查询某个零件族)；②查询单个特征或特征组合；③查询某个具体零件的标识号；④利用结构浏览器通过图形导航的分类结构进行查询；⑤查询某个 CAD几何图形。

PDM 系统还应支持借用查询和专用查询。借用查询(Where Used)可找出零部件被哪些产品利用，利用在哪些结构中。专用查询可找出该零部件最先被哪个产品应用。

### 6. 项目管理功能

项目是研发某个产品或完成某个计划所进行的一系列活动的总称。项目管理是在项目的实施过程中对其计划、组织、人员及相关的数据进行管理与配置，对项目的运行状态进行监视，并对完成结果进行反馈。项目管理包括项目自身信息的定义、修改以及与项目相关的信息，如状态、组织等信息的管理。每个项目中的各个阶段又分成不同的状态，如工作状态、归档状态等。具体来说应该包括项目和任务的描述、研制阶段的状态、项目成员的组成和角色的分配、研制流程、时间管理、费用管理、资源管理等。

项目管理的任务有以下几个方面，根据项目任务制定项目计划，配置资源，安排时间，组织人员，分解并分配任务以及进行项目费用成本核算等；在项目的实施过程中对其计划、组织、人员、资源及相关的数据进行管理与调度，对项目的运行过程和状态进行监控，及时发现项目实施中出现的问题并做出反应，并对其加以记录。

PDM 系统的项目管理功能是为了完成对项目进行管理的任务而设置的。为了进行项目管理，需要制定项目模型。在项目模型中对项目的任务、人员和时间安排进行描述，项目模型一般包括项目文件夹、项目组和项目时间表。

### 7. 电子协作功能

电子协作主要实现人与 PDM 数据之间高速、实时的交互功能，包括设计审查时的在线操作、电子会议等，较为理想的电子协作技术能够无缝地与 PDM 系统一起工作，允许交互访问 PDM 对象，采用 CORBA 或 OLE 消息的发布和签署机制把 PDM 对象紧密结合起来。

### 8. 扫描和成像功能

该模块完成把图纸或缩微胶片扫描转换成数字化图像并把它置于 PDM 系统控制管理之下，在 PDM 发展的早期，以图形重构为中心的扫描和成像系统是大多数技术数据管理系统的基础，但在目前的 PDM 系统中，这部分功能仅是 PDM 中很小的辅助性子集，而且随着计算机在企业中的推广应用，它将变得越来越不重要，因为在不久的将来，几乎所有的文档都将以数字化的形式存在。

### 9. 系统定制与集成功能

系统定制是指 PDM 系统按照客户的要求提供对自身系统的修改、剪裁和添加功能。

由于 PDM 系统采用面向对象的思想，其中的各功能模块在软件结构上具有相对独立性，采用组件和插件技术构建在系统中，因此，能够按照用户的要求选择安装某些功能模块，用户暂时不需要的功能模块，可不安装。

PDM 系统提供面向对象的定制工具。定制工具提供专门的数据模型定义语言，能够实现对企业模型全方位的再定义，包括软件系统界面的修改、系统的功能扩展等。

PDM 系统涉及的大量原始信息来自不同应用系统。为了使得企业在不同计算机系统和应用系统之间进行信息交换，同时企业不同部门之间能够共享信息，PDM 系统提供完善的集成接口和工具实现应用系统与 PDM 数据库以及应用系统之间的信息集成。系统提供的集成接口包括与 CAD/CAM/CAPP 的接口、与 Office 应用程序的接口、与 MRPH 和 ERP 的集成接口等。这种集成一般采用 ODMA(开放式文档管理架构)技术实现。

外部应用系统与 PDM 系统的集成方式有：基于 OLE 方式集成 Windows 平台下的各种应用；基于文件交换的方式集成应用系统；基于数据库集成 CAD/CAPP/CAE/CAM 等；提供 API 函数接口，以集成第三方软件产品。

对系统现有操作方法的改造，或构造扩展新的操作方法。当用户增添新的功能、规定新的操作方法时，需要集成工具的支持。标准的应用开发接口是其他应用系统能直接对 PDM 对象库中的对象进行操作，或者在 PDM 对象库中添加新的对象类及其对象库表。

PDM 系统的这些管理功能已得到广泛的应用。利用 PDM 这一信息传递的桥梁，可方便地进行 CAD 系统、CAPP 系统、CAM 系统、CAE 系统以及 MRP 系统之间的信息交换和传递，实现设计、制造和经营管理部门的集成化管理。

## 5.5.3 产品数据管理在企业中应用

一个企业要使 PDM 在实施过程中获得成功，一方面要与具体的应用背景和企业文化紧密结合，另一方面必须有正确的实施方法和步骤。PDM 实施的一般方法和步骤模型，可归纳成五个阶段。

### 1. 范围定义阶段

在此阶段，要明确界定三个范围：①PDM 支持的地域范围，是面向工作小组(Teamwork)、整个企业，还是跨企业、跨地区；②应用范围，是面向图纸管理、设计和制造的数据管理还是更广的应用领域；③实施的时间跨度，是一次完成，还是分阶段实施。

### 2. 数据分析与收集阶段

这一阶段要求分析清楚与 PDM 实施相关的四方面内容，即人员(People)、数据(Data)、活动(Activities)与基础设施(Infrastructure)。首先要明确人员的组织关系及其履行的职责，明确活动的过程及过程的数据支持和人员配备，以及过程产生的数据。其次是要定义管理的数据对象的组织结构。最后要明确企业现有的信息基础设施(如硬件、软件和通信工具)情况能否满足 PDM 实施时的要求。

### 3. 信息建模阶段

这一阶段以上面分析与收集到的数据为基础，建立相应的过程模型、数据模型与用户接口，作为 PDM 实施系统的详细设计。

### 4. 开发、实施阶段

这一阶段是将上面定义的详细设计内容映射到具体选择的 PDM 软件工具中，使过程模型、数据模型和用户接口在 PDM 中得以实现。在这一阶段还要求完成 PDM 软件与 CAD/CAM 工具、MRP 工具等应用的集成，并要求给出全面的测试，以验证是否满足用户的要求。

### 5. 用户适应、调整阶段

这一阶段是整个实施的最后一个阶段，也是最重要、最容易被忽视的阶段。尽管过程模型、数据模型在 PDM 中得以实现，但电子仓库中是空的，无法支持过程的运行。所以，首先要把相关的数据通过手工或别的手段装入电子仓库中，并着手培训相关的人员，特别是多功能协作队伍的培训，保证他们在 PDM 环境中能运作起来，并通过他们带动其他人员熟悉新环境的工作方式；其次，通过运作发现问题，得到反馈信息，在原来的基础上重新调整原设计，循环反复，最终达到用户的要求，并根据企业的需要和 PDM 功能的许可，不断地加入新的内容。

## 5.6　供应链管理(SCM)

### 5.6.1　SCM 的产生背景

供应链管理(Supply Chain Management，SCM)是在社会经济全球化，企业经营集团化趋势下提出并形成的。同其他新型管理模式一样，SCM 的产生、发展直到广泛应用都有它现实的社会背景和技术背景。

为了加强控制，使企业能在市场竞争中掌握主动，传统企业往往采用"纵向一体化"的管理模式，即企业拥有从毛坯制造、零件加工、装配、包装、运输、销售等一整套设备、设施、人员及组织机构。在市场日益多变的发展环境下，这种"大而全""小而全"模式存在较多的弊端。

(1) 增加企业投资负担，日益频繁的市场波动使企业难以承受过重的投资和投资风险。

(2) 企业在从事较多不擅长的业务，使有限的资源消耗在众多的经营领域，难以形成突出的核心优势。

(3) 对市场需求无法做出敏捷的响应。

(4) 不能形成专业化生产，难以降低企业生产经营成本。

(5) 增大企业行业风险，如果整个行业不景气，企业会在最终用户市场遭受重大损失。

为此，"纵向一体化"管理模式已难以在当今市场竞争条件下获得所期望的利润。自 20 世纪 80 年代以来，企业管理逐渐由"横向一体化"替代了"纵向一体化"的企业经营模式，即把原来由企业自己生产的零部件外包出去，充分利用企业的外部资源。"横向一体化"模式的出现形成了一条从供应商到制造商再到分销商的"供应链"。为了使供应链上的所有加盟企业都能受益，并且使每个企业都有比竞争对手更强的竞争实力，就必须加强对供应链的构成及运作管理方法的研究，由此便形成了"供应链管理"这一新型企业经营与运作模式。

市场环境转变产生的问题 20 世纪 80 年代以来，企业所面临的市场环境发生了巨大的转变，从过去以供应商为主导的静态、简单的卖方市场变成为以顾客为主导的动态、复杂的买方市场。而传统企业的采购、生产、销售等却仍是相互独立的部门，相互脱节，片面追求本部门利益。企业和各供应商没有协调一致的计划，缺少有效的信息沟通与集成，其结果出现需求的变异、放大现象，即供应链上各节点企业仅根据来自其相邻的下级企业的需求信息进行生产和供应决策，这种需求失真现象会沿着供应链产生逐级放大，到达最源头的供应商时，所获得的需求信息与消费市场中的实际需求信息已发生了很大的偏差。由于这种需求放大的效应，上游供应商往往维持比下游供应商更高的库存水平，这种现象将给企业造成严重的产品库存积压、服务水平不高、产品成本过高及质量低劣等问题，必然使企业在市场竞争环境中处于不利的地位。

采用 MRP II 出现的难题自 20 世纪 70 年代起，以合理资源利用、改善计划和压缩库存为目标的 MRP/MRP II 系统逐渐在企业生产管理中得到应用。随着全球化供应链应用的展开，MRPII 不断显露其不足：缺乏对生产流程之间依赖性的预见，零件或半成品不能同时到位，易使生产过程脱节；出于安全生产所设置的固定提前期，使制造商加大安全库存，以弥盖生产过程中的缺陷；由于生产批量固定不变，经常造成过度生产；仅考虑企业内部资源的最优应用，而没有考虑外部资源，企业资源未充分利用。

为了克服 MRP II 存在的不足，以管理为基本职能，以合作协调为主导思想，保证供应链紧密衔接，强调多方协调生产，追求各节点零库存的 SCM 管理思路应运而生。

20 世纪 90 年代以来，信息技术革命带来的信息传递和资源共享突破了原有企业管理的时间概念和空间界限，将原来的二维市场变为没有地理约束和空间限制的三维市场。信息技术实现了数据快速、准确地传递，提高了仓库管理、装卸运输、采购配送、订单处理的自动化水平，使订货、包装、保管、运输、流通、加工实现一体化，企业间的协调与合作在短时间内迅速完成，数据交换的速度和可靠性大幅度提高，成本降低，效益增加，促进了企业之间的合作，为 SCM 产生创造了良好的环境。

## 5.6.2 SCM 的定义

供应链是围绕核心企业，通过对信息流、物料流、资金流的控制，从原材料的采购、中间产品以及最终产品的加工制造，直到把产品送到消费者手中，将供应商、制造商、分销商、零售商直到最终用户所连成的一个功能性网链。

从供应链的定义可以看出，供应链是一个范围更广的企业结构模式，它包含所有加盟的节点企业，从原材料的供应开始，经过链中不同企业的加工、组装、分销等过程直到最终用户。在这个网络中，每个贸易伙伴既是其客户的供应商，又是上一级供应商的客户，他们既向上游的贸易伙伴订购产品，又向下游的贸易伙伴供应产品。这种供应链不仅是一条连接供应商到用户的物料链、信息链、资金链，而且是一条增值链，物料在供应链上因加工、包装、运输等过程而增加其价值，给链上的所有企业都带来了收益。

供应链的概念是从扩大生产(Extended Production)的概念发展而来的，它将企业的生产活动进行了前伸和后延。供应链通过计划(Plan)、获得(Obtain)、存储(Store)、分销(Distribute)、服务(Serve)等一系列活动，在顾客和供应商之间形成的一种衔接(Interface)链，从而使企业能够满足内外部顾客的需求。

随着信息技术的发展和产业不确定性的增加，今天的企业间关系正在呈现日益明显的网络化趋势。人们对供应链的认识也从线性的单链转向非线性的网链，供应链的概念更加注重围绕核心企业的网链关系，即核心企业与供应商、供应商的供应商等一切向前关系，以及与用户、用户的用户等一切向后的关系。供应链的概念已经不同于传统的销售链，它跨越了企业界限，从全局和整体的角度考虑产品经营的竞争力，使供应链从一种运作工具上升为一种管理方法体系和管理思维模式。

## 5.6.3　SCM 的结构体系

供应链是由直接或间接满足顾客需求的各方组成，包括原材料供应商、制造商、分销商、零售商、顾客、运输商、仓储商等组成的一条链。

### 1. 供应链的基本要素

一般来说，供应链是由供应商、制造厂商、分销商、零售企业和消费者等基本要素构成。其中，供应商是为制造厂商提供原材料或零部件的企业；制造厂商是具体负责产品生产制造的企业，也是供应链中的核心环节，他担负产品的设计开发、生产制造和售后服务等功能任务；分销商是指把产品从制造商那里承接下来，并送到经营范围每一角落而设置的商品流通代理性企业；零售企业是将产品销售给消费者的企业；消费者是供应链的最后环节，也是整条供应链上唯一的收入来源。

### 2. 供应链结构模型

现实社会中的供应链由多种模型结构，包括链式模型、多源单链模型以及网状结构模型等。

链式模型为最基本的供应链结构模型，产品的最初来源应该是自然界，如矿山、油田、橡胶园等，最终去向是用户。每一件产品都是为最终用户而生产，并被用户所消费。产品从自然界到用户所经历了供应商、制造商和分销商三级传递，并在传递过程中完成产品的加工、包装、分销等任务，最终形成商品，完成基本的物质循环。

多源单链模型中的物流、信息流和资金流呈现多源单链状，也是我国当前制造企业常见的一种供应链模型结构。在这样的供应链中包含有一个核心企业，由它协调着供应链上的信息流、资金流和物料流，其他节点的企业在核心企业需求信息的驱动下，通过供应链的生产、分销、零售等环节进行分工合作，以资金流、物流、服务流为媒介来实现整个供应链的不断增值。

网状结构模型中核心企业与供应商、核心企业与分销商之间的关系相互交叉，呈现了一种多对多的网状拓扑关系。在这网状模型中，物流有向流动，从一个节点有向流到另一个节点，能够较好地说明现实世界复杂的产品供求关系。这样的网状模型可以涵盖世界上所有的企业，每个企业都可作为该模型上的一个节点，各节点间存在着相互联系。当然，各节点的联系有强有弱，而且在不断地动态发展变化着。

### 3. 供应链流程

所有供应链都包含有物资流、商业流、信息流、资金流四种不同的流程。

物资流是指物资或商品在供应链中的流通过程。该流程的流动方向是由供应商经由制造商、分销商、零售商，最终流向消费者。由于长期以来企业经营理论都是围绕着产品实物展开的，因此物资流得到人们的普遍重视，许多物流理论均涉及如何使物资流在最短时间以最低的成本将货物发送出去。

商业流是指商品买卖的流通过程，包括接受订货、签订合同等商品交易的流程。该流程的方向是在供应商与消费者之间双向流动。当前，商业流趋于形式多元化，既有传统的店铺销售、上门销售等方式，又有通过互联网新兴媒体进行购物的电子商务形式。

信息流是指商品交易的信息流程。该流程的方向也是在供应商与消费者之间双向流动。由于过去人们往往把注意点放在看得到的实物上，供应链中的信息流往往被人们所忽视。

资金流是指供应链中的货币流通。为了保障企业的正常运作，必须确保资金的及时回收，否则企业就无法建立完善的经营体系。该流程的方向是由消费者经由零售商、分销商、制造商等指向供应商。

## 5.6.4  SCM 的管理原理

### 1. SCM 管理的概念

供应链管理，是以市场和客户需求为导向，本着共赢的原则，以提高竞争力、市场占有率、客户满意度、获取最大利润为目标，以协同商务、协同竞争为商业运作模式，通过运用现代企业管理技术、信息技术和集成技术，达到对整个供应链上的信息流、物流、资金流、业务流和价值流的有效规划和控制。

简单地说，供应链管理就是应用集成和协同的方法，优化和改进供应链活动，满足客户的需求，最终提高供应链的整体竞争能力。供应链管理的实质就是将顾客所需的正确产品能够在正确的时间，按照正确的数量、正确的质量和正确的状态送到正确的地点，并使总成本最低。

供应链管理是一种先进的管理理念，其先进性体现在是以顾客和最终消费者为经营导向，以满足顾客和消费者的最终期望来组织生产和商品供应的。

美国宾夕法尼亚州立大学马修教授提出金字塔供应链管理的概念——供应链管理如同金字塔，其底层有四个重要的基础角点：第一角点为正确的数据；第二角点为库存管理；第三角点为预测，代表对市场的掌控程度；第四角点为供应链运营速度，包括接单速度、生产速度、采购速度、物流速度以及对客户的服务速度。有了上述四个供应链金字塔管理基础，便有可能达到金字塔的顶点，即正确的产品(Right Product)、正确的地点(Right Place)、正确的时间(Right Time)和正确的价格(Right Price)4R 供应链管理目标。

### 2. SCM 管理的四大支点

供应链管理的实现，是把供应商、制造厂商、分销商、零售商等在一条供应链上的所有节点企业都联系起来进行优化，使生产资料以最快的速度，通过生产、分销环节变成增值的商品，到达有消费需求的消费者手中。这不仅可以降低成本，减少社会库存，而且使社会资源得到优化的配置。更重要的是，通过信息网络、组织网络，实现了生产及销售的有效链接和物流、信息流、资金流的合理流动，最终以合理的价格把所需要的产品及时送到消费者手上。构造一个高效的供应链可以从如下四大支点入手。

以顾客为中心。供应链管理本身就是以顾客为中心的"拉式"营销推动的结果，其出发点和落脚点都是为顾客创造更多的价值，都是以市场需求的拉动为原动力。顾客价值是供应链管理的核心，企业是根据顾客的需求来组织生产。以往供应链的起始动力来自制造环节，先生产产品再推向市场，在消费者购买产品之前不知道产品特点和性能如何，是一种"推式"供应链系统，这种推式供应链存货不足和销售不佳的风险同时存在。现在，产品从设计开始，企业即让顾客参与，以使产品能真正符合顾客的需求，这种"拉式"的供应链是以顾客的需求为原动力的。

强调企业的核心竞争力。在供应链管理中，一个重要的理念就是强调企业的核心业务和核心竞争力，并为其在供应链上定位，将非核心业务进行外包。由于企业的资源有限，企业要在各式各样的行业和领域都获得竞争优势是十分困难的，因此在自己某个专长的核心业务领域集中资源，在供应链上正确定位，从而可使自己成为供应链上的一个不可替代的角色。

企业核心竞争力应具有以下的特点：第一是仿不了，就是别的企业模仿不了，它可能是技术，也可能是企业文化；第二是买不来，就是说这样的资源市场上没有，市场上买不到，　所有在市场上能得到的资源都不会成企业的核心竞争力；第三是拆不开，强调的是企业的资源和能力具有互补性，有了这个互补性，分开就不值钱，合起来才值钱；第四是带不走，强调的是资源的组织性，好多资源可能像个人，好比你拿到了 MBA 学位，这时候你的身价就高了，你可以带走，这样的资源本身构不成企业的核心竞争力，带不走的东西包括互补性，或者它是属于企业的，好比专利权，如果专利权属于个人，这个企业就不具有竞争力。一些优秀企业之所以能够以自己为中心构建起高效的供应链，就在于它们有着不可替代的竞争力，并且凭借这种竞争力把上下游的企业串在一起，形成一个为顾客创造价值的有机链条。

相互协作的双赢理念传统的企业运营中，供和销之间互不相干，是一种敌对争利的关系，系统协调性差。企业和各供应商之间没有协调一致的计划，各自搞一套，只顾安排自己的活动，不可能做到整体最优。制造商往往从短期效益出发，与供应商和经销商之间缺乏良好的合作关系。有时挑起供应商之间的价格竞争，失去了供应商的信任与合作基础；市场形势好时对经销商态度傲慢，市场形势不好时又企图将损失转嫁给经销商，因此也得不到经销商的信任与合作。而在供应链管理的模式下，所有环节都看作一个整体，链上的企业除了自身的利益外，还应该一同去追求整体的竞争力和盈利能力。因为最终客户选择一件产品，整条供应链上所有成员都受益；如果最终客户不要这件产品，则整条供应链上的成员都会受到损失。可以说，合作双赢是供应链与供应链之间竞争的一个关键。

在供应链管理中，不但应有双赢理念，更重要的是通过技术手段把理念形态落实到操作实务上。其关键在于将企业内部供应链与外部的供应商和用户集成起来，形成一个集成化的供应链。而与主要供应商和用户建立良好的合作伙伴关系，即所谓的供应链合作关系，这是集成化供应链管理的关键。在此阶段，企业要特别注重战略伙伴关系的管理，管理的重点是以面向供应商和用户来取代面向产品，增加与主要供应商和用户的联系，增进相互之间的了解，包括产品、工艺、组织、企业文化等，相互之间保持一定的一致性，实现信息共享。企业应通过为用户提供与竞争者不同的产品和服务或增值的信息而获利。由供应商来管理库存，共同计划、预测与补充库存等措施，这就是企业转向改善、建立良好的合作伙伴关系的典型案例。通过建立良好的合作伙伴关系，企业就可以更好地与用户、供应商和服务商实现集成和合作，共同在市场预测、产品设计、生产、运输计划和竞争策略等方面设计和控制整个供应链的运作。对于主要用户，企业一般建立以用户为核心的小组，这样的小组具有不同职能领域的功能，从而更好地为主要用户提供有针对性的服务。

优化的信息流程信息流程是企业内员工、客户和供货商的沟通过程，以前只能以电话、传真甚至见面达成信息交流的目的。现在可利用电子商务、电子邮件，甚至互联网进行信息交流，虽然手段不同，但内容并没有改变。而计算机信息系统的优势在于其自动化操作和处理大量数据的能力，使信息流通速度加快，同时减少失误。然而，信息系统只是支持业务过程的工具，企业本身的商业模式决定着信息系统的架构。

为了适应供应链管理的优化，必须从与生产产品有关的第一层供应商开始，环环相扣，直到货物到达最终用户手中，真正按供应链的特性改造企业业务流程，使各个节点企业都具有处理物流和信息流的自组织和自适应能力。要形成贯穿整个供应链的分布式数据库的信息集成，从而可集中、协调不同企业的关键数据，即供应链上各节点企业的订货预测、库存状态、缺货情况、生产计划、运输安排、在途物资等类型的重要数据。

### 3. SCM 管理原理

若要实现供应链管理的 4R 目标，必须遵循如下的 SCM 管理原理。

(1) 资源横向集成原理。资源横向集成原理揭示了新经济形势下的一种新管理思维。它认为，在经济全球化迅速发展的今天，企业仅靠原有的管理模式和自己有限的资源，已经不能满足快速变化的市场对企业所提出的要求。企业必须放弃传统的基于纵向思维的管理模式，朝着新型的基于横向思维的管理模式转变，横向集成外部相关企业的资源，形成"强强联合，优势互补"的战略联盟，结成一个利益共同体去参与市场竞争，以提高服务质量，降低成本，快速响应顾客需求，给予顾客更多的选择自由。该原理是供应链管理最基本的原理之一，强调的是优势资源的横向集成，在供应链中以其优势业务的完成来参与供应链的整体运作。

(2) 系统原理。系统原理认为，供应链是一个系统，是由相互作用、相互依赖的若干组成部分结合而成的具有特定功能的有机整体。供应链的系统特征具体体现在：①供应链整体功能。这一整体功能是组成供应链的任一成员企业都不具有的特定功能，是供应链合作伙伴间的功能集成，而不是简单叠加。②供应链的目的性。供应链系统有着明确的目的，这就是在复杂多变的竞争环境下，以最低的成本、最快的速度、最好的质量为用户提供最满意的产品和服务，通过不断提高用户的满意度来赢得市场。③供应链合作伙伴间的密切关系。这种关系是基于共同利益的合作伙伴关系，供应链系统目的的实现，受益的不只是一家企业,而是一个企业群体。④供应链系统环境适应性。在经济全球化迅速发展的今天,企业面对的是一个迅速变化的买方市场,要求企业能对不断变化的市场做出快速反应,不断地开发出符合用户需求的、定制的"个体化产品",去占领市场,赢得市场竞争。⑤供应链系统的层次性。供应链各成员企业自身是一个小系统,同时也是供应链大系统的组成部分,供应链大系统同时又是它所从属的更大系统的组成部分,相对于传统的、基于单个企业的管理模式而言,供应链管理是一种针对系统企业群的管理模式。

(3) 多赢互惠原理。该原理认为,供应链是相关企业为了适应新的竞争环境而组成的一个利益共同体,其密切合作是建立在共同利益的基础之上,供应链各成员企业之间是通过一种协商机制,来谋求一种多赢互惠的目标。供应链管理改变了企业的竞争方式,将企业之间的竞争转变为供应链之间的竞争,强调核心企业通过与供应链中的上下游企业之间建立战略伙伴关系,以强强联合的方式,使每个企业都发挥各自的优势,在价值增值链上达到多赢互惠的效果。例如,由于上游企业所获得的需求信息与实际顾客需求信息存在较大的偏差,存在"需求放大效应",上游企业要比下游企业拥有更高的库存水平,这不符合供应链系统整体最优的原则。为此可通过"供应链库存管理"策略打破了传统的各自为政的库存管理模式,降低供应链整体的库存成本,提高供应链的整体效益,实现供应链合作企业间的多赢互惠。再如,在供应链相邻节点企业之间,传统的供需关系是以价格驱动的竞争关系,而在供应链管理环境下,则是一种合作性的双赢关系。

(4) 合作共享原理。合作共享原理强调,一是合作,二是共享。企业要想在竞争中获胜,就必须将有限的资源集中在核心业务上,必须与全球范围内的在某一方面具有竞争优势的相关企业建立紧密的战略合作关系,将本企业中的非核心业务交由合作企业来完成,充分发挥各自独特的竞争优势,从而提高供应链系统整体的竞争能力。此外,供应链各组成企业之间的合作意味着管理思想与管理方法的共享、资源的共享、市场机会的共享、信息的共享、先进技术的共享以及风险的共担。

(5) 信息共享是实现供应链管理的基础,准确可靠的信息可以帮助企业做出正确的决策。

需求驱动原理。需求驱动原理认为,在供应链的运作过程中,用户的需求是供应链中信息流、产品服务流、资金流运作的驱动源。在供应链管理模式下,供应链的运作是以订单驱动方式进行的:商品采购订单是在用户需求订单的驱动下产生的,商品采购订单驱动产品制造订单,产品制造订单又驱动原材料/零部件采购订单,原材料/零部件采购订单再驱动供应商。这种逐级驱动的订单驱动模式,使供应链系统得以准时响应用户的需求,降低库存成本,提高物流的速度和库存周转率。

基于需求驱动原理的供应链运作模式是一种逆向拉动式运作模式,与传统的推动式运作模式有着本质的区别。推动式运作模式是以制造商为中心,驱动力来源于制造商;而拉动式运作模式是以用户为中心,驱动力来源于最终用户。

(6) 快速响应原理。快速响应原理认为,在全球经济一体化的大背景下,随着市场竞争的不断加剧,用户在时间方面的要求也越来越高,企业必须对不断变化的市场做出快速反应,必须要有很强的产品开发能力和快速组织产品生产的能力,源源不断地开发出满足用户多样化需求的、定制的个性化产品去占领市场,以赢得竞争。要达到这一目的,仅靠一个企业的努力是不够的。供应链具有灵活、快速地响应市场的能力,通过各节点企业业务流程的快速组合，加快了对用户需求变化的反应速度。

(7) 同步运作原理。供应链的同步化运作，要求供应链各成员企业之间通过同步化的生产计划来解决生产的同步化问题，只有供应链各成员企业之间以及企业内部各部门之间保持步调一致时，供应链的同步化运作才能实现。供应链形成的准时生产系统，要求上游企业准时为下游企业提供必需的原材料/零部件，如果供应链中任何一个企业不能准时交货，都会导致供应链系统的不稳定或者运作的中断，导致供应链系统对用户的响应能力下降，因此，保持供应链各成员企业之间生产节奏的一致性是非常重要的。

协调是供应链管理的核心内容之一。信息的准确无误、畅通无阻，是实现供应链系统同步化运作的关键。要实现供应链系统的同步化运作，需要建立一种供应链的协调机制，使信息能够畅通地在供应链中传递，从而减少因信息失真而导致的过量生产和过量库存，使整个供应链系统的运作能够与顾客的需求步调一致，同步化响应市场需求的变化。

(8) 动态重构原理。动态重构原理认为，供应链是动态的、可重构的。供应链是在一定的时期内，针对某一市场机会，为了适应某一市场需求而形成的，具有一定的生命周期。当市场环境和用户需求发生较大变化时，绕着核心企业的供应链必须能够快速响应，能够进行动态快速重构。

市场机遇、合作伙伴选择、核心资源集成、业务流程重组以及敏捷性等是供应链动态重构的主要因素。从发展趋势来看，组建基于供应链的虚拟企业将是供应链动态快速重构的核心内容。

## 5.6.5 SCM 的发展趋势

SCM 是迄今为止企业物流发展的最高级形式。虽然供应链管理非常复杂，且动态、多变，但众多企业已经在 SCM 实践中获得了丰富的经验并取得显著的成效。当前，SCM 的发展呈现出如下趋势。

### 1. 时间与速度

越来越多的企业认识到时间与速度是影响市场竞争力的关键因素之一。在供应链环境下，时间与速度已被看作是提高企业竞争优势的主要来源，一个环节的拖沓往往会影响整个供应链的运转。供应链中的各个企业通过各种手段实现它们之间物流、信息流的紧密连接，以达到对最终客户要求的快速响应、减少存货成本、提高供应链整体竞争水平的目的。

### 2. 质量与资产生产率

供应链管理涉及许多环节，需要环环紧扣，并确保每一个环节的质量。任何一个环节，比如运输服务质量的好坏，就将直接影响供应商备货的数量、分销商仓储的数量，进而最终影响到用户对产品质量、时效性以及价格等方面的评价。此外，制造商越来越关心它的资产生产率，改进资产生产率不仅仅是注重减少企业内部的存货，更重要的是减少供应链渠道中的存货。供应链管理发展的趋势要求企业开展合作与数据共享以减少在整个供应链渠道中的存货。

### 3. 组织精简

供应链成员的类型及数量是引发供应链管理复杂性的直接原因。在当前的供应链发展趋势下，越来越多的企业开始考虑减少物流供应商的数量。比如，跨国公司客户更愿意将它们的全球物流供应链外包给少数几家，理想情况下最好是一家物流供应商。因为这样不仅有利于管理，而且有利于在全球范围内提供统一的标准服务，更好地显示出全球供应链管理的整体优势。

### 4. 客户服务

越来越多的供应链成员开始真正地重视客户服务与客户满意度。传统满意度的量度是以"订单交货周期""完整订单的百分比"等来衡量的，而目前更注重客户对服务水平的感受。

## 5.7　客户关系管理(CRM)

### 5.7.1　CRM 的产生背景

客户关系管理(Customer Relationship Management，CRM)的概念也是由美国 Gartner Group 公司于 1999 年提出。在 ERP 的实际应用中人们发现，由于 ERP 系统本身功能方面的局限性，并没有很好地实现对供应链下游客户端的管理。到 20 世纪 90 年代末，互联网的应用越来越普及，客户信息处理技术得到了长足的发展。结合 21 世纪的经济需求和新技术的发展，Gartner Group 公司提出了 CRM 概念，随后 CRM 市场一直处于一种爆炸性增长的态势。图 5-5 所示为 CRM 的发展时间序列。

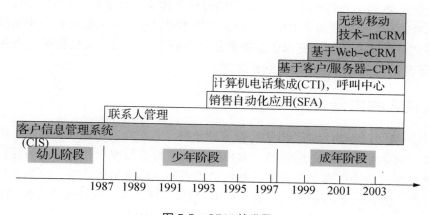

图 5-5　CRM 的发展

### 1. 需求的拉动

很多企业在实施 ERP 后，取得了很好的经济效益，但也存在一些不足，如：企业的销售、营销和客户服务部门难以获得所需的客户互动信息；来自销售、客户服务、市场、制造、库存等部门的信息分散在企业内部，无法被客户所了解；企业各部门难以在统一信息的基础上面对客户。此外，在很多企业，销售、营销和服务部门的信息化程度越来越不能适应业务发展的需要，越来越多的企业要求提高销售、营销和服务的日常业务的自动化和科学化。企业面对市场竞争的压力越来越大，在产品质量、供货及时性等方面，很多企业已经没有多少潜力可挖，而在销售和客户关系方面问题的解决或改善将大大有利于企业竞争力的提高，有利于企业赢得新客户、保留老客户以及提高客户利润贡献度。

为此，对企业各部门面向客户的各项信息和活动进行集成，建立一个以客户为中心的信息系统，实现对面向客户活动的全面管理，这就是 CRM 应运而生的需求基础。

### 2. 技术的推动

电子商务在全球范围内开展得如火如荼，改变着企业做生意的方式。通过 Internet，企业可开展营销活动，可向客户销售产品，提供售后服务以及收集客户信息。

客户信息是客户关系管理的基础。数据仓库、商业智能、知识发现等技术的进步，使得收集、整理、加工和利用客户信息的速度和质量大大提高。一个经典的"啤酒与尿布"的案例可以说明数据挖掘的重要作用：美国最大零售商沃尔玛公司在对顾客购买清单进行分析后发现，啤酒和尿布经常同时出现在顾客的购买清单上，原来美国很多男士在为小孩购买尿布时，还要为自己带上几瓶啤酒，而在超市的货架上这两种商品相距较远，为此超市重新布置了货架，把啤酒和尿布放得很近，使得购买尿布的男士很容易地看到啤酒，最终使得啤酒的销量大增。网络技术和信息化技术快速发展，有力地推动了 CRM 系统的产生。

### 3. 管理理念的更新

随着一个个先进企业经营理念和模式的出现，一些企业正经历着从以产品为中心向以客户为中心的转移。为此，有人提出了客户联盟的概念，也就是与客户建立共同获胜的关系，达到双赢的结果，而不是千方百计地从客户身上谋取自身的利益。

现代社会是处于一个变革的时代、创新的时代，比竞争对手领先一步，而且仅仅一步，就可能意味着成功。企业在引入 CRM 的理念和技术时，不可避免地要对企业原有的业务流程和管理方式进行改变，这种变革创新的思想将有利于企业员工接受变革，而业务流程的改 变和重新设计为企业经营管理的创新提供了一个工具。

## 5.7.2  CRM 的内涵

CRM 是一种"以客户为中心"的经营管理策略，它综合应用现代管理学、市场营销学和信息技术，对企业销售、市场营销、客户服务与支持等与客户相关的业务流程进行全面管理和优化整合，达到提高工作效率、缩短销售周期、降低销售成本、提高客户忠诚度和保有率等目的。Gartner Group 公司认为，所谓 CRM，就是为企业提供全方位的管理视角，赋予企业更完善的与客户交流能力，使客户的收益率最大化。

CRM 具有如下属性。

(1) 商业策略。CRM 是一项选择和管理有价值客户及其关系的一种商业策略，要求以客户为中心的商业哲学和企业文化来支持有效的市场营销、销售与服务流程。

(2) 技术手段。CRM 是一个获取、保持和增加可获利客户的方法和过程。CRM 既是一种崭新的以客户为中心的企业管理理论、商业理念和商业运作模式，也是一种以信息技术为手段，有效提高企业收益、客户满意度、雇员生产力的具体软件和实现方法。

(3) 管理机制。CRM 的实施目标就是通过全面提升企业业务流程的管理来降低企业成本，通过提供快速和周到的优质服务来吸引和保持更多的客户。作为一种新型管理机制，CRM 极大地改善了企业与客户之间的关系，着眼于企业的市场营销、销售、服务与技术支持等与客户相关的领域。

(4) 综合 IT 技术。它综合了当今最新的信息技术，包括 Internet、电子商务、呼叫中心、多媒体技术、数据仓库和数据挖掘、专家系统、人工智能等。从解决方案的角度看，CRM 是将市场营销的科学管理理念通过信息技术手段转化为一种管理软件系统，成为企业信息管理中的一个重要解决方案。

综上所述，CRM 体现了新型企业管理的指导思想和理念，是创新的企业管理模式和运营机制，也是一套企业管理中的软件系统。其目标是缩减企业产品销售周期和销售成本，增加销售额和销售收入，寻找扩展业务所需的新的市场和渠道，提高客户的价值、满意度、盈利率和忠实度。

## 5.7.3　CRM 的目标与客户对象

### 1. CRM 目标

CRM 的目标可以归纳为提高效率、拓展市场和保留用户三个方面。

提高效率就是通过采用信息技术，提高业务处理流程的自动化程度，实现企业范围内的信息共享，使原本"各自为战"的销售人员、市场推广人员、电话服务人员、售后维修人员等真正开始协调工作，成为围绕"满足客户需求"这一中心要旨的强大团队，提高企业员工的工作能力，使企业内部管理能够更高效地运转，降低企业经营成本。

拓展市场就是通过新型管理工具，如电话、Web、E-mail、传真，扩大企业经营活动范围，及时把握新的市场机会，占领更多的市场份额。

保留客户就是客户可以选择自己喜欢的方式同企业进行交流，方便地获取企业产品信息并得到更好的服务，提升客户满意度和利润贡献率，帮助企业保留更多的老客户，并吸引新客户。

### 2. CRM 关注的客户对象

CRM 关注的对象是"客户"，这里的"客户"是指所有与企业有互动行为的共同利益群体，包括直接客户、合作伙伴或分销商等所有与产品销售有关的企业或个人。

据统计，现代企业 57% 的销售额是来自 12% 的重要客户，而其余 88% 中的大部分客户对企业是微利甚至是无利可图的。因此，企业要想获得最大限度的利润，就必须对不同客户采取不同的销售策略，否则就会造成某些客户的实际贡献还不足以弥补企业的投入，而有的客户由于投入不足，影响到长期关系的维系。

根据价值贡献，可将客户分为如下四类。

第一类客户，是对企业市场战略具有重大影响、价值巨大的客户，这类客户可称为战略客户、灯塔客户，应与其建立长期密切的客户联盟型关系，并投入足够的资源。

第二类客户，是企业的主要盈利客户，这类客户是主要客户，应与其发展长期、稳定的互助关系，投入较多的资源。

第三类客户，是对企业价值贡献不大的且为数众多的客户，这类客户是交易客户，应

与其维持原先的交易型买卖关系，不应为其投入过多的资源。

第四类客户，是有可能让企业蒙受损失又有可能给企业带来巨大利润的客户，称之为风险客户，这类客户比较复杂，应对其进行细分处理，慎重投入。

企业对客户进行细分并采用不同的策略后，还应注意客户关系的理性发展战略。一方面要维系现已建立的与价值客户(战略客户和主要客户)之间的良好关系，另一方面要促使客户关系的提升和发展，使风险客户向交易客户转变，交易客户向主要客户转变，主要客户向战略客户转变，从而达到企业盈利最大化的目的。

### 3. CRM 涉及的企业人员

CRM 作为一种经营策略和一套客户关系管理软件系统，涉及企业方方面面的人员，除其日常工作与客户相关的销售人员、营销人员、电话服务人员、售后维修人员之外，还与企业设计、生产、质量、财务等部门的相关人员有关。

比如，设计人员要从客户反馈的统计分析资料中，获得产品改进信息；生产人员要从 CRM 中获得有关客户订单信息；质量部门的人员要从 CRM 中获取关于产品质量和客户满意度方面的信息；财务人员要从 CRM 中进行投入产出的分析。

除此之外，CRM 还是企业决策者的有效工具。企业决策者可以根据 CRM 统计分析结果制定相关的产品开发、生产、销售和服务战略。

## 5.7.4  CRM 的体系结构及功能模块

一般来说，整个 CRM 系统可分为三个层次，即界面层、功能层和支持层。

界面层是 CRM 系统同客户或市场进行交互、获取或输出信息的接口。功能层包含 CRM 基本功能的各个分系统，各个分系统又包含若干业务功能模块。支持层是指 CRM 系统所赖以支持的数据仓库、数据挖掘、网络通信协议、多媒体技术以及各种信息处理技术等，是保证整个 CRM 系统正常运作的基础。下面简要介绍界面层的接触中心模块以及功能层的操作管理和决策分析模块的功能作用，如图 5-6 所示。

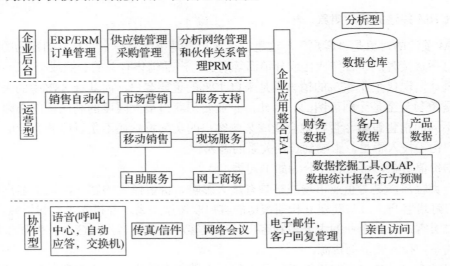

图 5-6  CRM 的功能定位

接触中心模块是 CRM 界面层的企业与客户进行信息交流的平台，又称客户服务中心。CRM 为客户提供全方位的互动服务渠道，包括电话、呼叫中心、电子邮件、互联网、面对面接触或通过合作伙伴进行间接联系等，可提供呼入、呼出电话处理，互联网回呼，交互式语音应答，呼叫中心运营管理、软件电话、电话转移、路由选择等不同类型的客户服务。

CRM 接触中心模块通过技术手段将上述各种沟通渠道集成在一个统一的客户服务平台上，能够提供一致的企业数据和客户信息，保证企业客户能够得到完整、准确和一致的产品和服务信息，实现高质量的客户接触和高效率的客户信息收集。这样，客户可根据自己的偏好选择沟通渠道，查询企业产品，要求相关的客户服务。建立在集中数据模型之上的统一服务平台，能够增强多渠道的客户互动，企业可从多渠道间的良好客户互动中获益。比如，客户在同企业交涉时，不希望向不同的企业部门或人员提供相同的重复的信息，而统一的服务平台可从多渠道间收集客户信息和客户需求，客户的问题或抱怨能更快、更有效地解决，提高客户的满意度。

操作管理模块包含销售自动化、营销自动化以及客户服务与支持三个组成部分。

(1) 销售自动化(Sales Automation)是指在所有的销售渠道，包括现场销售、移动销售、电话销售、在线销售、内部销售、销售伙伴等，运用相应的销售技术，达到提升销售总额并实现销售过程自动化的目的。销售自动化包括销售力量自动化和销售配置管理两方面内容，其中销售力量自动化是使销售管理人员和专业人员的基本销售活动自动化，以提高工作效率，包括工作日历和日程的安排、客户联系与管理、销售预测、销售机会和潜在客户管理、建议书制作与管理、定价、地域的划分与管理以及销售费用报告等内容；销售配置管理是使销售人员或客户在计算机上对所需求的产品进行配置，即由用户自己选择 产品部件，再进行组装，实现客户定制产品的销售。

销售自动化的目标是把技术和优化的销售管理流程整合起来，实现销售效率的不断提高，同时平衡和优化每一个销售渠道。

(2) 营销自动化(Marketing Automation)的着眼点在于为营销及其相关活动的设计、执行和评估提供详细的框架，赋予市场营销人员更强的能力，使其能够对直接的市场营销活动有效性加以计划、执行、监视和分析，并可应用工作流技术优化营销流程。营销自动化作为销售力量自动化的补充，提供了一些独有的功能，例如：基于 Web 的市场营销宣传行动的策划、执行和分析；客户需求的生成和管理；预算与预测；宣传品的生成和市场营销材料的管理；制作有关市场营销的产品、定价和竞争对手信息汇总的百科全书；对有需求客户的跟踪、分析和管理等。

营销自动化的最终目标是使企业在销售活动、销售渠道和销售媒体间合理分配营销资源，以达到收入最大化和客户关系最优化的效果。

(3) 客户服务与支持(Customer Service and Support)是 CRM 中的核心内容之一，它可以帮助企业以更快的速度和更高的效率来满足客户的独特需求，以进一步保持和发展客户关系。它可以向服务人员提供完备的工具和信息，并支持多种与客户的交流方式；可以帮助客户服务人员更有效率、更快捷、更准确地解决用户的服务咨询，同时能够 根据客户的背景资料和可能的需求向用户提供合适的产品和服务建议。

客户服务与支持模块的典型应用包括：客户关怀；纠纷、次货和订单跟踪；现场服务管理；记录发生过的问题及其解决方案；维修行为日程安排及调度；服务协议及合同；服

务请求管理等。

决策分析模块不需要直接与客户打交道，它对从操作管理和接触中心模块所获得的大量客户信息和交易数据进行分析，从中提取对企业经营有价值的信息，利用数据仓库、数据挖掘等技术建立各种预测模型，通过图表、曲线等直观形式对企业各种关键性能指标以及客户市场情况，向企业管理部门进行发布，以达到成功决策的目的。

通过对销售信息和客户数据的分析，可以得到客户消费商品的款式、周期、金额以及对企业的服务需求，可以了解客户希望获得什么，预测客户将要做什么，也可以帮助某些客户并为其提供合适的附加产品，还可以帮助企业辨别哪些客户打算与其"分手"，从而能针对客户的实际需求制定相应的营销策略，开发出相应的产品和服务，更好地满足客户的需求，实现企业自身的价值。

决策分析模块可以分析客户的交易和互动关系，并且对营销、销售和服务做出一定的预测。决策分析模块需要数据仓库的支持，需要长期的客户交易数据、行为模式和互动数据的详细信息，没有包含这些数据的数据仓库的支持是无法成功的。

一个成功的 CRM 系统，可从事如下所谓的 7P 客户信息的分析：

客户概况分析(Profiling)包括客户的层次、风险、爱好、习惯等；客户忠诚度分析(Persistence)指客户对某个产品或商业机构的忠实程度、持久性和变动情况等；客户利润分析(Profitability)指不同客户所消费产品的边际利润、总利润和净利润等；客户性能分析(Performance)指不同客户所消费的产品种类、渠道、销售地点等指标划分的销售额；客户未来分析(Prospecting)包括客户数量、类别等情况未来发展趋势，以制定争取客户的手段；客户产品分析(Product)包括产品设计、产品关联性及其供应链等；客户促销分析(Promotion)包括广告、宣传等促销活动的分析。

## 5.7.5　CRM 与其他信息系统的关系

网络使社会经济模式从批量生产转变为批量定制，信息技术的发展使企业的电子商务成为可能。客户关系管理(CRM)、企业资源计划(ERP)和供应链管理(SCM)构成了电子商务企业提高竞争力的三大法宝，三者相互依赖、密不可分。如果把 ERP 比作企业练好内功，SCM 比作管道，那么 CRM 就是企业从以产品为中心逐步转向以客户为中心的外功了。图 5-7 所示为 CRM 与其他信息系统的交联关系。

传统的 ERP 系统着眼于企业后台的管理，以提高企业内部业务流程的自动化，如财务、制造、库存、人力资源等诸多环节，但它缺少直接面对客户的系统功能。而 CRM 系统专注于销售、营销、客户服务和支持等方面，通过管理与客户实时地互动，努力减少销售环节，降低销售成本，发现新的产品市场和销售渠道，提高客户价值、客户满意度、客户利润贡献度和客户忠诚度，最终实现销售业绩的提高。CRM 的价值一方面在于突出了销售管理、营销管理、客户服务与支持等方面的重要性，可以看成是 ERP 的延伸；另一方面 CRM 要求企业完整地认识整个客户生命周期，提供与客户沟通的统一平台，提高企业员工与客户接触的效率和客户反馈率，实现前台业务和后台业务领域的整合。

总之，CRM 侧重企业客户的管理，这是企业最重要的资源；ERP 作为企业资源计划系统，必须保证企业的物资、资金、人力、信息等资源围绕客户资源进行配置；与此同时，CRM 以客户战略带动企业组织机构和业务流程的优化，ERP 必须遵循此战略对自身的生产制造、物流管理、财务和人力资源管理流程进行改造和更新。

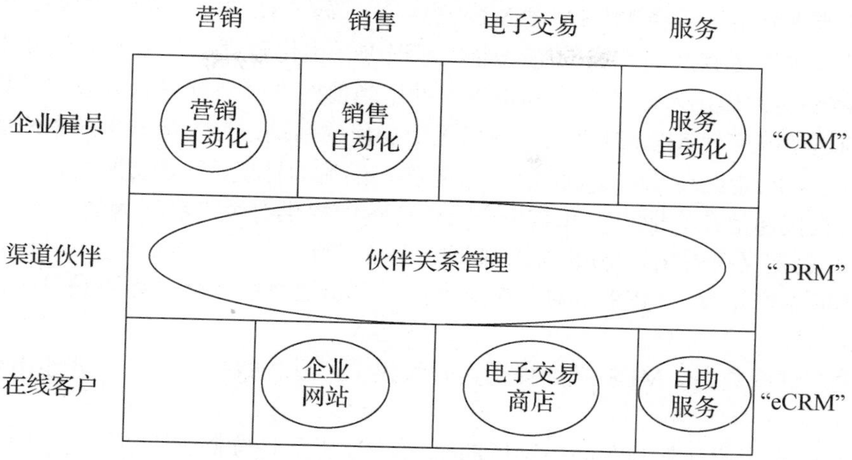

图 5-7　CRM 与其他信息系统的关系

SCM 系统侧重于在企业间进行产品或服务的流通和传递。在产品差异越来越小的今天，一个领先的制造商也许有能力在任一时间内将大量产品投向市场，但如果企业不能对个别顾客的独特需求做出反应，不能结合客户的需求去设计乃至在流通体系上改进产品，那么结果可能是大量产品积压在了仓库中。企业必须通过优化其流通网络与分销渠道减少库存量，加快库存量周转来改造他们的供应链。但要做到这些，企业供应链就必须与企业的信息系统，与客户数据，与企业产品销售、营销和服务等职能进行有效的集成。

# 5.8　制造执行系统(MES)

## 5.8.1　MES 的产生与定义

随着信息技术和网络技术的发展，有力地推动了制造业信息化的进程。在企业管理层，以 ERP 为代表的信息管理系统实现了对企业产、供、销、财务等企业资源的有效计划和控制；在企业生产车间底层，以 CNC、PLC、DCS、SCADA(数据采集与监视控制系统)等为代表的生产过程控制系统 PCS，实现了企业生产过程的自动化，大大提高了企业生产经营的效率和质量。

然而，在企业的计划管理层与车间执行层之间还无法进行良好的双向信息交流，导致企业上层的计划缺乏有效的生产底层实时信息的支持，而底层生产过程自动化也难以实现优化 调度和协调。为此，美国先进制造研究中心(Advanced Manufacturing Research，AMR)于 20 世纪 90 年代提出了制造执行系统(Manufacturing Execution System，MES)的概念，旨在加强 MRPII/ERP 的执行功能，把 ERP 的计划同车间 PCS 的现场控制，通过 MES 执行系统联系起来。

AMR 将 MES 定义为："MES 是位于上层计划管理系统与底层过程控制系统之间的面向车间层的管理信息系统，它为生产操作人员和企业管理人员提供计划的执行、跟踪以及所有资源(人、设备、物料、客户需求等)的当前状态。"

国际制造执行系统协会 MESA 对 MES 也给出了较为详细的定义: "MES 能够通过信息传递对从订单下达到产品完成的整个生产过程进行优化管理。当生产车间发生实时事件时,MES 能够对此做出及时的反应和报告,并用当前的准确数据进行处理和指导。通过对状态变化的迅速响应使 MES 减少企业内部无附加值的活动,有效指导生产车间的生产运作过程,从而使其既能提高及时交货能力,改善物料的流通性能,又能提高生产回报率。MES 通过双向的直接通信在企业内部和整个产品供应链中提供有关产品行为的关键任务信息。"

从 MES 的定义可看出,MES 具有如下三个显著特征。

优化车间生产过程。MES 是对整个生产车间制造过程的优化,而不是单一地解决某个生产的瓶颈问题。

收集生产过程数据。MES 必须提供实时收集生产过程数据的功能,并作出相应的分析和处理。

MES 是联接企业计划与车间控制层的桥梁。MES 需要与企业计划层和车间生产控制层进行信息交互,通过连续的企业信息流实现企业信息的集成。

## 5.8.2　MES 的作用

一个制造型企业能否良性地运营,关键在于能否把"计划"与"生产"进行密切结合,能否将底层生产制造过程、控制系统以及员工等实时信息有效地集成到计划管理体系中。ERP 系统是面向企业的管理层,而对企业生产车间层的管理流程不能提供直接和详细的支持,它缺少足够的底层控制信息,难以直接获取和利用 PCS 中的实际生产数据,无法对复杂的动态生产过程进行细致、实时的执行管理。此外,尽管 PCS 自动化水平在不断提高,但 PCS 依然是针对某类设备和过程所进行的控制,难以完成对整个生产过程所涉及的作业、人员、物料和设备等进行管理、调度、跟踪及相关数据信息的采集。更何况,PCS 中的自动化设备和控制单元一般是来自不同厂商或是在原有系统基础上的扩展和延伸,缺乏整体的信息集成功能和统一的数据结构。

传统的企业信息管理是按照企业现有的物理层次进行划分和配置的,一般为五层模型结构,从上到下依次为经营决策层、企业管理层、计划调度层、过程监控层和设备控制层。这种五层管理模型结构对生产过程中的物料、资源、能源、设备等在线的控制和管理显得无能为力。

MES 概念出现后,MESA 提出了一种扁平化的四层企业管理模型,如图 5-8 所示,从上到下依次为计划层、执行层、控制层和设备层。这种四层的企业结构模型,结合了先进的工艺制造技术、现代管理技术和控制技术,将企业的经营管理、过程控制、执行监控等作为一个整体进行控制与管理,以实现企业整体的优化运行、控制与管理。

在上述四层企业模型中,计划层是面向整个企业,以整个企业范围内的资源优化为目标,负责企业的生产计划管理、财务管理和人力资源管理等任务。控制层是指车间生产过程自动化系统,利用基础自动化装置与系统,如 PLC、DCS 或现场总线控制系统对生产设备进行自动控制,对生产过程进行实时监控,采用先进的控制技术实现生产过程的优化控制。而制造执行层位于计划层与控制层中间,在两者之间架起了一座桥梁,填补了两者之间的空隙。MES 一方面对来自 ERP 系统的生产管理信息进行细化分解,向控制层传送操作指令和工作参数；另一方面 MES 采集生产设备的状态数据，实时监控底层 PCS 的运行状态，经分析、计算与处理，反馈给上层计划管理系统，从而将底层控制系统与上层信息管理系统整合在一起。

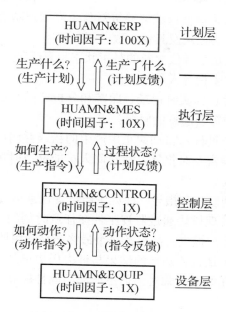

图 5-8 MESA 四层企业模型

在上述四层企业模型中，MES 的任务是根据上级系统下达的生产计划，充分利用车间的各种生产资源、生产方法和丰富的实时现场信息，快速、低成本地制造出高质量的产品。MES 能够利用准确实时的制造信息来指导、响应并报告车间发生的各项活动，迅速将 PCS 实时数据转化为生产信息，为企业计划管理人员提供计划执行的实时信息状态，进而为生产过程的管理决策提供依据。MES 起到对企业的生产过程、生产管理和经营管理活动中所产生的信息进行转换、加工和传递的作用，是企业生产与管理活动信息集成的桥梁和纽带。

## 5.8.3 MES 的功能模块

国际制造执行系统协会 MESA 通过属下众多 MES 供应商和成员企业的实践，归纳了 MES 应具备的如下 11 个主要功能模块。

资源分配和状态管理模块管理机床、工具、人员、物料、辅助设备以及工艺文件、数控程序等文档资料，提供设备资源的实时状态及历史记录，用以保证企业生产的正常运行，确保设备正确安装和运转。

工序详细调度模块包括基于有限能力的作业计划和动态流程的调度，通过生产中的交错、重叠、并行操作等良好作业计划的调度，最大限度地减 少生产准备时间。

生产单元分配模块通过生产指令将物料或加工命令送到某生产单元，启动该单元的工序或工步的操作。当有意外事件发生时，能够调整已制订的生产进度，并按一定顺序的调度信息进行相关的生产作业。

文档控制模块管理并传递与生产单元有关的文档资料，包括工作指令、工程图样、工

艺规程、数控加工程序、批量加工记录、工程更改通知以及各种转换间的通信记录等，并提供信息文档的编辑功能、历史数据的存储功能，对与环境、健康和安全制度等有关的重要数据进行控制与维护。

数据采集模块通过数据采集接口获取并更新与生产管理功能相关的各种数据和参数，包括产品跟踪、维护产品历史记录及其他参数。

人力资源管理模块提供按分钟级更新的员工状态信息(工时、出勤等)，基于人员资历、工作模式、业务需求的变化来指导人员的工作。

质量管理模块根据工程目标实时记录、跟踪和分析产品和加工过程的质量，以保证产品的质量控制，确定生产中需要注意的问题。

过程管理模块监控生产过程，自动纠正生产中的错误并向用户提供决策支持以提高生产效率。若生产过程出现异常及时报警，使车间人员能够及时进行人工干预，或通过数据采集接口与智能设备进行数据交换。

维护管理模块通过活动监控和指导，保证生产设备正常运转以实现生产执行目标。

产品跟踪和产品清单管理模块通过监视工件在任意时刻的位置和状态来获取每一个产品的历史纪录，该记录向用户提供产品组及每个最终产品使用情况的可追溯性。

性能分析模块将实际制造过程测定的结果与过去历史记录、企业目标以及客户的要求进行汇总分析，以离线或在线的形式对当前生产产品的性能和生产绩效进行评价，以辅助生产过程的改进和提高。

实际 MES 系统产品可能包含上述一个或多个功能模块，因 MES 与其他企业信息管理系统之间存在有功能重叠的现象。

## 5.8.4　MES 与其他信息系统的关系

MES 是面向车间范围的信息管理系统，在其外部通常有企业资源计划 ERP、供应链管理 SCM、销售和服务管理 SSM、产品和工艺设计系统 P&PE、过程控制系统 PCS 等面向制造企业的几个主流的信息系统(见图 5-9)，这些信息系统都有各自的功能和定位，在功能上又有一定的重叠。

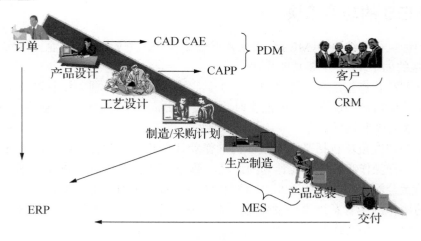

图 5-9　企业信息化分工

ERP——包括财务、订单管理、生产和物料计划管理以及其他管理功能。

SCM——包括预测、配送和后勤、运输管理、电子商务和先进计划系统。

SSM——包括销售力自动化、产品配置、服务报价、产品召回等。

PDM——包括 CAD/CAM、工艺建模、产品数据管理 PDM 等。

PCS——包括 DCS、PLC、DNC、SCADA 等设备控制以及产品制造的过程控制。

MES 作为车间范围的信息系统，是生产制造系统的核心，它与其他信息系统有着紧密的联系，负有向其他信息系统提供有关生产现场数据的职能，比如：MES 向 ERP 提供生产成本、生产周期、生产量和生产性能等现场生产数据；向 SCM 提供实际订货状态、生产能力和容量、班次间的约束等信息；向 SSM 提供在一定时间内根据生产设备和能力成功进行报价和交货期的数据；MES 向 PDM 提供有关产品产出和质量的实际数据，以便于 CAD/CAM 修改和调整；MES 向 PCS 提供在一定时间内使整个生产设备以优化的方式进行生产的工艺规程、配置和工作指令等。

同时，MES 也需要从其他子系统得到相关的数据，例如：ERP 计划为 MES 任务分配提供依据；SCM 的主计划和调度驱动 MES 车间活动时间的选择；SSM 产品的组织和报价为 MES 提供生产订单信息的基准；PDM 驱动 MES 工作指令、物料清单和运行参数；从 MES 来的数据用于测量产品实际性能和自动化过程运行情况。

MES 与其他信息系统也有交叉和重叠。例如，ERP 和 MES 都可给车间分配工作；SCM 和 MES 都包括详细的调度功能；工艺计划和文档可来自 PDM 或 MES；PCS 和 MES 都包括数据收集功能。但是，没有其他信息系统可替代 MES 功能，虽然它们有些类似 MES 的功能，但 MES 通常更关注与车间生产的性能，并致力于车间运行的优化，从全车间角度对生产状态和运行物流、人力资源、设备和工具等总体把握。

MES 的主要功能是将企业信息管理系统(ERP)和底层的过程控制系统(PCS)衔接起来，形成从数字化生产设备到企业上层的计划管理系统(ERP)的信息集成。

在企业三层管理模式下，以 ERP 为企业上层的信息管理系统，担负有企业生产经营计划、物流管理、财务管理以及人力资源管理等管理任务；车间底层的过程控制系统(PCS) 担负了生产设备及生产过程的控制；MES 作为计划管理层与生产控制层之间的桥梁，既承担有分解细化管理层计划任务，下传生产控制指令，调度现场资源，又担负有向计划管理系统提供有关生产现场数据的职能。

MES 接收来自 ERP 的计划定单、物料清单、产品图样、资源需求、主生产计划、劳动力性能、库存状况、操作程序和协调计划等信息，将顾客的需求转换成生产制造计划，进行作业计划与生产的调度，决定专用资源，并将订单完成情况、资源利用、人员及出勤、物料使用、库存统计等生产信息回送至 ERP 系统。

在企业生产过程中，MES 与 PCS 之间也有大量的信息传递。MES 需要为每一项生产定单向 PCS 下达作业指令、起止时间、控制参数，调整作业计划；PCS 实时将系统作业状态、设备状态、过程信息等反馈给 MES。

# 本 章 小 结

企业信息化是利用计算机网络以及相关信息技术，应用现代企业管理的理念去改造现有企业的经营管理方式。企业信息化包含企业经营管理层、商务流通层、开发设计层以及生产制造层四个不同层次的企业信息管理的相关技术和系统，如企业资源计划(ERP)、供应链管理(SCM)、客户关系管理(CRM)、产品数据管理(PDM)以及制造执行计划(MES)。企业资源计划(ERP)是从企业库存管理订货点法、物料需求计划(MRP)、闭环 MRP、制造资源计划(MRP II)，逐步成熟发展起来的，有其各个发展阶段的基本特征、功能特点、工作原理以及作用领域。MRP/MRP II 侧重企业内部的物料流和资金流的管理，而 ERP 则以供应链为核心，包括供应商和客户在内的所有企业资源的管理。SCM 是以顾客为中心，强调企业的核心竞争力，强调相互协作的双赢理念，优化供应链上的信息流程，以达到将顾客所需的正确产品能够在正确的时间，按照正确的数量、正确的质量和正确的状态送到正确的地点，并使总成本最低。所谓的供应链，是由供应商、制造商、分销商以及最终客户构成的一个范围更广的企业结构模式。

客户关系是一种"以客户为中心"的经营管理策略，其目标是缩减企业产品销售周期和销售成本，增加销售额和销售收入，提高客户的价值、满意度、赢利率和忠实度。产品数据管理是管理企业所有产品数据和产品研发过程的技术和工具，具有电子仓库管理、产品结构与配置管理、产品生命周期/工作流程管理、项目管理、组织与资源管理的功能。制造执行计划是作用于企业车间层的生产管理工具，起到连接企业经营管理层 ERP 和生产设备层的过程控制系统 PCS 的桥梁作用。

# 复习与思考题

1. 简述企业信息化的内涵以及企业信息管理的技术体系。

2. 简述 ERP 内涵及其发展历程，分析比较 MRP、MRPII、ERP 的功能特点、工作原理以及作用领域。

3. MRP 是如何根据主生产计划、库存状态、物料清单(BOM)以及独立需求进行分解计算某零件在某特定时段的净需求，以及计划投放的时间和数量？

4. 简述制造执行系统(MES)的功能作用以及与其他信息系统的关系。

5. 选择某典型制造类企业进行调研，了解该企业信息化进程，覆盖企业哪些部门，这些部门具体信息化内容是什么？企业信息化网络如何构成？使用哪些商业化信息管理软件系统？这些系统具有哪些管理功能？

# 第6章　先进制造模式

## 【本章要点】

本章侧重介绍了精益制造、敏捷制造、智能制造、生物制造等典型的制造业先进制造模式，包括这些模式的内涵与特征、系统组成、体系结构、关键技术及运行模式等内容。

## 【学习目标】

- 掌握精益制造模式的运行模式。
- 了解智能制造的体系结构和关键技术。
- 了解生物制造的特点及运用。

20世纪80年代以来，随着市场全球化、经济一体化进程的加快，制造业的竞争越来越激烈。为了提高企业的核心竞争力，相应的制造理念和制造模式也在不断创新，先后出现了一系列先进制造模式，如智能制造、计算机集成制造、虚拟制造、敏捷制造、网络制造、云制造等。面对今天的新形势、新格局，现代制造理念和模式也正朝着更广、更深、更智能化的方向发展。

## 6.1　制造领域竞争战略的演变

### 6.1.1　制造业生产方式的演变

人类文明的发展与制造业的进步密切相关。在石器时代，人类利用石料制造劳动工具，以采集、利用自然资源作为主要生活手段。到青铜器、铁器时代，人们开始采矿、冶炼、织布，使用铸锻工具，满足以农业为主的自然经济的需要，采取了作坊式手工业的生产方式。生产使用的原动力主要是人力，局部也利用水力和风力。

18世纪初，瓦特发明蒸汽机，纺织业、机器制造业取得了革命性的变化，引发了第一次工业革命，近代工业化大生产开始出现。从19世纪初到20世纪20年代，主要是用机器代替人力进行生产。工厂的组织结构分散，管理层次简单，业主直接与所有的顾客、雇员和协作者联系，采用的是作坊式单件化生产方式。在这种生产方式下，从业者在产品设计、机械加工和装配方面都有高超的技艺，所以又称技艺性生产方式。这种生产方式的最大缺点是产品价格高、生产周期长。

第一次世界大战后，美国人福特(Henry Ford)和通用汽车公司的斯隆(Alfred Solon)，将欧洲人创造的技艺性生产方式改为流水线、大批量生产方式，使制造业发生了革命性变化。但从本质上看，大量生产方式的诞生是一种历史的必然。1776年英国经济学家亚当•斯密发表了《国民财富的性质和原因研究》一文，系统地阐述了专业化及劳动分工理论，奠定了大量生产方式的理论基础。泰勒创立的科学管理理论以及互换性原理的推行，对制造技术和管理科学的发展也起到了极大的推动作用。19世纪末20世纪初，人类对产品的需求不仅数量大，而且复杂性增加，这就要求制造业采用更复杂的生产技术并增加产品产量。大型设备的使用和多台机器的联用，不仅是技术复杂性的要求，也是批量制造所必需的。使用机器的制造过程自然牵涉到众多劳动者，在这种情况下，企业作为协调劳动者之间相互关系的一种制度安排，显然优越于市场方式。企业生产规模越大，机构部门分工越细，专业化程度就越高，简单熟练操作提高了劳动生产率，使生产成本随生产规模而递减，有力地刺激了大量生产方式的应用。

大量生产方式为社会提供众多的廉价产品，满足消费者的基本生活需求。它是如此的实用、高效与经济，以至人们将其视为制造生产的固有模式。然而20世纪70年代以后，市场环境发生了巨大的变化。从全球范围看，一个更加激烈的竞争环境正在形成，消费者的价值观正在发生结构性的变化，呈现出日趋主体化、个性化和多样化的发展。与此同时，随着更广泛、持续变化的新产品流的出现，市场演变和变革更加迅速。消费者不仅要求购置高质量、低成本和高性能的产品，而且希望产品具有恰好满足其感受的特性。新的质量概念正是意味着消费者拥有并使用某个产品时感到愉悦的本能反应。在未来消费者导向的时代，如何对市场环境的急剧变化迅速做出反应，及时地掌握用户的需求，有效地生产和提供令用户满意的产品服务，是当今企业不容忽视的使命。无疑，这使以产品为中心、以规模经济为竞争优势的大量生产方式遇到了新的挑战。

大量生产方式受到的另一挑战来自于企业内部。大量生产方式及其科层组织结构得以建立的基础是平稳的市场环境、低素质的雇员、决策者及管理者的有限理性与体能不足。如今这些状况都改变了，从根本上动摇了大量生产方式的组织与管理的合理性。特别是企业员工追求人格全面发展的动机，同以监督和控制为基调的科层组织体系形成了尖锐的冲突，原先行之有效的管理方法和管理手段，如今却容易造成摩擦与内耗。这些从根本上动摇了大量生产方式组织与管理的合理性。

## 6.1.2 制造领域竞争战略的演变

大量生产方式的困境，使制造企业将价值取向转移到产品市场和顾客，将制造战略重点移到质量和时间。然而为实施这一转变，人们经历了一个曲折的学习过程。开始人们仍沿袭传统思路，期望依靠制造技术的改进来解决问题。具体地讲就是抓住电子计算机的普及应用所提供的有利契机，以单项的先进制造技术，如计算机辅助设计(CAD)、计算机辅助制造(CAM)、计算机辅助工艺规程设计(CAPP)、制造资源规划(MRP)、成组技术(GT)、并行工程(CE)、柔性制造系统(FMS)等，以及全面质量管理(TQC)作为工具与手段，来全面提高产品质量和赢得供货时间。单项先进制造技术和全面质量管理的应用确实取得了很大成效，但在响应市场的灵活性方面难有实质性的改观，且巨额投资和实际效果形成了强烈的反差，其中以国外应用柔性制造系统的教训最为深刻。至此，人们才意识到问题不是出在具体制造技术和管理方法本身，而是因为我们仍在大量生产方式的旧框架之中解决问题。

从人类生活质量提高的历程来看，最初受低收入的制约，人们总是先考虑能否买得起。当收入增加到一定程度时，才将产品质量放在第一位。现代人认为便利和时间能为自己带来更大的效用，因而时间成为人们主要追求的目标。制造战略的重点是沿着"成本—质量—

时间"这样的轨迹转移着。时间一直是制造生产中的一个重要因素，但它从来没有像今天这样被人们所看重。这一方面是市场激烈竞争的结果，另一方面也反映了现代社会生活的快节奏以及人们对时间效用的新理解。时间作为新的制造战略重点，已被学者和企业家们所公认，并在实践中也做了多种努力。要实现面向顾客的、基于时间的制造战略，就必须采用全新的制造生产方式，突破金字塔式的科层组织结构的束缚。先进制造生产方式正是在对大量生产方式的质疑、反思和扬弃中应运而生的。

## 6.1.3 制造理念和模式的发展

由于制造战略不断变化，制造理念和模式也随之不断创新。表 6-1 给出了制造理念和模式的发展概貌。

表 6-1 制造模式类型

| 类 型 | 所包含的某些具体制造模式 | 依赖的主导性生产力要素 | 利益区域特点 |
|---|---|---|---|
| 技术型 | 手工生产、CAD、CAE、CAM、CAP、逆向工程(RE)、快速成形(RP)、仿生制造 | 资本、技术、知识 | 点利益 |
| 组织型 | 精益生产(LP)、成组技术(GT)、CIMS、分散网络化制造(DNM)、BPR、ERP、MRPII、下一代制造(NGM)、柔性制造(FM)、批量生产(MP)、分形公司(FC)、虚拟制造(VM)、精细供应链 | 技术、知识 | 局部利益 |
| 社会型 | 清洁生产(CP)、绿色制造(GM)、生命周期评价(LCA) | 资本、技术、知识 | 整体利益 |
| 方法论型 | 清洁生产(CP)、绿色制造(GM)、分散网络化制造(DNM)、生命周期评价(LCA) | 知识 | 持续利益 |

从表 6-1 中可以看出：

(1) 运作空间不断扩大：从设备到车间，从企业内部到企业外部，从本地区到全球。它表明资源优化配置和开发利用的空间范围越来越大，越来越合理，越来越经济。

(2) 资源开发利用越来越广：由设备到技术，由管理到市场，由组织到人员，涉及的领域越来越广，各自的内涵也越来越深刻。它表明资源开发利用的广度和深度不断增加，制造系统的柔性范围越来越宽。

(3) 信息技术是支撑技术：制造理念和模式的多维扩展，是在现代信息技术的基础上实现的，特别是因特网的发明改变了世界格局，同时使制造系统的发展进入新纪元。

(4) 制造理念和模式的发展永无止境：随着社会经济的新发展，制造理念和制造系统正向着更广、更深、更加智能化的方向发展。

# 6.2　先进制造模式

## 6.2.1　精益生产

### 1. 精益生产的背景

20 世纪初，从美国福特汽车公司创立第一条汽车生产流水线开始，大规模的生产流水线一直是现代工业生产的主要特征。这种大量生产方式(Mass Production)的出现对当时的制造业带来了根本性变革，并且帮助美国战胜了当年工业最发达的欧洲，成为世界第一大工业强国。这一生产方式所带来的绩效和优势在第二次世界大战中也有所体现。在随后的数十年间，数控、机器人、可编程序控制器、自动物料搬运器、工厂局域网等先进制造技术和系统也得到了迅速发展，但它们只是着眼于提高制造的效率，减少生产准备时间，却忽略了增加的库存可能带来的成本增加。当时日本丰田汽车公司副总裁大野耐一先生开始注意到制造过程中的浪费是造成生产率低下和增加成本的根本，他从美国的超级市场运作受到启迪，形成了看板系统的构想。在 1953 年，丰田公司先通过一个车间看板系统的试验，不断加以改进，逐步进行推广，历经 10 年的努力，发展为准时生产制(Just In Time，JIT)。同时又在该公司早期发明的自动断丝检测装置的启示下，研制出自动故障报警系统，加上全面质量管理，从而形成了丰田生产系统，进而先在公司范围内实现，然后又推广到其协作厂、供应商、代理商，以及汽车以外的各个行业，全面实现丰田生产系统。从 20 世纪 50 年代到 70 年代，丰田公司以这种独特的生产方式取得了显著的成就。

1973 年的石油危机，给日本的汽车工业带来了前所未有的发展机遇，同时也将整个西方经济带入了黑暗的缓慢增长期。而与此同时，社会进入了一个市场需求向多样化发展的新阶段，相应地要求工业生产向多品种、小批量的方向发展，单品种、大批量的流水生产方式的弱点就日渐明显了。日本丰田汽车公司为了适应市场环境的变化，改善大批量生产的效益，一种在多品种、小批量混合生产条件下实现高质量、低消耗的生产方式在不断地实践中被摸索创造出来了，与此同时，丰田公司的业绩开始上升，与其他汽车制造企业的距离越来越大，这种生产方式开始真正为世人瞩目。

为了解开日本汽车工业成功之谜，1985 年美国麻省理工学院筹集 500 万美元，确定了一个名为"国际汽车研究计划(IMVP)"的研究项目。该项目历经 5 年，最后于 1990 年出版了《改变世界的机器》一书，第一次把丰田生产方式定名为 Lean Production 简称 LP，即精益生产方式。该研究成果立即引起汽车业内的轰动，是继大量生产方式之后人类现代生产方式的第三个里程碑，也被称为"改变世界的机器"。

### 2. 精益生产的含义

詹姆斯在《改变世界的机器》中认为精益生产基于四条原则：①消除一切浪费；②完美质量和零缺陷；③柔性生产系统；④生产不断改进。

相比于大量生产方式，精益生产的精髓是没有冗余，精打细算。精益生产要求生产线上没有一个多余的工人，没有一样多余的物品，没有一点多余的时间；岗位设置必须是增值的，不增值的岗位一律撤除；工人应是多面手，可以互相顶替。由此可见，其中的"精"表示精良、准确；"益"表示利益、效益。概括地说，精益生产就是及时制造，消灭故障，消除一切浪费，向零缺陷、零库存进军。从严格意义上来说，精益生产方式是指运用多种现代管理方法和手段，以社会需求为依据，以充分发挥人的作用为根本，有效配置和合理使用企业资源，最大限度地为企业谋求经济效益的一种新型生产方式。

### 3. 精益生产的特征

在《改变世界的机器》一书中，精益生产的归纳者们从五个方面论述了精益生产企业的特征。这五个方面是：工厂组织、产品设计、供货环节、顾客和企业管理。归纳起来，精益生产的主要特征为：对外以用户为"上帝"，对内以"人"为中心，在组织机构上以"精简"为手段，在工作方法上采用"Team Work"和"并行设计"，在供货方式上采用"JIT"方式，在最终目标方面为"零缺陷"。

产品面向用户，与用户保持密切联系，将用户纳入产品开发过程，以多变的产品，尽可能短的交货期来满足用户的需求，真正体现用户是"上帝"的精神。不仅要向用户提供周到的服务，而且要洞悉用户的思想和要求，才能生产出适销对路的产品。产品的适销性、适宜的价格、优良的质量、快的交货速度、优质的服务是面向用户的基本内容。

人是企业一切活动的主体，应以人为中心，大力推行独立自主的小组化工作方式。充分发挥一线职工的积极性和创造性，使他们积极为改进产品的质量献计献策，使一线工人真正成为"零缺陷"生产的主力军。为此，企业对职工进行爱厂如家的教育，并从制度上保证职工的利益与企业的利益挂钩。应下放部分权力，使人人有权、有责任、有义务随时解决碰到的问题。还要满足人们学习新知识和实现自我价值的愿望，形成独特的、具有竞争意识的企业文化。

在组织机构方面实行精简化，去掉一切多余的环节和人员。实现纵向减少层次、横向打破部门壁垒，将层次细分工，管理模式转化为分布式平行网络的管理结构。在生产过程中，采用先进的柔性加工设备，减少非直接生产工人的数量，使每个工人都真正对产品实现增值。另外，采用 JIT 和看板方式管理物流，大幅度减少甚至实现零库存，也减少了库存管理人员、设备和场所。此外，精益不仅仅是指减少生产过程的复杂性，还包括在减少产品复杂性的同时，提供多样化的产品。

精益生产强调 Team Work 工作方式进行产品的并行设计。Team Work(综合工作组)是指由企业各部门专业人员组成的多功能设计组，对产品的开发和生产具有很强的指导和集成能力。综合工作组全面负责一个产品型号的开发和生产，包括产品设计、工艺设计、编制预算、材料购置、生产准备及投产等工作，并根据实际情况调整原有的设计和计划。综合工作组是企业集成各方面人才的一种组织形式。

JIT 工作方式可以保证最小的库存和最少在制品数。为了实现这种供货方式，应与供货商建立起良好的合作关系，相互信任，相互支持，利益共享。

精益生产所追求的目标不是"尽可能好一些"，而是"零缺陷"，即最低的成本、最好的质量、无废品、零库存与产品的多样性。当然，这样的境界只是一种理想境界，但应无止境地去追求这一目标，才会使企业永远保持进步，永远走在他人的前面。

### 4. 精益生产的原则

《精益思想》一书从丰田开创的精益生产方式中总结出五个基本原则，成为所有踏上精益道路的组织不厌其烦地理解和实行的基本原则。

正确的确定价值。正确的确定价值就是以客户的观点来确定企业从设计到生产到交付的全部过程，实现客户需求的最大满足。精益价值观将商家和客户的利益统一起来，而不是过去那种对立的观点。以客户为中心的价值观来审视企业的产品设计、制造过程、服务项目就会发现太多的浪费，从不满足客户需求到过分的功能和多余的非增值消耗。当然，消灭这些浪费的直接受益者既是客户也是商家。

识别价值流。精益思想将所有业务过程中消耗了资源而不增值活动叫作浪费。价值流是指从原材料转变为成品，并给它赋予价值的全部活动。这些活动包括：从概念到设计和工程、到投产的技术过程，从订单处理、到计划、到送货的信息过程和从原材料到产品的物质转换过程，以及产品全生命周期的支持和服务过程。按照最终用户的观点全面地考察价值流、寻求全过程的整体最佳，特别是推敲部门之间交接的过程，往往存在着更多的浪费。精益思想识别价值流的含义是在价值流中找到哪些是真正增值的活动、哪些是可以立即去掉的不增值活动。价值流分析成为实施精益思想最重要的工具。

流动。如果正确地确定价值是精益思想的基本观点，识别价值流是精益思想的准备和入门的话，"流动(Flow)"和"拉动(Pull)"则是精益思想实现价值的中坚。精益思想要求创造价值的各个活动(步骤)流动起来，强调的是不间断地"流动"。"价值流"本身的含义就是"动"的，但是由于根深蒂固的传统观念和做法，如部门的分工(部门间交接和转移时的等待)、大批量生产(机床旁边等待的在制品)等等阻断了本应动起来的价值流。精益将所有的停滞作为企业的浪费，号召"所有的人都必须和部门化的、批量生产的思想做斗争"，用持续改进、JIT、单件流(one-piece flow)等方法在任何批量生产条件下创造价值的连续流动。

拉动。"拉动"就是按客户的需求投入和产出，使用户精确地在他们需要的时间得到需要的东西。拉动原则更深远的意义在于企业具备了当用户一旦需要，就能立即进行设计、计划和制造出用户真正需要的产品的能力，最后实现抛开预测，直接按用户的实际需要进行生产。实现拉动的方法是实行 JIT 生产和单件流。当然，JIT 和单件流的实现最好采用单元布置，对原有的制造流程做深刻的改造。流动和拉动将使产品开发时间减少 50%、订货周期减少 5%、生产周期降低 90%，这对传统的改进来说简直是个奇迹。

尽善尽美。奇迹的出现是由于上述四个原则相互作用的结果。改进的结果必然是价值流动速度显著地加快。这样就必须不断地用价值流分析方法找出更隐藏的浪费，做进一步的改进。这样的良性循环成为趋于尽善尽美的过程。近年来 Womack 又反复地阐述了精益制造的目标是："通过尽善尽美的价值创造过程(包括设计、制造和对产品或服务整个生命周期的支持)为用户提供尽善尽美的价值。""尽善尽美"是永远达不到的，但持续地对尽善尽美的追求，将造就一个永远充满活力、不断进步的企业。

### 5. 精益生产的体系结构

精益生产的核心内容是准时制生产方式。如前所述，这种方式可通过看板管理，成功地制止过量生产，实现"在必要的时刻生产必要数量的必要产品"，从而彻底消除产品制造过程中的浪费，以及由之衍生出来的种种间接浪费，实现生产过程的合理性、高效性和灵活性。 JIT 是一个完整的技术综合体，包括经营理念、生产组织、物流控制、质量管理、成本控制、库存管理、现场管理等在内的较为完整的生产管理技术与方法体系。

如果把精益生产体系看作一幢大厦，它的基础就是在计算机网络支持下的、以小组方式工作的并行工作方式。在此基础上的三根支柱就是：全面质量管理，它是保证产品质量，达到零缺陷目标的主要措施；准时生产和零库存，它是缩短生产周期和降低生产成本的主要方法；成组技术，这是实现多品种、按顾客订单组织生产、扩大批量、降低成本的技术基础。

精益生产强调以社会需求为驱动，以人为中心，主张消除一切不产生附加价值的活动和资源，从系统观点出发将企业中所有的功能合理地加以组合，以利用最少的资源、最低的成本向顾客提供高质量的产品服务，使企业获得最大利润和最佳应变能力。

## 6.2.2　敏捷制造

### 1. 敏捷制造的背景

20 世纪七八十年代，美国政策导向失误，使制造业众多产品在世界市场所占份额不断下降，美国在制造领域的霸主地位逐渐丧失。为了恢复美国制造业在世界上的领导地位，20 世纪 80 年代末美国国会指示国防部拟定一个制造技术发展规划，要求同时体现美国国防工业与民用工业的共同利益，并要求加强政府、工业界和学术界的合作。在此背景下，美国国防部委托 Lehigh 大学与 GM 等大公司一起研究制定一个振兴美国制造业的长期发展战略，最终于 1991 年完成了"21 世纪制造业发展战略"报告。在此报告中提出了"敏捷制造(Agile Manufacturing，AM)"的概念。

敏捷制造是在具有创新精神的组织和管理结构、先进制造技术(以信息技术和柔性智能技术为主导)、有技术、有知识的管理人员三大类资源支柱支撑下得以实施的，也就是将柔性生产技术、有技术、有知识的劳动力与能够促进企业内部和企业之间合作的灵活管理集中在一起，通过所建立的共同基础结构，对迅速改变的市场需求和市场进度做出快速响应。敏捷制造比起其他制造方式具有更灵敏、更快捷的反应能力。这一新的制造哲理在全世界产生了巨大的反响，并且已经取得令人瞩目的实际效果。

### 2. 敏捷制造的基本思想和特征

敏捷制造的基本思想就是通过把灵活的动态联盟、先进的柔性制造技术和高素质的人员进行全面集成，从而使得企业能够从容应付快速的和不可预测的市场需求，获得企业的长期经济效益。敏捷制造的基本含义如下：在先进柔性生产技术的基础下，通过企业的多功能项目组(团队)与企业外部多功能项目组组成虚拟企业这样一个多变的动态组织机构，把全球范围内的各种资源，包括人的资源集成在一起，实现技术、管理和人的集成，从而能够在整个产品生命周期之内最大限度地满足用户的要求，提高企业的竞争能力，获取企业的长期效益。

敏捷制造是企业在无法预测的持续及快速变化的竞争环境中生存、发展、扩大竞争优势的一种新的经营管理和生产组织模式。它强调通过联合来赢得竞争，强调通过产品制造、信息处理和现代通信技术的集成来实现人、知识、资金和设备的集中管理和优化利用。

敏捷制造重视发挥人的作用，将人作为企业一切活动的中心；根据用户需求、个性化设置和市场变化，能全方位做出快速响应；通过动态联盟形成虚拟企业，建立可重组的企业群体经营决策环境和组织形式，在企业和供应商之间形成敏捷供应链，在企业和用户之间形成快速畅通的分销；在加盟企业间快速有效地协调各工作机制，增强企业外部敏捷性；推行并行工程技术和虚拟制造技术，保证产品开发一次成功，从而快速地推出新产品；建立敏捷制造企业，以用户满意产品为经营目标，充分利用可重组、可重用和可扩用思想准则，实现经营企业生产全过程的敏捷化的管理、制造和设计，实现全面集成和整体优化。

### 3. 敏捷制造的研究内容和现状

目前敏捷制造的研究内容主要是：策略、技术、系统和人。

策略。为适应快速变化的市场和顾客化的产品需求，制造业的新策略不断涌现，敏捷制造本身就是一种策略，而且它已成为一种更为广义的策略，使之可以包括许多成熟的、正被广泛研究的、正显示生命力的制造业策略。典型的代表是敏捷虚拟企业、供应链和并行工程。

虚拟企业是一个临时的企业联盟，是成员企业核心能力的集成虚体。为响应某个特定的市场机遇，拥有不同核心能力的企业联合起来，共享技能和资源，其特点是：成员间的合作以计算机网络和信息技术为支持。

供应链是一个产品或服务的全球传送网络，它覆盖从原材料到最终用户的全过程，供应链管理的重点在于整个供应链上的经营过程及其优化。

并行工程是跨专业的开发团队，是跨越整个产品研发周期的产品开发周期，并行工程要求制造企业能够快速、准确地开发或二次开发出顾客化的产品。

技术。信息技术对敏捷制造起到重要的支持作用。数字制造技术，包括机器人系统、自动导引系统、数控技术、CAD/CAM\快速成形都是敏捷制造的重要使能技术。

管理和系统固然重要，敏捷制造系统中的先进制造设备和工具则是提高产品质量和服务的重要技术指标。敏捷制造面对的是多样化的、顾客化的生产，制造单元中的高精度设备(如机械手、传送设备、夹具)，以及和整个制造系统的快速重构就显得举足轻重了，还可以使用智能传感器、虚拟现实技术来代替工业时代由人完成的许多工作。

信息技术在制造系统中得到广泛的应用，代表的有 CAD/CAM、PDM/MRP/ERP、EDI/EC 等。而 Internet 技术又使得这些技术有机地集成起来。这些技术的成功应用取决于对制造决策的理解和贯彻。

系统。系统是指敏捷制造系统中的一些设计、制造、管理、规划和控制方法，前面讨论的信息技术是它们的具体实现。为了快速地响应市场变化向新产品转型，敏捷制造的一个重要的前提就是新产品的快速射击能力，其特点是重组企业的产品和资源，减少非增值活动，高效满足市场需求。计算机支持的协同工作(Computer Supported Coorperative Work，CSCW)是敏捷设计的信息技术支持。

敏捷制造环境下的生产计划和控制系统有如下特点：并行的、渐进式的和客户参与的产品开发过程的建模，需求企业生产过程的实时监控，适应市场变化的动态柔性生产过程，自适应性的生产调度方法，生产控制系统的建模等。敏捷制造必须能够在短时间内迅速重构数据和信息系统，包括与伙伴企业的生产模型和信息系统的集成。它们依赖于传统的制造系统方法和基于网络的系统集成技术。

人。作为敏捷制造系统的人，必须是掌握先进知识的知识型工人(Knowledge Worker)，如计算机操作员、制图员、设计工程师、制造工程师、管理工程师。接受特定领域的继续教育和培训是向知识型工人转变的有效途径。敏捷制造系统的研究大多集中在策略、系统和使能技术方面，对人的因素的研究还很有限，但人在敏捷制造系统中扮演着极其重要的角色。

### 4. 敏捷制造的组织形式——敏捷虚拟企业

敏捷制造环境下，单一的市场竞争形势正发生变化，取而代之的是全球的合作竞争趋势。顾客需求的个性化和多样化使得越来越多的企业无法快速、独立地抓住稍纵即逝的市场机遇。敏捷制造系统的组织形式——虚拟企业(Virtual Enterprises，VE)的概念由此产生。

虚拟企业是由许多独立企业(供应商、制造商、开发商、客户)组成的临时性(即为了相应特定的市场机遇而迅速组建，并在完成任务后迅速解体)网络，通过信息技术的连接进行技术、成本、市场的共享。每个企业提供自身的核心竞争力。该网络没有或者只有松散的、临时的、围绕价值链组织的层次关系。外部，虚拟企业有一个代表核心竞争力的成员或者信息/网络代理表示；内部，虚拟企业可以有任何管理形式的组织，如领导企业、信息代理、委员会、信息技术(如工作流系统、组件技术、执行信息系统)。

虚拟企业思想最重要的部分就是适应市场迅速改变企业变化的敏捷企业的组织与经营管理模式。因虚拟企业的建立并不意味着改变所有企业的原有生产过程和结构，而是强调利用企业的原有生产系统，在企业间进行优势互补，构成新的临时机构，以适应市场需求。因此，要求的生产系统与生产过程能够做到可重构、可重用、可伸缩。换句话说，就是虚拟企业系统本身有着敏捷性要求。

与传统企业相比，虚拟企业的组织结构更扁平。传统的企业组织结构是金字塔式的、多层次的、阶梯控制的组织结构，虚拟企业组织的构成单位从专业化的智能部门演变为随着市场机遇而成立的扁平化组织。这种组织要素在与外界环境要素互动关系的基础上，以提高顾客满意度和自身竞争实力为宗旨，并随企业战略调整和产品方向转移而不断地重新界定和动态演化。

虚拟企业往往由一个核心企业与几个非核心企业组成，其存在的出发点是某一共同的市场机会，基点是各企业的专长及其整合效应以实现双赢。因此，虚拟企业是一个由核心单元和非核心单元组成的伙伴性合作企业联盟，核心企业集中力量发现新的市场机会，开展有市场远景的宣传片，进行设计及其制造研究；非核心企业则根据核心企业的要求进行生产与销售，并及时提出改进意见，从而缩短新产品上市的时间，降低整个服务过程的成本，所以虚拟企业从产生到死亡，整个生命过程都充满了合作。而大部分的传统企业在建立时强调法人资产的专有性，尽量把市场功能内部化，实现研发、生产、销售、售后服务的控制，合作在一定程度上受到自身框架的限制。

虚拟企业往往没有传统企业所拥有的固定的经营场所、办公人员，而是通过信息网络和契约关系把分别在不同地方的资源进行整合。虚拟企业只保留和执行系统本身的关键功能，而把其他功能委托给外部企业来实现。

虚拟企业往往是为了某一具体的市场机会通过签订契约而组成的契约联盟，合作的对象往往是分别在各自从事的活动方面最具核心能力的企业，所以虚拟企业是经济活动在企业间能力分工的结果，各合作成员随着市场机会的更迭及生产过程的变化而进入或退出，甚至整个企业因合作使命的完成而消亡。从一段时间来看，虚拟企业具有动态性。

根据供应链管理理论，虚拟企业基于全球供应链并以价值链的整体实现为目标，强调以互联网为基础的全球性的信息开放、共享与集成，整合全球资源。虚拟企业把企业系统的空间扩展到全球，通过信息高速公路，从全球供应链上添加选择合作伙伴，组成动态公司，进行企业的大整合。要建设敏捷制造环境，必须将各企业内部局域网络通过 Internet 连接起来。

虚拟企业能够快速地聚焦实现市场机遇所需要的资源，从而抓住市场机遇。这种快速应变性不仅使企业能够快速适应可预见的市场机遇，也可以适应未来不可预知的市场环境。

组成虚拟企业的成员可能来自世界各地，每一个企业都有自己独特的价值观念和行为。这些成员企业中，并没有资本的直接参与和控制，不存在一个成员对另一个成员强制支配的纵向从属关系。它们是为了一个共同的目标而合作的非命令性联盟组织，所以在合作过程中，只有充分了解和尊重各成员企业的文化差异，在相互沟通、理解、协调的基础上求同存异，努力形成一个共同认可的、目标一致的联盟文化，从而消除成员之间的习惯性防卫心理和行为，才能建立良好的信赖合作关系。

## 6.2.3 高效快速重组生产系统

### 1. 高效快速重组生产系统的概念

高效快速重组生产系统全面吸收了精益生产、敏捷制造、柔性生产系统的精髓。取其中精益(Lean)、敏捷(Agile)、柔性(Flexible)三词英文首字母，简称 LAF 生产系统。它包容了全面质量管理、准时制生产等现代管理经验，并将这些生产技术和经验与相关资源集成为一个管理环境和生产实体，通过组织创新，使企业释放巨大的潜力，并使传统的生产系统观念发生显著的变化。

实现 LAF 生产系统，首先要求组织环境应有利于改革和创新，技术将为人们完成转变提供使用的手段，在新的生产竞争形势下，速度可以提供生存竞争的优势。对市场的快速、灵活反应能力是 LAF 生产系统的关键所在。事实上，LAF 生产系统就是实现快速和柔性管理的企业。企业不仅要快速获得新的技术，更重要的是技术必须能够充分利用知识、创造力，并与有利于形成企业人力资源的组织框架融为一体。LAF 生产系统就是把新技术和新组织结构统一在一个新型生产系统中的生产模式。

### 2. 高效快速重组生产系统的基本特征

LAF 生产系统试图通过较小规模，模块式的生产设施，以及形成新的生产能力的各企业间相互协调的组织形式来实现大规模、综合性的工程项目。

LAF 生产系统改变了工业竞争的含义，竞争与合作变得互相兼容。根据现代企业理论，合作与竞争的共存与不断交互，将有利于形成复杂的、自组织的经济体制，适度的合作有利于经济系统的减熵和增效。合作将使企业在竞争压力日益增多的环境中分担成本和风险，在解决一个共同问题的合作过程中，在一个合作企业成员已有的知识之外，一个全新的知识主体被创造，通过将各自对项目的贡献集成之后，对个别企业来说，潜在的能力资源将能被最大限度地发挥出来，具有互补性知识的高水平人员之间的交互将自我激励，从而有可能诱发出创造性解决问题的思路，LAF 生产系统是为了订货而组织生产的，其质量观体现在产品整个生命周期内用户满意的程度上，它着眼于战略层次，强调长期的财务绩效，在不断的变革中寻求成长和活力的机会，对 LAF 生产系统来说，高度柔性的生产设备只是一种必要条件而非充分条件，它是一种集技术、管理和人力资源于一身，相互协调依存的系统。

LAF 生产系统强调组织创新和人员积极性的发挥。制造资源的有效集成比仅依靠先进制造(硬)技术更重要，而制造资源的有效集成是通过组织创新和发挥人的积极性来实现的。

LAF 生产系统全面吸收各家之长。如以柔性和速度响应市场变化的指导思想，柔性制造和精益生产中的生产调度和计划安排，精益生产的"消灭一切浪费"和"不断改善"思想，全面质量管理和准时制生产管理方法以及对员工的各种激励措施，敏捷制造的资源集成的思想，虚拟公司的组成形式，工作团队的作业组织，基于作业的管理(ABM)和基于作业的成本计算(ABC)等具体做法。

LAF 生产系统适度松动对制造(硬)技术先进性的要求。柔性制造依赖昂贵的柔性制造设备。精益生产也强调机器人的大规模使用，敏捷制造则建立在国家规范的工业制造信息网络之上，高效快速重组生产系统综合权衡先进性、可实现性和经济性的要求，根据市场机遇的性质，选择先进适用的制造技术，且致力于它与组织和人员的有效集成，以总体效果的优越来弥补尚不能采用最先进的制造技术的不足。

LAF 生产系统适合中国国情且经努力能尽早实现。适度松动对制造技术先进性的要求，使得我们的企业在严重的投资制约下有了伸展的余地，而组织的创新和人的积极性的发挥则完全取决于我们的努力，是从现在就可以开始做的事情。高效快速重组生产系统本身是一个变动和发展的概念。与最先进的制造技术相比，在初始阶段，所使用的制造技术水平较低，组织资源和人力资源的开发亦不充分，资源集成的效果很不理想，随着学习与实践，企业资源的质量逐渐提高，资金与经验的积累使有可能采用更先进一些的技术与装备，资源集成的手段也得以增强，高效快速重组生产系统就发展到了一个新的较高阶段。

LAF 生产系统能实现制造资源的快速有效集成。从深层认识大量生产方式同先进制造模式的区别，就可以发现，它们最基本的区别是制造原则的不同。制造分工与专业化是大量生产的根基，它曾经使大量生产方式取得了巨大的成功，但同时却造成制造资源的严重割裂，使其在新的市场环境下陷入困境；而先进制造模式是以制造资源的快速有效集成作为原则的，制造活动的积极性体现在制造资源的快速有效集成所表现出的制造技术的充分运用，各种形式浪费的减少，人的积极性的发挥，供货时间的缩短和顾客满意度的提高等。制造资源快速有效集成的程度直接反映了高效快速重组生产系统的发展阶段和水平。

一个制造生产系统的存在与发展实际上要解决两个问题：一是生产系统的构造，即如何从技术或结构的角度把一个产品制造出来并被市场所接受；二是生产系统的运行，主要考虑如何提高生产系统的效率，即更多、更好、更快和更经济地输出产品。前者是指生产的有效性，后者说生产的效率。亚当•斯密提出的分工与专业化原则奠定了人类有组织的生产活动的基石，制造业的产品具有很强的可分解特征，使得分工与专业化原则在制造生产中的应用表现出最彻底也最有成效。大量生产方式依据的就是分工与专业化原则，并以提高生产效率为指导思想，这是由它创立时的市场环境所决定的，因为消费者群体需要大量的同质产品，对生产系统而言，产品只要能制造出来，它就是有效的，产出越多越有效。生产的有效性是既定满足的条件，而生产效率才是要真正关注的问题。

制造生产是一个利用制造资源将原材料转化为产品的过程。制造资源在其中所起的作用贯穿于制造过程始终，且深入到每一个环节，因而是有机联系的整体。分工与专业化原则肢解了制造过程，使其在一定程度上能与劳动者的特征(具有学习能力、有限体能和有限理性等)相适应，解决了产品制造的可行性和经济性问题，但同时也留下了一个严重的隐患，即人为地将制造资源分割成小块，一方面在小区域内制造资源相互匹配、利用效率高，但另一方面制造分工要消耗一部分制造资源，如加大了实施度量、协调和仲裁所需要的人力和组织等，削弱了资源的整体联系。

产品的制造技术往往是复杂的，而单体劳动者能掌握一小部分简单技术，制造分工使两者巧妙地统一起来。然而，分割技术所造成的弊端是明显的，简单技术的重复运用与劳动者追求全面发展的内心动机是矛盾的。由简单技术衔接综合为这种产品所需的复杂技术，一是要靠严密的技术措施，如图样、各类工艺文件和工夹具等，二是要依赖有效的管理。分工细化致使这类技术措施和管理活动将呈非线性增长，从而消耗着本来就稀缺的制造资源。

组织总是一种贡献与诱因相平衡的系统，过细的制造分工使得组织不得不分化出许多小单位，众多的小单位各自追求自身利益的价值取向，使整个组织的诱因(即组织目标、组织的生存与发展等)丧失一致性和目标性，削弱了它对组织发展的激励功能。

制造分工对人类资源的分割有两方面的含义：一是它将劳动者划分出不同的作业群体，在同一群体内大家从事一样的操作；二是除完成制造分工劳动所需的局部知识和技能外，将其他知识和技能与劳动者彻底分离。这样做的后果是严重的。劳动者成为技术和机器的附庸，越来越丧失人的本性，即自主决策性和创造性。显然，制造分工是一把双刃剑，它在提高制造效率的同时分割成制造资源。当市场环境变得越来越复杂多变时，生产有效性问题就越发突出起来。

对制造分工原则的再认识促使人们进行反思，即能不能提高人的知识和技能，使之较全面地掌握复杂技术？如何利用制造资源的整体优势，赢得时间和促进人的全面发展？当今复杂多变的市场环境，特别是消费者需求的主体化与多样化倾向，使得先进制造模式不得不将生产有效性置于首位，从而导致制造价值取向(由面向产品到面向顾客)、制造战略重点(从成本、质量到时间)、制造原则(从分工到集成)、制造指导思想(从技术主导到组织创新和人因发挥)等出现一系列质的变化。

高效快速重组生产系统以制造资源集成作为基本制造原则，以求借助制造资源的整体联系和系统功能获得生产有效性和生产效率。集成从词义上讲是由部分构成整体。制造资源集成是为了获得更好的制造有效性与效率，制造技术、任何制造组织三者紧密联系，相互适应，彼此促动与共同发展。制造资源集成的内在动因是技术进步和人的发展，组织创新则是实现制造资源集成的基本途径。制造资源集成具有如下特征。

制造资源集成以追求生产有效性为目标，同时正确反映技术、组织和人三者的内在联系。

制造资源集成以人为中心，集成的目的是为了满足顾客的需求，集成主要依靠人来实施，集成过程要有利于人的全面发展。

制造资源集成受三个不断变化的因素的推动，即顾客需求对先进制造系统提出的系统目标、技术进步和人的发展，而组织创新则是它对它们的积极响应。因此，组织的形式、状态、功能和绩效可用于刻画制造资源集成的程度与效果。

制造资源集成以组织创新为主线，分为三个层次，组织创新成果是以网络结构为基础的各种动态制造组织，如虚拟公司。

制造资源集成是从低层次到高层次逐步展开，从集成状态可以分为常态集成和机遇集成。高一级的集成以低一级的集成为基础，同时考虑其他因素。例如，工作团队就是以若干"多面手"的员工为基础，同时考虑系统目标的新要求，吸收与团队整体相适应(即单个多面手不能掌握)的技术和技术进步的新成果，通过网络组织结构而建立起来的。

制造资源集成可使制造资源的总量随着组织创新而迅速积累起来，以满足实现相应的市场机遇提出的系统目标的需要。常态集成和基于集成两种方式的结合，可使制造资源的质量随着市场机遇的变化而迅速切换，从而赢得时间和保证生产有效性的实现。

制造资源集成以信任与合作为基石。集成既反映了由组织纽带联系的人与人之间的关联，又涉及组织与组织之间的结合，因为信任与合作成为制造资源集成的主要基础。信任关系和合作精神的培育，可采取多种方法和途径，如目标认同，学习和培训，加强交流，相互协调，专用型投资，分权与授权，惩罚"偷懒"与"搭便车"行为等。

制造资源集成与交易效率的提高相联系。先进制造生产系统是一种企业形式，但其中的独立企业之间的关系兼有企业形式和市场形式的特征，这样就给集成以选择的余地。受制造资源集成目的的驱使，总会选择适当的集成方式，以降低交易费用和缩短交易时间，即提高交易效率。

制造资源集成是一种螺旋式上升不断循环的过程。从表面上看，制造资源集成随市场机遇的来临而发生，随市场机遇的逝去而完结，但这仅仅是制造资源集成的一次循环。市场在不断变化，产品在源源不断地流出，制造资源处于动态的聚散和流动之中。

制造资源的柔性决策。增加制造资源的柔性有助于制造资源集成，制造资源柔性水平越高，集成难度越小，但随着制造资源的柔性提高，其效率降低，柔性设备生产效率低于专用设备。因此需要在柔性与效率之间做出正确决策。

制造资源的集成化规模决策。制造资源的集成化规模是指各项制造资源集成在一体的制造资源规模的大小，制造资源集成化规模越大，在集成化基础上越容易集成，但集成后的效率不高，因为难以保证各项制造资源按市场需要配置，为了保证集成后的效率，越需要解除原有的集成方式，按新的要求重新集成。

制造资源集成度决策。制造资源的集成度是指各项制造资源之间相互关系的紧密程度，制造资源的集成度越高，其效率越高，但当市场变化后，按市场要求重新集成的难度增大，因为要形成新的集成方式必须首先打破旧的集成方式。

在工业化大量生产时代，产品品种的单一和较长的市场寿命，使得制造资源投资能赶上市场的变化，也能在市场结束之前收回全部投资。因此，制造资源是按照市场的需求由基本制造资源建设开始，直到形成生产完整产品的整个生产系统是一次连续完成的，并由同一个主体来完成。

进入信息时代，市场细分且快速分化，单个品种的产品市场寿命短，需求量小，企业制造资源的基本建设投资再不能仅根据具体的市场目标来进行。一是因为赶不上市场机遇；二是因为市场机遇过后制造资源投资难以收回。因此，制造资源投资必须针对较多品种的产品，且必须考虑未来一个周期内市场情况的变化。而对于生产具体产品的决策而言，除了考虑市场目标外，还要充分考虑可以利用的制造资源情况。因为不能根据市场目标再来建设制造资源，必须利用现有的制造资源。但并不是完全依据本企业的制造资源，而是要充分考虑其他企业可以利用的制造资源。

制造资源投资方面，不仅硬件建设需要投资，资源的集成也需要投资，从制造资源建设考虑投资回收的角度来看，由于集成的规模越大，所面临调整的可能性也越大，因此制造资源应采用分次集成的方式，如作业单元、流程单元、核心能力、虚拟公司等层次。集成过程中，高层集成以底层集成为基础，底层集成成为高层集成的相对独立的模块。这样，当制造资源需要根据新的市场需求重新进行集成时，就可以根据仅有的制造资源集成方式与新的市场需求的差异程度，将原有的集成方式解除到相应的层次，而使得原有的集成方式得到充分的利用。由于越是高层的集成，其面临重新集成的可能性较大，因此，越是高层的集成，其集成度越小，如低层集成采用固定组织，而高层集成采用信息网络连接等。

制造资源分次集成在经济性方面有以下两个体现。

制造资源的充分利用。信息时代的市场是买方市场，买方市场的特征是必须按需生产，产品不满足消费者要求或者超过了消费者需求会造成巨大的浪费。因此，制造资源不是因为技术原因而淘汰，是因为不能为满足消费者需要的产品的生产而淘汰。如果制造资源按市场需求一次连续集成，即能准确预测市场的变化，由于制造资源为特定的市场目标而集成，随着市场产品市场寿命的缩短，制造资源因市场目标的变化而不能适从，需要重新集成的概率就会变得越来越大。制造资源的一次集成方式使得重新集成时，需要将原有的集成方式解除到最底层，而使得为集成所耗费的资源不能得到有效的收益。如果实现制造资源的分次集成，底层集成已经考虑到再次集成的需要，因此能够充分应用。

快速响应市场机遇，满足消费者需求。制造资源集成的最快的方法是充分利用现有的制造资源，而为了提高集成后的制造资源响应市场机遇的速度，应尽量利用产品生产过程的可并行性，即尽量增加使用资源的数量，减少每项制造资源的使用时间，使生产过程并行展开。制造资源分次集成，可以使得为特定市场目标而选择制造资源时，充分利用已有的集成，节约集成时间。

### 3. 高效快速重组生产系统的启示

LAF 生产系统的特点主要体现在：以虚拟公司为特征和全新的企业合作关系；大规模的通信网络系统；高度柔性、模块化设计与制造系统；管理者和职工的创造力的充分挖掘，以及基于任务的组织管理。尽管 LAF 生产系统主要表现为一种先进的制造技术，但是技术背后却蕴藏着制造企业管理与组织观念的重大变革。事实上，技术创新与技术资源的利用基于主观评价和环境体系，是管理决策的一个组成部分。对企业间采取更加灵活的方式以及充分挖掘管理者和职工的创造能力，是构成 LAF 生产系统的核心所在。在当前建立现代企业制度的过程中，这种"软"有利于我国制造企业"调整素质、权利应变"。针对我国制造企业的管理和技术状况及其发展，LAF 生产系统的模式和实现途径有许多问题值得研究。在建立现代企业制度的过程中，应进行我国制造企业组织再造的理论与方法的研究，根据我国企业的现实需要以及今后发展，结合国外在企业重建、公司改组和组织创新等方面的研究，利用代理理论、期权理论、心理契约和组织变革等理论，从制度化创新、变革式创新以及演进式创新三方面，建立起我国制造业改革和创新的框架，营造自组织学习过程，使企业处于受控的混沌状态，结合交易费用分析，确定企业合适的边界与规模。

面对当前国际竞争日趋激烈的环境，我国数量庞大、规模经济不佳的制造企业可以在产业结构调整和国有企业公司化改革过程中，借鉴虚拟公司这种组织思想来加强企业间更具柔性的合作，从而为提高制造业规模经济效益、加快满足用户需求的高新技术产品开发速度另辟蹊径。如果我国制造企业逐步采用"虚拟公司"的合作方式，把各自技术、工艺优势结合起来，为企业规模经济的发展打开局面，从而能生产出高质量产品打入国内、国际市场。特别是对技术密集型企业而言，强调技术联盟的虚拟公司合作对于提高整体竞争力而具有更强的生命力有非常大的作用。

从战略角度看，LAF 生产系统兼具智能制造系统(IMS)、敏捷制造、精益生产以及柔性制造系统的特点，是计算机集成制造(CIM)的扩展，在推广应用时，既要把它作为一种根本的经营模式的转变来对待，又要注意制造技术演进式创新的规律，要结合我国国情进行研究。当前，应在国家的支持和宏观调控下，以企业和科研院所为基础，通过向社会大力宣传新的制造概念，在公众的支持下，促进 LAF 生产系统的开发与应用，并通过工程技术界与经济管理领域专家的联合研究，借助我国已有的好思想、好制度，分析原因，找出解决途径。要克服安于现状的思想，认清仅靠廉价劳动力参与国际竞争的做法将在多品种、高效率、高质量、低成本的新技术面前毫无优势可言。要开始跟踪研究和开发 LAF 生产系统的关键技术和装备；研究 LAF 制造环境下的人才培养计划，改进理工科教育，以适应 LAF 生产系统的发展。

LAF 生产系统强调管理者与职工创造能力、主人翁精神和协作精神。在这一方面，东亚文化和传统提供了有力的基础。例如。美国人认为并行工程是一种影响很大、收获不小的新思想，而日本则觉得这是精益生产中理所当然包含的，是日本利用家族亲和力形成的日本企业特有的团队精神。东亚文化的核心是中国文化，我国制造企业应该利用这一优势，注意总结、提炼、吸取我国文化中的管理价值观、伦理的精髓，同时吸收西方管理的合理内核，体现时代精神，建立起具有中国特色的管理模式和管理精神。这一开发工作应该从教育培训入手，从青年抓起，通过学校的教育，为制造技术的引进营造一种合理的氛围，其中主要是我国文化的素养以及组织机制条件。

在我国共用数据网络金桥工程的基础上，逐步建立起全国企业通信网络系统，从而在不久的将来，不同企业的工程技术人员、管理人员以至客户，可以通过这一网络并行工作，还要着手准备开发新型软件——群件来保证并行工程的实施。

高效快速重组生产系统虽然只是一种制造生产模式的构想，在中国还没有具体实施的成功经验，但它根植于我国国情，集成了各种先进制造模式，以追求生产有效性为目标，突出组织创新和个人因素的发挥，是一种可选的制造模式。

### 6.2.4 智能制造

#### 1. 智能制造的兴起及内涵

随着全球经济一体化大环境的形成，市场竞争愈演愈烈，致使企业面临着大批量定制的需求、企业生存环境日益复杂以及脑力劳动自动化有待进一步提高等诸多挑战。智能制造(Intelligent Manufacturing，IM)就是适应以下几方面的情况需要而兴起的：第一是制造信息的爆炸性的增长，以及处理信息的工作量的猛增，这要求制造系统表现出更大的智能；第二是专业人才的缺乏和专门知识的短缺，严重制约了制造工业的发展，在发展中国家是如此，在发达国家，由于制造企业向第三世界转移，同样也造成本国技术力量的空虚；第三是动荡不定的市场和激烈的竞争要求制造企业在生产活动中表现出更高的机敏性和智能；第四，CIMS 的实施和制造业的全球化的发展，遇到两个重大的障碍，即目前已形成的"自动化孤岛"的连接和全局优化问题，以及各国、各地区的标准、数据和人机接口的统一的问题，而这些问题的解决也有赖于智能制造的发展。

智能制造的目的是通过集成知识工程、制造软件系统、机器人视觉和机器控制，对制造技术的技能和专家知识进行建模，以使机器人在没有人工干预的情况下进行小批量生产。目前通行的定义是：智能制造是一种由智能机器和人类专家共同组成的人机一体化智能系统，它在制造过程中能进行智能活动，诸如分析、推理、判断、构思和决策等。通过人与智能机器的合作共事，去扩大、延伸和部分地取代人类专家在制造过程中的脑力劳动。它把制造自动化的概念更新，扩展到柔性化、智能化和高度集成化。

智能制造技术(Intelligent Manufacturing Technology，IMT)和智能制造系统(Intelligent Manufacturing System，IMS)统称为智能制造。

#### 2. 智能制造的含义和特征

智能制造技术是指利用计算机模拟制造业领域的专家的分析、判断、推理、构思和决策等智能活动，并将这些智能活动和智能机器融合起来，贯穿应用于整个制造企业的子系统(经营决策、采购、产品设计、生产计划、制造装配、质量保证和市场销售等)，以实现整个制造企业经营运作的高度柔性化和高度集成化，从而取代或延伸制造环境领域的专家的部分脑力劳动，并对制造业领域专家的智能信息进行收集、存储、完善、共享、继承和发展，是一种极大地提高生产效率的先进制造技术。

智能制造系统是一种智能化的制造系统，是由智能机器和人类专家结合而成的人机一体化的智能系统，它将智能技术融合进制造系统的各个环节，通过模拟人类的智能活动，取代人类专家的部分智能活动，使系统具有智能特征。

与传统的制造系统相比，IMS 具有以下特征。

自组织能力。自组织能力是指 IMS 中的各种智能设备，能够按照工作任务的要求，自行集结成一种最合适的结构，并按照最优的方式运行。完成任务以后，该结构随即自行解散，以便在下一个任务中集结成新的结构。自组织能力是 IMS 的一个重要标志。

自律能力。IMS 能根据周围环境和自身作业状况的信息进行监测和处理，并根据处理结果自行调整控制策略，以采用最佳行动方案。这种自律能力使整个制造系统具备抗干扰、自适应和容错等能力。

自学习和自维护能力。IMS 以原有专家知识为基础，在实践中不断地进行学习，完善系统知识库，并删除知识库中有误的知识，使知识库趋向最优，同时，还能对系统故障进行自我诊断、排除和修复。

整个制造环境的智能集成。IMS 在强调各生产环节智能化的同时，更注重整个制造环境的智能集成。它包括了经营决策、采购、产品设计、生产计划、制造装配、质量保证和市场销售等各个子系统，并把它们集成为一个整体，系统地加以研究，实现整体的智能化。

### 3. 智能制造中的关键技术

人类发展过程中，起先脑力劳动不为社会所认可，当人类认识到知识的重要性时，许多历史的经验已被人类遗忘，致使许多历史遗迹至今无法解释。随着计算机技术的发展，尤其是其强大的计算能力，完全可以代替人们进行分析与比较。

鉴于上述情况，智能制造系统的关键技术应包括以下内容。

知识库的建立。人类的发展是知识发展和积累的过程，几千年的发展有很多的经验和教训，整理归纳后可建立较为完整的知识库，从而使人们在生产中少走许多弯路，使决策更加准确。

智能设计。工程设计中，概念设计和工艺设计是大量专家的创造性思维，需要分析、判断和决策。大量的经验总结、分析如果靠人们手工来进行，将需要很长的时间，把专家系统引入设计领域，将使人们从繁重的劳动中解脱出来。目前在 CAD/CAPP/CAM 领域中，应用专家系统已取得了一定的进展，但仍未发挥出其全部能力。

智能机器人。机器人技术虽然已经过了很多年的发展，但仍然仅限于代替人们的劳动技能。一种是固定式机器人，可用于焊接、装配、喷漆、上下料，它其实就是一张机械手，另一种是可以自由移动的机器人，但仍需要人们的操作和控制。智能机器人应具有以下功能属性：视觉功能，机器人能借助其自身所带的工业摄像机，像"人眼"一样观测；听觉功能，机器人的听觉功能实际上是话筒，将人们发出的指令变为计算机接受的电信号，从而控制机器人的动作；触觉功能，就是机器人所带有的各种传感器；语音功能，就是机器人可以和人们对话；分析判断功能(理解功能)，机器人在接受指令后，可以通过对知识库中的资料进行分析、判断、推理，自动找出最佳的工作方案，做出正确的决策。

智能诊断。除了计算机的自诊断功能(包括开机诊断和在线诊断)外，还可以进行故障分析、原因查找和故障的自动排除，保证系统在无人的状态下正常工作。

自适应功能。制造系统在工作过程中，由于影响因素很多，如材料的材质、加工余量的不均匀、环境的变化等，都会对加工带来影响。由于目前人们仍是依靠经验来控制系统，所以加工时就不可能达到最佳状态，产品的质量就很难提高。要实现自适应功能，在线的自动检测和自动调整是关键技术。

智能管理系统。加工过程仅是企业运行的一部分，产品的发展规划、市场调研分析、生产过程的平衡、材料的采购、产品的销售、售后服务甚至整个产品的生命周期，都属于管理的范畴，需求趋于个性化、多样化，市场小批量、多品种占主导地位，因此，智能管理系统应具备对生产过程的自动调度，具有信息的收集、整理与反馈以及具有企业各种情况的资料库等。

总之，人工智能是不可避免的发展趋势，有着非常广阔的发展前景。

**4. 智能制造的发展趋势**

日、美、欧都将智能制造视为 21 世纪的制造技术和尖端科学，并认为它是国际制造业科技竞争的制高点，且有着巨大的利益。所以它们在该领域的科技协作频繁，参与研究计划的各国制造业力量庞大，主宰着未来智能制造的发展趋势。

智能制造技术着重研究制造过程中的智能决策、基于多代理(Mulit-agent)的智能协作求解、智能并行设计、物流传输的智能自动化、智能加工系统和智能机器等问题。

智能制造系统主要研究：部分替代人的智能活动和技能；使用智能计算机技术集成设计制造过程，以虚拟现实技术实现虚拟制造；通过卫星、互联网和数字电话网络实现全球制造；并行智能化和自律化的智能加工系统以及智能化 CNC、智能机器人；应用分布式人工智能技术，实现自律协作控制等难题。

智能制造的发展核心是"智能化"和"集成化"，集成是智能的基础。智能促使进一步集成。增强专家系统、模糊技术、神经网络技术、基因算法优化控制及其他优化技术等智能技术自身优势的发挥，实施智能技术集成，实现智能技术的协作与融合，必将成为今后智能机器提高智能化深度的有效途径。通过网络计算及将人的智能活动与智能机器有机融合，进而实现整个制造过程的最优化、智能化和自动化，达到智能制造的研究目标。

总之，智能制造是 21 世纪的制造模式，作为其特征，II(Integration and Intelligence)将是 21 世纪制造业的基本轨道。从更深层的意义上讲，智能制造是从现代信息化时代走向未来智能化时代面临的第一亟待解决的课题。

## 6.2.5　绿色制造

**1. 绿色制造的概念**

20 世纪高速发展的工业经济给人类带来了高度发达的物质文明，同时也带来了一系列严重的环境污染问题，并制约了人类社会的持续发展。制造业是最大的污染源之一。据统计，造成环境污染的排放物 70%以上来自制造业。传统的制造业一般采用"末端治理"的方法。来解决产品生产过程中产生的废水、废气和固体废弃物的环境污染问题。但是"末端治理"的方法无法从根本上解决制造业及其产品产生的环境污染，而且投资大、运行成本高、消耗资源和能源。国内外经验证明，消除或减少工业生产环境污染的根本出路在于实施绿色制造战略。从 20 世纪 90 年代以来，绿色制造技术在绿色浪潮和可持续发展思想的推动下迅速发展，并在发达国家得到广泛的应用。

绿色制造(Green Manufacturing, GM)，又称为环境意识制造和面向环境的制造，是一个系统地考虑环境影响和资源效率的现代制造技术模式。绿色制造的目标是使产品从设计、制造、包装、运输、使用到报废处理的整个产品生命周期中，对环境的负面影响最小，资源效率最高，并使企业经济效益和社会效益协调优化。这里的环境包含了自然生态环境、社会系统和人类健康等因素。

**2. 绿色制造的内涵和特征**

绿色制造具有非常深刻的内涵，其要点主要有以下几方面。

绿色制造涉及制造技术、环境影响和资源利用等多个学科领域的理论、技术和方法，具有多学科交叉、技术集成的特点，是广义的现代制造模式。

绿色制造考虑两个过程，即产品的生命周期过程和物流转化过程，即从原材料到最终产品的过程。

通过绿色制造要实现两个目标，一是减少污染物排放，保护环境；二是实现资源优化。

绿色制造技术综合考虑了产品在整个生命周期过程中对环境造成的影响和损害，内容十分广泛，包括绿色设计、清洁生产、绿色再制造等现代设计和制造技术。

资源、环境、人口是实现可持续发展要面临的三大主要问题。绿色制造是一种充分考虑资源、环境的现代制造模式。

绿色制造技术是制造业可持续发展的重要生产方式，也是实现社会可持续发展目标的基础和保障。

绿色制造是一种以保护环境和资源优化为目标的现代制造模式，它与传统的制造模式具有本质的不同，主要表现为以下几个方面。

(1) 绿色制造是面对整个产品生命周期过程的广义制造，要求在原材料供应、产品制造、运输、销售、使用、回收的过程中，实现减少环境污染、资源优化的目标。

(2) 绿色制造是以提高企业经济效益、社会效益和生态效益为目标，强调以人为本，集成各种先进技术和现代管理技术，实现企业经济效益、社会效益和生态效益的协调与优化。

(3) 绿色制造致力于包括制造资源、制造模式、制造工艺、制造组织等方面的创新，鼓励采用新的技术方法、使用新的材料资源用于制造过程。

(4) 绿色制造模式具有社会性。相对于传统制造模式，绿色制造需要企业投入更多的人、财、物来减少废物排放，保护生态环境。而收益不仅仅是企业本身，还有整个社会。

### 3. 绿色制造的研究内容体系

绿色制造的理论体系和总体技术是从系统的角度，从全局和集成的角度，研究绿色制造的理论体系、共性关键技术和系统集成技术。绿色制造的理论体系，包括绿色制造的资源属性、建模理论、运行特性、可持续发展战略，以及绿色制造的系统特性和集成特性等。

绿色制造的体系结构和多生命周期工程。它包括绿色制造的目标体系、功能体系、过程体系、信息结构、运行模式等。绿色制造涉及产品整个生命周期中的绿色性问题，其中大量资源的循环使用或再生，又涉及产品多生命周期过程这一新概念。

绿色制造的系统运行模式——绿色制造系统。只有从系统集成的角度，才可能真正有效地实施绿色制造，为此需要考虑绿色制造的系统运行模式。

绿色制造系统。绿色制造系统将企业各项活动中的人、技术、经营管理、物流资源生态环境，以及信息流、物料流、能量流和资金流有效集成，并实现企业和生态环境的整体优化，从而达到产品上市快、质量高、成本低、服务好、有利于环境，并赢得竞争的目的。绿色制造系统的集成运行模式主要涉及绿色设计、产品全生命周期及其物流过程、产品生命周期的外延及其相关环境等。

绿色制造的物能资源系统。鉴于资源消耗问题在绿色制造中的特殊地位，且涉及绿色制造全过程，因此应建立绿色制造的物能资源系统，并研究制造系统的物能资源消耗规律、面向环境的产品材料选择、物能资源的优化利用技术、面向产品生命周期和多生命周期的物流和能源的管理与控制等问题。在综合考虑绿色制造的内涵和制造系统中资源消耗状态的影响因素的基础上，构造了一种绿色制造系统的物能资源流模型。

### 4. 绿色制造的专题技术

绿色设计技术。它是指在产品及其生命周期全过程的设计中，充分考虑对资源和环境的影响，在充分考虑产品的功能、质量、开发周期和成本的同时，优化各有关设计因素，使得产品及其制造过程对环境的总体影响和资源消耗减到最小。

绿色材料选择技术。绿色材料选择技术是一个系统性和综合性很强的复杂问题，一是绿色材料尚无明确界限，实际中选用很难处理；二是选用材料，不能仅考虑其绿色性，还必须考虑产品的功能、质量、成本等多方面的要求。这些更增添了面向环境的产品材料选择的复杂性。美国卡耐基梅隆大学的 Rosy 提出了基于成本分析的绿色产品材料选择方法，它将环境因素融入材料的选择过程中，要求在满足工程(包括功能、几何、材料特性等方面的要求)和环境等需求的基础上，使零件的成本最低。

绿色工艺规划技术。大量的研究和实践表明，产品制造过程的工艺方案不一样，物流和能源的消耗将不一样，对环境的影响也不一样。绿色工艺规划就是要根据制造系统的实际，尽量研究和采用物料及能源消耗少、废弃物少、对环境污染小的工艺方案和工艺路线。Bekerley 大学的 Sheng.P 等人提出了一种环境友好性的零件工艺规划方法，这种工艺规划方法分为两个层次：一是基于单个特征的微规划，包括环境性微规划和制造微规划；二是基于零件的宏规划，包括环境性宏规划和制造宏规划。

应用基于 Internet 的平台对从零件设计到生成工艺文件中的规划问题进行集成。在这两种工艺规划方法中，对环境规划模块和传统的制造模块进行同等考虑，通过两者之间的平衡协调，得出优化的加工参数。

绿色包装技术。它是从环境保护的角度，优化产品包装方案，使得资源消耗和废弃物产生最少。目前这方面的研究很广泛，但大致可以分为包装材料、包装结构和包装废弃物回收处理三个方面。当今世界主要工业国要求包装应做到 3R1D 原则(减量化(Reduce)，回收重用(Reuse)，循环再生(Recycle)和可降解(Degradable))。我国包装行业"九五"至 2010 年发展的基本任务和目标中提出包装制品像绿色包装技术方向发展，实施绿色包装工程，并把绿色包装技术作为"九五"包装工业发展的重点，发展纸包装制品，开发各种代替塑料薄膜的防潮、保鲜的纸包装制品，适当地发展易回收利用的金属包装以及高强度薄壁轻量玻璃包装，研究开发塑料的回收再生工艺和产品。

绿色处理技术。产品生命周期终结后，若不回收处理，将造成资源浪费并导致破坏环境。目前的研究认为，面向环境的产品回收处理是一个系统工程，从产品设计开始就要充分考虑这个问题，并做系统分类处理。产品寿命终结后，可以有多种不同的处理方案，如再使用、再利用、废弃等，各种处理方案的处理成本和回收价值都不一样，需要对其进行分析与评估，确定出最佳的回收处理方案，从而以最少的成本代价，获得最高的回收价值，即进行绿色产品回收处理方案设计。评价产品回收处理方案设计主要考察三个方面：效益最大化，重新利用的零部件尽可能多，放弃部分尽可能少。

### 5. 绿色制造的支撑技术

绿色制造的数据库和知识库。研究绿色制造的数据库和知识库，为绿色设计、绿色材料选择、绿色工艺规划和回收处理方案设计提供数据支撑和知识支撑。绿色设计的目标就是如何将环境需求与其他需求有机地结合在一起。比较理想的方法就是将 CAD 和环境信息集成起来，以便设计人员在设计过程中像在传统设计中获得有关技术信息与成本信息一样，能够获得所有有关的环境数据，这是绿色设计的前提条件。只有这样，设计人员才能根据环境需求设计开发产品，获取设计决策所造成的影响环境的具体情况，并将设计结果与给定的需求比较，对设计方案进行评价。由此可见，为了满足绿色设计的需求，必须建立相应的绿色设计数据库与知识库，并对其进行管理和维护。

制造系统环境影响评估系统。环境影响评估系统要对产品生命周期中的资源消耗和环境影响的情况进行评估，评估的主要内容如下：制造过程的消耗状况，制造过程能源的消耗状况，制造过程对环境的污染状况，产品使用过程中对环境的污染状况，产品寿命终结后对环境的污染状况等。制造系统中资源种类繁多，消耗情况复杂，因而制造过程对环境的污染状况多样、程度不一、极其复杂。如何测算和评估这些状况，如何评估绿色制造实施的状况和程度是一个十分复杂的问题。因此，研究绿色制造的评估体系和评估系统是当前绿色制造研究和实施急需解决的问题，当然此问题涉及面广，又非常复杂，有待于做专门的系统研究。

绿色 ERP 管理模式和绿色供应链。在绿色制造的企业中，企业经营和生产管理必须考虑资源消耗和环境影响以及相应的资源成本和环境处理成本，以提高企业的经济效益和环境效益，其中，面向绿色制造的整个产品生命周期的绿色 MRP/ERP 管理模式以及其绿色供应链是重要研究内容。

绿色制造的实施工具和产品。研究绿色制造的支撑软件，包括计算机辅助绿色设计、绿色工艺规划、绿色制造的决策支持系统、ISO 14000 国际认证的支撑系统。

### 6. 绿色制造的发展趋势

全球化——绿色制造的研究和应用将越来越体现全球化的特征和趋势。

制造业对环境的影响往往是超越空间的，人类需要团结起来，保护我们共同拥有的唯一的地球。ISO 14000 系列标准的陆续出台为绿色制造的全球化研究和应用奠定了很好的基础，但一些标准尚需要进一步完善，许多标准还有待于研究和制定。

近年来，许多国家对进口产品要进行绿色性认定，要有"绿色标志"，特别是有些国家以保护本国环境为由，制定了极为苛刻的产品环境指标来限制国际产品进入本国市场，即设置"绿色贸易壁垒"。绿色制造将为我国企业提高产品绿色性提供技术手段，从而为我国企业消除国际贸易壁垒进入国际市场提供有力的支撑，这也从另一个角度说明了全球化的特点。

社会化——绿色制造的社会支撑系统需要形成。

绿色制造的研究和实施尚要全社会的共同努力和参与，以建立绿色制造所必需的社会支撑系统。

绿色制造所涉及的社会支撑系统首先是立法和行政规定问题。当前，这方面的法律和行政规定对绿色制造行为还不能形成有力的支持，对相反行为的惩罚力度不够。立法问题

现在已经越来越受到各个国家的重视。

政府可制定经济政策，利用市场经济的机制对绿色制造实施导向。例如，制定有效的资源价格政策，利用经济手段对不可再生资源和虽可再生但开采后会对环境产生影响的资源(如树木)严加控制，使得企业和人们不得不尽可能减少直接使用这类资源，转而寻求开发替代资源。

企业要真正有效地实施绿色制造，必须考虑产品寿命终结后的处理，这就可能导致企业、产品、用户三者之间的新型继承关系的形成。例如，有人建议，需要回收处理的主要产品，如汽车、冰箱、空调、电视机等，用户只买了使用权，而企业拥有所有权，企业有责任进行产品报废后的回收处理。

无论是绿色制造所涉及的立法和行政规定以及需要制定的经济政策，还是绿色制造所需要建立的企业、产品、用户三者之间新型的集成关系，均是十分复杂的问题，其中又包含大量的相关技术问题，均有待于深入研究，以形成绿色制造所需要的社会支撑系统。

集成化——将更加注重系统技术和集成技术的研究。

要真正有效地实施绿色制造，必须从系统的角度和集成的角度来考虑和研究绿色制造的有关问题。

当前，绿色制造的集成功能目标体系、产品和工艺设计与材料选择系统的集成、用户需求与产品使用的集成、绿色制造的问题领域集成、绿色制造系统中的信息集成、绿色制造过程集成等集成技术的研究将成为绿色制造的重要研究内容。

并行化——绿色并行工程将可能成为绿色产品开发的有效模式。

绿色设计仍然是绿色制造中的关键技术。绿色设计今后的一个重要趋势就是与并行工程的结合，从而形成一个新的产品设计和开发模式——绿色并行工程。

绿色并行工程又称为绿色并行设计，是现代绿色产品设计和开发的新模式。它考虑到了产品整个生命周期中从概念形成到产品报废处理的所有因素，包括质量、成本、进度计划、用户要求、环境影响、资源消耗状况等。

绿色并行工程设计的一系列关键技术，包括绿色并行工程的协同组织模式、协同支撑平台、绿色设计的数据库和知识库、设计过程的评价技术和方法、绿色并行设计的决策支持系统等，有待于今后的深入研究。

智能化——人工智能和智能制造技术将在绿色制造研究中发挥重要作用。

绿色制造的决策目标体系是现有制造系统 TQCS(即产品上市时间 T、产品质量 Q、产品成本 C 和用户提供服务 S)、资源消耗 R 及目标体系和环境影响 E 的集成，即形成了 TQCSRE 的决策目标体系。要优化这些目标，是一个难以用一般数学方法处理的十分复杂的多目标优化问题，需要用人工智能方法来支持处理。另外，绿色产品评估指标体系及评估专家系统，均需要人工智能和智能制造技术。

基于知识系统、模糊系统和神经网络等的人工智能技术将在绿色制造研究开发中起到重要作用，如在制造过程中应用专家系统识别和量化产品设计、材料消耗和废弃物产生之间的关系，运用这些关系来比较产品的设计和制造对环境的影响，使用基于知识的原则来选择实用的材料等。

产业化——绿色制造的实施将导致一批新兴产业的形成。

除大家已经注意到的废弃物回收处理装备制造业和废弃物回收处理的服务产业外，另外还有两大类产业值得特别注意。

绿色产品制造业。制造业不断研究、设计和开发各种绿色产品，以取代传统的资源消耗较多和对环境负面影响较大的产品，将使这方面的产业持续兴旺发达。

实施绿色制造的软件产业。企业实施绿色制造，需要大量实施工具和软件产品，如计算机辅助绿色设计系统、绿色工艺规划系统、绿色制造决策系统、产品全生命周期评估系统、ISO 14000 国际认证支撑系统，将会推动新兴软件产业的形成。

## 6.2.6　生物制造

### 1. 生物制造产生的背景及定义

早在 1995 年，生物成形的概念就提出了，当时有人将生长成形与去除成形(切削加工)、受迫成形(铸造)和离散堆积成形并列为四大成形工艺，从学科高度概括了当今和未来的成形方法。"21 世纪制造业挑战展望委员会"主席 J. Bollinge 博士于 1995 年提出了生物制造的概念，中国学者也于 2000 年提到了生物制造，可见生物制造的概念早已备受关注。但是，由于概念的定义和内涵不够清晰，对于制造业的发展没有起到太多的指导作用。随着制造业尤其是快速原型技术在生物医学中应用的日渐深入，生物制造工程的概念也逐渐明确起来。

生物制造可以从比较宽泛和比较狭义两个角度来定义。

宽泛定义为：包括仿生制造、生物质和生物体制造，涉及生物学和医学的制造科学和技术均可视为生物制造，用 BM(Bio-manufa cturing)表示。

狭义定义为：主要指生物体制造，是运用现代制造科学和生命科学的原理和方法，通过单个细胞或细胞团簇的直接和间接受控组装，完成具有新陈代谢特征的生命体成形和制造，经培养和训练，完成用以修复或替代人体病损组织和器官。从某种角度上讲，生物体制造也可视为是 20 世纪 80 年代出现的组织工程(Tissue Engineering)的拓展和延伸。

### 2. 生物制造系统的发展前景

日本三重大学和冈山大学初步证实了微生物加工金属材料的可行性。目前已将快速成形制造技术与人工骨研究相结合，为颅骨、颚骨等骨骼的人工修复和康复医学提供了很好的技术手段。我国于 1982 年将生物技术列为八大重点技术之一。生物学科与制造学科相互渗透、相互交叉，形成生物制造系统学科(Biological Manufacturing System，BMS)。我国在 2003 年 3 月和 2004 年 7 月，先后两次召开了全国生物制造工程学术研讨会，专家们探讨了生物制造工程的定义、内涵及意义，生物医学工程与生物制造的联系，生物制造的研究特点、方向及方法，生物制造的应用领域。

在机器人、微机电系统、微型武器方面，将更多地应用生物动力、生物感知、生物智能，使机器人越来越像人或动物。

在纳米技术方面，实现纳米尺度上裁剪或连接 DNA 双螺旋，改造生命特征；实现各种蛋白质分子和酶分子的组装，构造纳米人工生物膜，实现跨膜物质选择运输和电子传递。

在医疗方面，三维生物组织培养技术不断突破，人体各种器官将得到复制，会大大延长人类的生命。

在生物加工方面，通过生物方法制造纳米颗粒、纳米功能涂层、纳米微管、功能材料、微器件、微动力、微传感器、微系统等。

### 3. 生物制造工程的主要研究方向

生物制造工程的主要任务是如何把制造科学、生命科学、计算机技术、信息技术、材料科学各领域的最新成果组合起来，使其彼此沟通起来用于制造业，目前主要集中在仿生制造和生物成形制造两个方面。生物制造又可细分为六个研究方向。

(1) 生物组织和结构的仿生。包括生物活性组织的工程化制造和类生物智能体的制造。生物活性组织的工程化制造：将组织工程材料与快速成形制造结合，采用生物相容性和生物可降解性材料，制造生长单元的框架，在生长单元内部注入生长因子，使各生长单元并行生长，以解决与人体的相容性及与个体的适配性，以及快速生成的需求，实现人体器官的人工制造。

(2) 类生物智能体的制造。利用可以通过控制含水量来控制伸缩的高分子材料，能够制成人工肌肉。类生物智能体的最高发展是依靠生物分子的生物化学作用，制造类人脑的生物计算机芯片，即生物存储体和逻辑装置。

(3) 生物遗传制造。DNA 的内部结构和遗传机制的不断解密。基因技术应用于制造领域，依靠生物 DMA 的自我复制；利用转基因实现生物材料和非生物材料的有机结合；根据生成物的特征，人工控制生长单元体内的遗传信息，直接生长出所需要产品；典型如骨骼、器官、肢体以及生物材料结构的机器零部件等。

(4) 生物控制的仿生。应用生物控制原理来计算、分析和控制制造过程。例如：人工神经网络、遗传算法、仿生测量研究、面向生物工程的微操作系统原理、设计与制造基础等。

(5) 生物成形制造：目前已发现的微生物有 10 万种左右，尺度绝大部分为微/纳米级，具有不同的标准几何外形与亚结构、生理机能及遗传特性。可能找到"吃"某些工程材料的菌种，实现生物去除成形；复制或金属化不同标准几何外形与亚结构的菌体，再经排序或微操作，实现生物约束成形，甚至通过控制基因的遗传形状特征和遗传生理特征，生长出所需的外形和生理功能，实现生物生长成形。

例如氧化亚铁硫杆菌 T-9 菌株是中温、好氧、嗜酸、专性无机化能自氧菌；其主要生物特性是将亚铁离子氧化成高铁离子以及将其他低价无机硫化物氧化成硫酸和硫酸盐；加工时掩膜控制去除区域，利用细菌刻蚀达到成形的目的。目前已发现的微生物中大部分细菌直径有 1pm 左右，菌体有各种各样的标准几何外形，用现在加工手段很难加工出这么小的标准三维形状。这些菌体的金属化将会有以下用途：构造微管道、微电极、微导线；菌体排序与固定，构造蜂窝结构、复合、多孔、磁性材料等；去除蜂窝结构表面，构造微孔过滤膜、光学衍射孔等。与无生命的物质相比，有生命的生物体和生物分子具有繁殖、代谢、生长、遗传、重组等特点；对基因组计划的实施和研究，将实现人工控制细胞团的生长外形和生理功能的生物生长成形技术；将来利用生物生长技术控制基因的遗传形状和遗传生理特征，生长出所需外形和生理功能的人工器官，用于延长人类生命或构造生物型微机电系统。

#### 4. 生物制造的应用案例

生物计算机。大规模集成电路多以硅为材料，但其集成度过高，电路密集引起的散热问题，影响计算机的运算速度提高。目前，科学家确定了以下生物材料研制生物芯片。

细胞色素。具有氧化和还原的两种状态，导电率相差 1000 倍。两种状态的转换通过适当方式加上或撤去 1.5V 电压来实现，可作为记忆元件。

细菌视紫红质。一种光驱动开关的原型。由光辐射启动的质子泵在膜两边形成的电位，经离子灵敏场效应放大后，可给出较好的开关信号。

DNA 分子。以核苷酸碱基编码方式存储遗传信息，是一种存储器的分子模型。

采用导电聚合物如聚乙炔与聚硫氮化物制作分子导线，它们传递信息的速度与电子导电情况无多大差别，但能耗极低。

美国约翰斯·霍普金斯大学威尔默眼科研究所的科学家和北卡罗来纳州立大学的机械工程师，共同研制成功了可使盲人重见光明的"眼睛芯片"。这种芯片是由一个无线录像装置和一个激光驱动的、固定在视网膜上的微型计算机芯片组成。其工作原理是，装在眼镜上的微型录像装置拍摄到图像，并把图像进行数字化处理之后发送到计算机芯片，计算机芯片上的电极构成的图像信号则刺激视网膜神经细胞，使图像信号通过视神经传送到大脑，这样盲人就可以见到这些图像。

个性化人造器官。美国每年有数百万的患者患有各种组织、器官的丧失或功能障碍，每年需要进行 800 万次手术，年耗资 400 亿美元。我国约有 150 万尿毒症患者，每年仅能做 3000 例肾脏移植手术；有 400 万白血病患者在等待骨髓移植，而全国骨髓库才 3 万份；大量的患者都因等不到器官而死亡，而且器官移植存在排斥作用，成活率很低。个性化人造器官是利用患者自身的局部组织或细胞，再利用外来的一些高分子材料，在身体相关部位"长"出一个最"贴己"的器官。生物医学专家希望用人工培养出人体需要的正常组织。医院像工厂生产零部件一样，根据患者的缺失情况，需要什么培养什么，做好了安装上就能发挥作用，还可以结合先进的计算机技术，为每一个患者提供与他原器官特别相似的人造器官。

## 6.2.7　云制造

#### 1. 云制造概念的产生

中国制造业的总体水平仍处于国际产业分工价值链的低端，创新能力较弱，受到资源环境的严重制约。随着我国经济结构的调整与经济发展方式的转变，制造业面临着前所未有的机遇与挑战，迫切需要提高制造企业的核心竞争力。制造的服务化、基于知识的创新能力，以及对各类制造资源的聚合与协同能力、对环境的友好性，已成为构成企业竞争力的关键要素和制造业信息化发展的趋势。

云计算是一种基于互联网的计算新模式，通过云计算平台把大量的高度虚拟化的计算资源管理起来，组成一个大的资源池，用来统一提供服务，通过互联网上异构、自治的服务形式为个人和企业用户提供按需随时获取的计算服务。若将"制造资源"代以"计算资源"，云计算的计算模式和运营模式将可以为制造业信息化所用，为制造业信息化走向服务化、高效低耗提供一种可行的新思路，这里的制造资源可以包括制造全生命周期活动中的各类制造设备(如机床、加工中心、计算设备)及制造过程中的各种模型、数据、软件、领域知识等。

云制造就是在这种趋势下被提出来的。结合其运行原理,云制造可以概括为一种利用网络和云的制造服务平台,按用户需求组织网上制造资源(制造云),为用户提供各类按需制造服务的一种网络化制造新模式,云制造将现有网络化制造和服务技术同云计算、物联网等技术融合,实现各类制造资源统一的智能化管理和经营,为制造全生命周期 ISO 提供所需要的服务,也是"制造即服务"理念的体现。制造全生命周期涵盖了制造企业的日常经营管理和生产活动,包括论证、设计、仿真、加工、检测等生产环节和企业经营管理活动。

### 2. 云制造与其他制造模式的区别

云制造与已有的网络化制造、ASP、制造网格、云计算等相比,具有以下异同点。

当前的网络化制造虽然促进了企业基于网络技术的业务协同,但其体现的主要是一个独立系统,是以固定数量的资源或既定的解决方案为用户提供服务,缺乏动态性,同时缺乏智能化的客户端和有效的商业运营模式。另外,网络化制造只实现了局部应用,亟须借助云制造等技术实现更大范围的推广和应用。

ASP 技术的远程服务租赁模式,可以较好地解决中小企业应用系统等的信息化软件成本问题,但由于用户端智能性和数据安全性的不足,导致进一步推广和应用比较困难。不过 ASP 技术的已有研究基础和推广经验是实施云制造可借鉴的关键之一。

制造网格强调的是分布式资源服务的汇聚、发现、优化配置等,主要体现的是"分散资源集中使用"的思想,其服务模式主要是"多对一"的形式,即多个分布式资源为一个用户或任务服务,因此同样缺乏商业运营空间。而云制造不仅体现了"分散资源集中使用"的思想,还体现了"集中资源分散服务"的思想,即其服务模式不仅有"多对一"的形式,同时更强调"多对多",即汇聚分布式资源服务进行集中管理,为多个用户同时提供服务。

云计算以计算资源的服务为中心,它不解决制造企业中各类制造设备的虚拟化和服务化,而云制造主要面向制造业,把企业产品制造所需的软硬件制造资源整合成为云制造服务中心。所有连接到此中心的用户均可向云制造中心提出产品设计、制造、试验、管理等制造全生命周期过程各类活动的业务请求,云制造服务平台将在云层中进行高效能智能匹配、查找、推荐和执行服务,并透明地将各类制造资源以服务的方式提供给用户,其中必须加进一些物联网技术。

### 3. 云制造的应用模式

云制造不仅体现了"分散资源集中使用"的思想,还体现了"集中资源分散服务"的思想,即将分散在不同地理位置的制造资源通过大型服务器集中起来,形成物理上的服务中心,进而为分布在不同地理位置的用户提供制造服务。

首先,相关行业的用户通过云制造平台提出具体的使用请求。云制造平台是负责制造云管理、运行、维护以及云服务的接入、接出等任务的软件平台。它会对用户请求进行分析、分解,并在制造云里自动寻找最为匹配的云服务,通过调度、优化、组合等一系列操作,向用户返回解决方案。用户无须直接和各个服务节点打交道,也无须了解各服务节点的具体位置和情况。通过云制造平台,用户能够像使用水、电、煤、气一样方便、快捷地使用统一、标准、规范的制造服务,将极大地提升资源应用的综合效能。利用这种方式,资源的拥有者可以通过资源服务来获利，实现资源优化配置，用户是云制造的最大获益者，最终实现多赢的局面。

### 4. 云制造的体系架构

云制造体系架构包括物理资源层(P-Layer)、云制造虚拟资源层(R-Layer)、云制造核心服务层(S-Layer)、应用接口层(A-Layer)、云制造应用层(U-Uyer)五个层次。

物理资源层通过嵌入式云终端技术、物联网技术等，将各类物理资源接入到网络中，实现制造物理资源的全面互联，为云制造虚拟资源封装和云制造资源调用提供接口支持。

云制造虚拟资源层主要是将接入到网络中的各类制造资源汇聚成虚拟制造资源，并通过云制造服务定义工具、虚拟化工具等，将虚拟制造资源封装成云服务，发布到云层中的云制造服务中心。该层提供的主要功能包括云端接入技术、云端服务定义、虚拟化、云端服务发布管理、资源质量管理、资源提供商定价与结算管理和资源分割管理等。

云制造核心服务层主要面向云制造三类用户(云提供端、云请求端、云服务运营商)，为制造云服务的综合管理提供核心服务和功能，包括面向云提供端提供云服务标准化与测试管理、接口管理等服务；面向云服务运营商提供用户管理、系统管理、云服务管理、数据管理、云服务发布管理服务；而向云请求端提供云任务管理、高性能搜索与调度管理等服务。

应用接口层主要面向特定制造应用领域，提供不同的专业应用接口以及用户注册、验证等通用管理接口。

云制造应用层面向制造业的各个领域和行业。不同行业用户只需要通过云制造门户网站、各种用户界面(包括移动终端、PC 终端、专用终端等)，就可以访问和使用云制造系统的各类云服务。

### 5. 云制造的关键技术

云制造的关键技术大致可以分为：模式、体系架构、标准和规范；制造资源和制造能力的云端化技术；制造云服务的综合管理技术；云制造安全与可信制造技术；云制造业务管理模式与技术。

云制造模式、体系架构、相关标准及规范主要是从系统的角度出发，研究云制造系统的结构、组织与运行模式等方面的技术，同时研究支持实施云制造的相关标准和规范，包括：支持多用户的、商业运行的、面向服务的云制造体系架构；云制造模式下制造资源的交易、共享、互操作模式；云制造相关标准、协议、规范等，如云服务接入标准、云服务描述规范、云服务访问协议等。

云端化技术主要研究云制造服务提供端各类制造资源的嵌入式云终端封装、接入、调用等技术，并研究云制造服务请求端接入云制造平台、访问和调用云制造平台中服务的技术，包括：支持参与云制造的底层终端物理设备智能嵌入式接入技术、云计算互接入技术等；云终端资源服务定义封装、发布、虚拟化技术及相应工具的开发；云请求端接入和访问云制造平台技术，以及支持平台用户使用云制造服务的技术；物联网实现技术等。

制造云服务综合管理技术主要研究和支持云服务运营商对云端服务进行接入、发布、组织与聚合、管理与调度等综合管理操作，包括云提供端资源和服务的接入管理，如统一接口定义与管理、认证管理等；高效、动态的云服务组建、聚合、存储方法；高效能、智能化云制造服务搜索与动态匹配技术；云制造任务动态构建与部署、分解、资源服务协同调度优化配置方法；云制造服务提供模式及推广，云用户(包括云提供端和云请求端)管理、授权机制等。

云制造安全与可信制造技术主要研究和支持如何实施安全、可靠的云制造技术，包括：云制造终端嵌入式可信硬件，云制造终端可信接入、发布技术，云制造可信网络技术，云制造可信运营技术，系统和服务可靠性技术等。

云制造业务管理模式与技术主要研究云制造模式下企业业务和流程管理的相关技术，包括：云制造模式下企业业务流程的动态构造、管理与执行技术；云服务的成本构成、定价、议价和运营策略，以及相应的电子支付技术等；云制造模式各方(云提供端、云请求端、运营商)的信用管理机制与实现技术等。

### 6. 云制造面临的问题

云计算发展到现在仍然面临诸多挑战需要克服，比如服务的高可用性、服务的迁移、服务数据的安全性、同基础软件提供商的合作等问题，因此对于将云计算模式扩展到制造业领域的云制造而言，所面临的问题就更加复杂了。

云制造技术。由于云制造的研究刚刚开始，在云制造关键技术的方面，仍然还有很多具体内容有待研究和探讨。

制造资源的标准化。构建硬件平台首先就存在一个标准化的问题，如果标准不统一，将制造装备融入一个大的制造平台里就会存在困难。目前比较容易能够融入制造平台的设备主要是一些智能制造设备，如数控机床。因此，通过发展物联网技术，将是将制造设备融入制造平台的一种可行思路。

加工工艺。通常情况下，需要用户和设备所有者之间进行很多沟通才能确定下来采用什么工艺。这对于提供服务的一方要求就比较高。比如，拥有高精加工设备的一方，只有把变速箱的生产工艺摸透了，才有可能把来自各地的加工需求排个队，对外提供加工变速箱的服务。所以说，制造工艺问题可能是云制造与云计算之间本质的区别，如果工艺问题解决了，剩下的就和云计算比较相似了，加工设备就可以得以充分利用，可以实现昼夜不停地工作。

物流成本。区别于云计算，云制造服务会带来物流成本的增加，因此不能排除采用云制造服务反而会增加成本的可能性。因此，对于企业而言，云制造不是要替代传统制造方式，只是提供了多一种的选择。

企业管理。云制造模式以及物联网技术，由于其网络化特点，使其成为一种新型的产业集群模式，因此对于传统制造业而言，在探讨云制造的同时，对于制造企业的管理方式的研究和探索也是一个重要的方面。

## 6.2.8 虚拟制造

敏捷制造主要思想是面对市场机遇组建一个个模块化的动态联盟，用最快的速度、最优的组合和最新的技术去赢得市场。然而，这种联盟是否合适、是否最优、能否协调运行，为此在动态联盟组建和营运之前，必须对联盟组建后的效益及风险进行分析和评估。

虚拟制造(Virtual Manufacturing，VM)技术是对动态联盟公司进行分析评估的一个重要的工具手段，也是敏捷制造的一项关键技术。虚拟制造将所组建的动态联盟映射为一种虚拟制造系统，应用虚拟现实技术对该虚拟制造系统营运过程进行仿真实验，模拟动态联盟的产品设计、制造和装配的全过程，以仿真实验结果作为动态联盟可行性评价依据。

虚拟制造的基础是虚拟现实技术。所谓虚拟现实技术，是指综合利用计算机图形系统、各种显示和控制设备，在计算机上生成三维可交互的、有沉浸感的虚拟工作环境的一种仿真技术。虚拟现实系统包括计算机、人机接口设备以及操作者三个基本要素，操作者通过视、听、触等不同的人机交互接口设备，可深深地沉浸在直观而又自然仿真环境中，观察虚拟制造系统的运行过程，评价模拟系统的工作性能。

虚拟制造利用虚拟现实技术，在实际生产制造之前可对新产品设计、制造乃至生产设备引进以及车间布局等各个方面进行模拟和仿真，可对产品的性能、可制造性、经济性等潜在问题进行分析和预测，不消耗资源和能量，不生产现实世界的产品，而只是模拟产品设计、开发及其实现过程。因而，虚拟制造具有如下的特征。

功能一致性虚拟制造系统与相应的现实制造系统在功能是一致的，它能忠实地反映制造过程本身的动态特性。结构相似性虚拟制造系统与相应的现实制造系统在结构上是相似的，拥有现实系统所有的组成部分。组织的灵活性虚拟制造系统是面向未来、面向市场、面向用户需求的制造系统，因此其组织与实现应具有非常高的灵活性。集成化虚拟制造系统涉及的技术与工具很多，应综合运用系统工程、知识工程、并行工程、人机工程等多学科先进技术，实现信息集成、智能集成、串并行工作机制集成和人机集成等多种形式的集成。

# 本 章 小 结

先进制造模式是体系企业经营策略、组织结构、管理模式的一种先进生产方式。目前，制造业出现了精益生产、计算机集成制造、并行工程、敏捷制造、智能制造、绿色制造和生物制造等先进生产制造模式，这些模式逐渐广泛实践，使制造业出现前所未有的新局面。

精益生产时运用多种现代管理方法和手段，以彻底消除无效劳动和浪费为目标，以社会需求为依托，以充分发挥人的作用为根本，少投入，多产出，有效配置和合理使用企业资源，为企业谋求最大经济效益的一种生产模式。计算机集成制造是综合利用现代管理技术、制造技术、信息技术、自动化技术和系统工程等技术，将企业生产过程中有关人、技术和经营管理三要素有效集成，以保证企业内的工作流、物质流和信息流畅通。敏捷制造通过动态联盟、以团队为核心的扁平化组织结构，重构生产制造系统以及高素质敏捷员工，迅速响应客户需求，及时开发新产品投放市场。智能制造是在现代传感技术、网络技术、自动化技术、拟人化智能等先进技术的基础上，通过智能化的感知、人机交互、决策和执行，实现设计过程、制造过程和制造装备的智能化。

# 复习与思考题

1. 分析精益生产的特点和体系结构。
2. 什么是敏捷制造？敏捷制造的特点是什么？
3. 叙述高效快速重组生产系统的概念以及它的特征。

 先进制造技术

4. 简述智能制造的含义、特征以及关键技术。
5. 简述绿色制造的概念，以及研究内容体系。
6. 阐述生物制造的含义，以及发展前景。
7. 叙述云制造与其他制造模式的区别。
8. 阐述云制造的体系架构及其关键技术。

# 参 考 文 献

[1]  李伟. 先进制造技术[M]. 北京：机械工业出版社，2005.

[2]  任小中. 先进制造技术[M]. 武汉：华中科技大学出版社，2009.

[3]  曹岩，杜江. 先进制造技术[M]. 北京：化学工业出版社，2013.

[4]  卢明. 机械零件的可靠性设计[M]. 北京：高等教育出版社，1989.

[5]  赵松年. 现代设计方法[M]. 北京：机械工业出版社，1996.

[6]  王风岐，张连洪. 现代设计方法[M]. 天津：天津大学出版社，2004.

[7]  黄纯颖. 设计方法学[M]. 北京：机械工业出版社，1992.

[8]  张志煜，崔作林. 纳米技术与纳米材料[M]. 北京：国防工业出版社，2000.

[9]  宾鸿赞，王润孝. 先进制造技术[M]. 北京：高等教育出版社，2006.

[10]  [美]Wright P K. 21 Century Manufacturing[M]. 北京：清华大学出版社，2002.

[11]  [美]Turner W C，Mite J H，Case K E. Introduction to Industrial and Systems Engineering[M].  3rd ed. 北京：清华大学出版社，2002.

[12]  [美]Rehg J A，Kraehber H W. 计算机集成制造[M]. 3 版. 夏链，韩江，译. 北京：机械工业出版社，2007.

[13]  吴锡英，周伯鑫. 计算机集成制造技术[M]. 北京：机械工业出版社，1996.

[14]  郁鼎文. 现代制造技术[M]. 北京：清华大学出版社，2006.

[15]  [美]通克尔·格里夫斯. 产品生命周期管理[M]. 褚学宁，译. 北京：中国财政经济出版社，2007.

[16]  周传宏. 产品全生命周期管理技术——企业制造资源管理[M]. 上海：上海交通大学出版社，2006.

[17]  [英]约翰·斯达克. 产品生命周期管理：21 世纪企业制胜之道[M]. 杨青海，俞娜，李仁旺，译，北京：机械工业出版社，2008.

[18]  许超，等. 产品数据管理系统应用[M]. 北京：科学出版社，2004.

[19]  扬叔子. 制造、先进制造技术的发展及其趋势[J]. 装备制造，2008.

[20]  朱剑英. 机械工程智能化的发展趋势[J]. 航空制造技术，2003.

[21]  秦现生. 并行工程的理论与方法[M]. 西安：西北工业大学出版社，2008.

[22]  刘伟军，玉文. 逆向工程原理、方法与应用[M]. 北京：机械工业出版社，2009.

[23]  苏春，黄卫，等. 数字化设计与制造[M]. 北京：机械工业出版社，2005.

[24]  王秀彦，费仁元，安国平. 21 世纪制造业的发展趋势[J]. 北京工业大学学报：社会科学版，2002. 2(l).

[25]  夏绪辉，江志刚. 网络化制造系统的体系结构及实施模式[J]. 武汉科技大学学报：社会科学版，2005. 7(3).

[26]  黄双喜，范玉顺. 产品生命周期管理研究综述[J]. 计算机集成制造系统一 CIMS，2004，10(l).

[27]  中华人民共和国信息产业部. SJ/T 中华人民共和国电子行业标准 企业信息化技术规范 第 2 部分：产品数据管理(PDM)规范[S]. 1998.

[28]  张和明，熊光愣. 制造企业的产品生命周期管理[M]. 北京：清华大学出版社，2006.

[29]  苏玉龙，陈郁钧. PLM 的主要体系结构[J]，中国计算机用户，2003.

[30]  刘志峰，刘光复. 绿色设计[M]. 北京：机械工业出版社，1999.

[31]  张立德. 纳米材料[M]. 北京：化学工业出版社，2000.

[32]  袁哲俊. 精密超精密加工技术[M]. 北京：机械工业出版社，2002.